150 Jahre
Wissen für die Zukunft
Oldenbourg Verlag

Neues Kommunales Finanzmanagement und Rechnungswesen

Basiswissen
NKF und NKR

von

Professor

Dr. Falko Schuster

Fachhochschule für öffentliche Verwaltung
des Landes Nordrhein-Westfalen

Oldenbourg Verlag München

Von Falko Schuster sind auch im Oldenbourg Verlag erschienen:

Doppelte Buchführung für Städte, Kreise und Gemeinden
2. Auflage, ISBN 978-3-486-58221-5

Kommunale Kosten- und Leistungsrechnung
2. Auflage, ISBN 978-3-486-25923-0

Bibliografische Information der Deutschen Nationalbibliothek

Die Deutsche Nationalbibliothek verzeichnet diese Publikation in der Deutschen
Nationalbibliografie; detaillierte bibliografische Daten sind im Internet über
<http://dnb.d-nb.de> abrufbar.

© 2008 Oldenbourg Wissenschaftsverlag GmbH
Rosenheimer Straße 145, D-81671 München
Telefon: (089) 45051-0
oldenbourg.de

Lektorat: Wirtschafts- und Sozialwissenschaften, wiso@oldenbourg.de
Herstellung: Anna Grosser
Coverentwurf: Kochan & Partner, München
Coverillustration: Hyde & Hyde, München
Gedruckt auf säure- und chlorfreiem Papier
Druck: Grafik + Druck, München
Bindung: Thomas Buchbinderei GmbH, Augsburg

ISBN 978-3-486-58437-0

Vorwort

Seit einigen Jahren sind Bestrebungen erkennbar, das öffentliche Rechnungswesen radikal zu verändern. Von diesem Prozess sind besonders die Kommunen betroffen. Bund und Länder sind, was die Umgestaltung ihres eigenen Haushalts- und Rechnungswesens anbelangt, deutlich zurückhaltender.

Zahlreiche Städte, Kreise und Gemeinden haben demgegenüber den Veränderungsprozess eingeleitet und einige wenden das Neue Kommunale Finanzmanagement, das auch als Neues Kommunales Rechnungswesen bezeichnet oder kurz NKF genannt wird, bereits an. Inzwischen sind in vielen Bundesländern konkrete Fristen zu beachten. So sind beispielsweise die nordrhein-westfälischen Kommunen gehalten, spätestens ab dem Haushaltsjahr 2009 nach den neuen haushaltsrechtlichen Regelungen zu arbeiten. In anderen Bundesländern haben die Städte, Kreise und Gemeinden noch etwas mehr „Luft".

Gleichwohl werden die meisten Kommunen sich in absehbarer Zeit auf das neue Haushalts- und Rechnungswesen einlassen müssen. Damit kommen sowohl die Kommunalpolitiker und Kommunalpolitikerinnen als auch die in den Städten, Kreisen und Gemeinden tätigen Mitarbeiter und Mitarbeiterinnen nicht umhin, sich mit dem Neuen Kommunalen Finanzmanagement vertraut zu machen. Sie müssen darüber informiert sein, welche Zielsetzungen mit der Umgestaltung verfolgt werden, nach welchem Mechanismus das neue Planungs-, Rechnungs- und Kontrollsystem arbeitet, welche Informationen das NKF grundsätzlich bereitzustellen vermag und, nicht zuletzt, wo die Grenzen des neuen Haushalts- und Rechnungswesens liegen.

Die Klärung der durch eine solche radikale Veränderung zwangsläufig aufgeworfenen zahlreichen Detailfragen, die darüber hinaus in den einzelnen Bundesländern eventuell noch unterschiedlich beantwortet werden müssen, ist demgegenüber zunächst zweitrangig und kann in vielen Fällen sogar abschließend an die dafür speziell ausgebildeten Mitarbeiterinnen und Mitarbeiter in den Kommunalverwaltungen verwiesen werden.

Diesen Überlegungen trägt die vorliegende Schrift Rechnung.

Angestrebt wird, all diejenigen, die kommunalpolitische Verantwortung tragen, möglichst direkt mit den Zielen und den wesentlichsten Bausteinen dieses neuen Haushalts- und Rechnungswesens vertraut zu machen und ihnen durch eine systematische und kompakte Vorgehensweise den Zugang zum NKF mit einem vertretbaren zeitlichen Einsatz zu ermöglichen. Die Beschäftigung mit speziellen Problemen, die das NKF aufwirft, erfolgt in weiterführenden Schriften. Das gilt beispielsweise für eine vertiefende Betrachtung der Buchführung sowie der Kosten- und Leistungsrechnung im NKF. In diesem Zusammenhang kann auf die in dieser Reihe erschienenen Schriften „Doppelte Buchführung für Städte, Kreise und Gemeinden – Verwaltungsdoppik im Neuen Kommunalen Rechnungswesen und Finanzmanagement" (2. Auflage, München/Wien 2007) sowie „Kommunale Kosten- und Leistungsrechnung – Controllingorientierte Einführung " (2. Auflage, München/Wien 2002) verwiesen werden.

Straelen, Mai 2008   Prof. Dr. Falko Schuster

Inhalt

1 Aktuelle Entwicklungen auf dem Gebiet des kommunalen Haushaltsrechts

Die Bestrebungen, das Haushaltsrecht der Kommunen radikal zu verändern, nehmen immer klarere Konturen an. Bereits 1996 legte *Klaus Lüder* eine erste relativ ausgereifte Konzeption vor, die als *„Speyerer Verfahren"* einen hohen Bekanntheitsgrad erzielte und große Anerkennung fand. Für diese auf drei Komponenten beruhende moderne Haushaltswirtschaft der Städte, Kreise und Gemeinden wählte er die Bezeichnung *Neues Kommunales Rechnungswesen*, kurz *NKR*. [1]

Überlegungen das betriebliche Rechnungswesen mit drei Komponenten, d.h. unter Verwendung der drei Begriffspaare „Einzahlungen und Auszahlungen", „Vermögen und Schulden" sowie „Aufwand und Ertrag", durchzuführen, sind allerdings nicht neu. So hat beispielsweise bereits *Klaus Chmielewicz* in seiner 1973 erschienenen Schrift *„Betriebliches Rechnungswesen 1"* auf die Anwendungsmöglichkeiten des *Drei-Komponenten-Systems* im Bereich der Unternehmen hingewiesen und auch anschaulich dargestellt, wie man mit drei Komponenten buchen und planen kann.[2] Die unternehmerische Praxis hat diesen Ansatz bisher nicht aufgegriffen.

Die Übertragung dieser Überlegungen auf den öffentlichen Bereich wurde dann von Klaus Lüder vorgenommen. Das von ihm entwickelte Drei-Komponenten-System bildet gegenwärtig die gemeinsame Basis für die in allen Bundesländern erkennbare Umgestaltung des kommunalen Haushalts- und Rechnungswesens, wobei allerdings trotz der gemeinsamen Grundkonzeption teilweise erhebliche Unterschiede deutlich werden.

Nordrhein-Westfalen war eines der ersten Bundesländer, das den von Klaus Lüder entwickelten Entwurf aufgriff, weiterentwickelte und die Einführung des Neuen Kommunalen Rechnungswesens in die Wege leitete. Die Vorbereitungen des Umstellungsprozesses wurden einem Projektteam übertragen, an dem zahlreiche Kommunen und eine Beratungsunternehmung beteiligt waren und dessen Arbeit vom Innenministerium dieses Bundeslandes beglei-

---

[1]   Lüder, Klaus: Konzeptionelle Grundlagen des Neuen Kommunalen Rechnungswesens (Speyerer Verfahren), Stuttgart 1996

[2]   Vgl. Chmielewicz, Klaus: Betriebliches Rechnungswesen 1 – Finanzrechnung und Bilanz, Reinbek bei Hamburg 1973, hier Seite 21 und Seite 88.

tet wurde. Die von Klaus Lüder gewählte Bezeichnung für das Drei-Komponenten-System wurde allerdings nicht übernommen. Stattdessen wählte man die Formulierung *Neues Kommunales Finanzmanagement* sowie das Kürzel *NKF*.

Der Begriff hat inzwischen Eingang in das *nordrhein-westfälische Haushaltsrecht* gefunden. Am 16. November 2004 beschloss und verkündete der Landtag dieses Bundeslandes das *„Gesetz über ein Neues Kommunales Finanzmanagement für Gemeinden im Land Nordrhein-Westfalen (Kommunales Finanzmanagementgesetz NRW – NKFG NRW)“.*[3] Das Gesetz umfasst 24 Artikel, die unter anderem gravierende Veränderungen der Gemeindeordnung und eine völlige Neufassung der Gemeindehaushaltsverordnung beinhalten. Für die Gemeinden und Gemeindeverbände in Nordrhein-Westfalen bedeutet dies, dass sie spätestens ab dem Haushaltsjahr 2009 das neue haushaltswirtschaftliche System anwenden müssen, insbesondere ihre Geschäftsvorfälle nach dem System der doppelten Buchführung zu erfassen sowie spätestens zum 1. Januar 2009 eine Eröffnungsbilanz aufzustellen haben.

In fast allen anderen Bundesländern sind ähnliche Entwicklungen erkennbar, so dass in absehbarer Zeit in Deutschland mit einer flächendeckenden Anwendung des NKF zu rechnen ist, wobei neben den bereits verwendeten Bezeichnungen für das neue kommunale Haushalts- und Rechnungswesen teilweise noch andere Begriffsfassungen gewählt werden. So spricht man beispielsweise in diesem Zusammenhang auch von der *Verwaltungsdoppik,* von der *kommunalen Doppik,* von der *Doppik des NKF* und vom *Neuen Kommunalen Rechnungs- und Steuerungssystem (NKRS).*

Es ist müßig, darüber zu streiten, welche Formulierung den Veränderungsprozess in den Kommunalverwaltungen am besten charakterisiert. Sämtliche Begriffe decken grundsätzlich den gleichen Sachverhalt ab. Das Gleiche gilt auch für die entsprechenden Vorschriften in den einzelnen Bundesländern, die bezüglich der Grundstruktur deckungsgleich sind, die aber, wie bereits erwähnt, nicht selten bundeslandesspezifische Besonderheiten aufweisen.

Nachfolgend geht es zunächst darum, einen klar strukturierten und kompakten Überblick über den in allen Bundesländern erkennbaren gemeinsamen Kern des neuen kommunalen Haushalts- und Rechnungswesens zu vermitteln.

Dabei stehen

- die *Zielsetzungen*, die mit dem NKF verfolgt werden,
- der *Grundaufbau* des Neuen Kommunalen Finanzmanagements,
- die wesentlichsten *Bausteine des neuen Systems*,
- die *Vorteile,* die sich durch die Verwaltungsdoppik für die Verwaltungssteuerung ergeben, und
- die *Gefahren bzw. Grenzen*, die beim Einsatz des neuen Haushalts- und Rechnungswesens zu beachten sind,

im Mittelpunkt der Betrachtung.

---

[3]   Die Fundstellen der im Text genannten Vorschriften finden sich Quellenverzeichnis

Nach der Darstellung dieser gemeinsamen Grundstruktur, werden ergänzend einige wichtige Besonderheiten erläutert, die sich durch spezielle haushaltsrechtliche Regelungen einzelner Bundesländer ergeben.

2 Die mit dem NKF verfolgten Zielssetzungen

Auch gegenwärtig wird häufig immer noch der Eindruck erweckt, dass es sich bei der Einführung des NKF lediglich um die *Ablösung der* bisher in den Städten, Kreisen und Gemeinden üblichen *Kameralistik* durch das *kaufmännische Rechnungswesen* handelt. Zutreffend ist dies nicht!

Mit dem Neuen Kommunalen Finanzmanagement findet ein Planungs-, Rechnungs- und Kontrollsystem in den Kommunalverwaltungen Anwendung, das zwar einerseits *eine* doppelte Buchführung beinhaltet und auch auf der Planungsebene dem Grundgedanken der Doppik Rechnung trägt, das sich aber andererseits auch deutlich vom kaufmännischen Rechnungswesen absetzt, indem einerseits wichtige kamerale Bausteine erhalten bleiben und andererseits Besonderheiten entstehen, die es bisher weder in der Kameralistik noch im traditionellen System der doppelten Buchführung gibt. Dies gilt es nachfolgend zu erläutern. Bereits an dieser Stelle soll aber beispielhaft auf einen gravierenden Unterschied gegenüber dem kaufmännischen Rechnungswesen hingewiesen werden: Die mit dem Drei-Komponenten-System verbundene Berücksichtigung der Einzahlungs- und Auszahlungsarten hat zur Folge, dass zahlreiche Buchungen bzw. Buchungssätze zu berücksichtigen sind, die man im Rechnungswesen der Kaufleute nicht kennt. Um diese erfassen zu können, ist ein spezieller Kontenrahmen erforderlich, der von bisher eingesetzten Kontenrahmen erheblich abweicht. Die meisten Bundesländer haben inzwischen solche Kontenrahmen bzw. Kontenpläne entwickelt, die grundsätzlich sehr ähnlich ausfallen, aber im Detail zahlreiche Unterschiede aufweisen.

Es liegt auf der Hand, dass die Einführung eines solchen völlig neuen Planungs-, Rechnungs- und Kontrollsystems, das sowohl von der bisherigen Kameralistik als auch vom kaufmännischen Rechnungswesen erheblich abweicht und zusätzlich noch neue Systembestandteile beinhaltet, beträchtliche Kosten hervorruft und somit die Städte, Kreise und Gemeinden stark belastet.

Offensichtlich kann man diese mit der Einführung des NKF verbundenen erheblichen Kosten nur akzeptieren, wenn ihnen ein entsprechender Nutzen gegenübersteht. Insofern stellt sich die Frage, was man mit der radikalen Umstellung des kommunalen Haushalts- und Rechnungswesens überhaupt bewirken will und wie wahrscheinlich es ist, dass man das, was man anstrebt, auch erreichen wird. Damit ist die Zielsetzung angesprochen, die man mit dem NKF verfolgt.

In der 2002 vom Modellprojekt „Doppischer Kommunalhaushalt in NRW" herausgegebenen Schrift „Neues Kommunales Finanzmanagement"[4] werden zahlreiche Ziele genannt oder zumindest angedeutet, denen das NKF letztlich dienen soll, wobei es allerdings an einer überzeugenden Zusammenstellung der Ziele fehlt.

Gleichwohl lassen sich folgende *drei Gruppen von Zielsetzungen* erkennen, *die man mit dem Neuen Kommunalen Finanzmanagement erreichen will*:

Erstens sollen mit dem NKF *spezielle Informationen* bereitgestellt werden, die man dem kameralistischen Rechnungswesen nicht oder nur unzureichend entnehmen kann. Man kann in diesem Zusammenhang von *Informationszielen* sprechen. Angestrebt werden besonders

a) *die Darstellung des Gesamtressourcenaufkommens und Gesamtressourcenverbrauchs,*

b) die *Darstellung des Vermögens der Kommune*,

c) die *Hervorhebung der Ziele und Ergebnisse des Verwaltungshandelns* und damit auch eine Outputorientierung,

d) die *Unterstützung einer flexiblen Mittelbewirtschaftung* und

e) die *Aufhebung der Fragmentierung des Rechnungswesens im „Konzern Kommune"* zwischen der Kernverwaltung und den Sondervermögen bzw. Eigen- und Beteiligungsgesellschaften durch einen einheitlichen Rechnungsstil.

Wir wollen diese Zielsetzungen kurz erläutern:

Bei der unter a) genannten Zielsetzung geht es darum, zu zeigen, in welchem Umfang eine Gemeinde Güter verbraucht und erstellt. Da ein Teil des Güterverbrauchs langlebige Güter betrifft, der Güterverbrauch also in diesen Fällen in Form von Abschreibungen zu berücksichtigen ist, ist zumindest eine vollständige Erfassung des Anlagevermögens erforderlich (vgl. Zielsetzung b). Aber auch die Ermittlung des anderen Vermögens ist im Hinblick auf die Bestimmung des Güterverbrauchs nicht unbedeutend. Weiterhin soll das NKF in das Neue Steuerungsmodell eingebunden bleiben. Dies wird durch die unter c) genannte Zielsetzung deutlich. Im NKF sollen also die Produkte, die eine Gemeinde erstellt, abgebildet werden und die jeweiligen Ausbringungsmengen und Qualitäten erkennbar sein. Ähnliches gilt für die unter d) genannte Zielsetzung. Auch hier wird eine Verbindung zum Neuen Steuerungsmodell hergestellt. Das NKF soll die neue Form der Budgetierung unterstützen, die dadurch gekennzeichnet ist, dass man die Deckungsmöglichkeiten zwischen den Plangrößen, die man traditionell als Haushaltsstellen bezeichnet, ausweitet. Besonders wichtig ist die unter e) aufgeführte Zielsetzung: Demnach soll das NKF weiterhin dazu beitragen, die Kluft zu überbrücken, die sich mitten in der Verwaltung auftut, weil die Kernverwaltung die Kameralistik einsetzt und beispielsweise die Eigenbetriebe, die rechtlich nicht selbständig und somit dem Betrieb „Kommunalverwaltung" zuzuordnen sind, ihre Geschäftsvorfälle nach den Re-

---

[4] Modellprojekt „Doppischer Kommunalhaushalt in NRW" (Hrsg.): Neues kommunales Finanzmanagement – Betriebswirtschaftliche Grundlagen für das doppische Haushaltsrecht, Freiburg/Berlin/München/Zürich 2002, hier Seiten 26-28.

geln der kaufmännischen Buchführung erfassen.[5] Hier soll durch Einsatz des NKF in allen Bereichen der Städte, Kreise und Gemeinden ein einheitliches Rechnungswesen Anwendung finden.

Zweitens wurde bzw. wird mit der Umstellung auf das NKF angestrebt, die Kosten in den kommunalen Verwaltungsbetrieben zu senken. Man kann daher in diesem Zusammenhang von *einem Kostensenkungsziel* sprechen.

Die Möglichkeit der *Kostensenkung* erhoffte man sich zunächst vom Einsatz betriebswirtschaftlicher Standardsoftware, die sich bereits im kaufmännischen Bereich bewährt hat. Eine solche Erwartungshaltung resultiert aus der nicht zutreffenden Annahme, dass die Einführung des NKF weitgehend der Übernahme des kaufmännischen Rechnungssystems entspreche und die einzelne Kommune folglich auf ausgereifte und preiswerte Softwarepakete zurückgreifen könne. Inzwischen hat sich die Einsicht durchgesetzt, dass es sich bei dieser Auffassung um einen gravierenden Irrtum handelt. Angesichts der erheblichen Reibungsverluste, die die Umstellung auf das NKF in den letzten Jahren in vielen Städten, Kreisen und Gemeinden mit sich brachte bzw. noch mit sich bringt, lässt sich die ursprüngliche These, dass es mit der Einführung des NKF zu Kostensenkungen in den kommunalen Verwaltungsbetrieben kommt, kaum noch halten.

Drittens werden *Grundsätze* genannt, die es in Verbindung mit dem neuen kommunalen Rechnungssystem zu beachten gilt. Sie lassen sich stichwortartig folgendermaßen auflisten:

a) Vollständigkeit,

b) Richtigkeit und Willkürfreiheit,

c) Verständlichkeit,

d) Öffentlichkeit,

e) Aktualität,

f) Relevanz,

g) Stetigkeit,

h) Nachweis der Recht- und Ordnungsmäßigkeit und

i) **Dokumentation der intergenerativen Gerechtigkeit**

Diese Grundsätze haben ganz offensichtlich Zielcharakter. Wenn man, wie dies üblich ist, unter einem *Ziel* einen *Zustand versteht, den man erreichen will,*[6] so lässt sich in den genannten Grundsätzen genau diese Aufforderung erkennen.

---

[5]　Vgl. beispielsweise Schuster, Falko und Steffen, Dieter: Das Rechnungswesen des kommunalen Verwaltungsbetriebs, Berlin/Heidelberg/New York/ London/Paris/ Tokyo 1987, Seiten 1-4 und Seite 13.

[6]　Vgl. beispielsweise Schuster, Falko: Einführung in die Betriebswirtschaftslehre der Kommunalverwaltung, 2. Auflage, Hamburg 2006, hier S. 67.

Dies zeigen die folgenden Erläuterungen der einzelnen Stichworte: So soll durch Einführung des NKF alles erfasst werden, was für einen kommunalen Verwaltungsbetrieb von Bedeutung ist (vgl. (*a*) *Grundsatz der Vollständigkeit*). Diese Erfassung soll zutreffend sein und nicht durch persönliche Wertvorstellung beeinflusst werden (vgl. (*b*) *Grundsatz der Richtigkeit und Willkürfreiheit*). Die Aufbereitung der Daten soll nachvollziehbar (vgl. (*c*) *Grundsatz der Verständlichkeit*) und den Bürgerinnen und Bürgern zugänglich sein (vgl. (*d*) *Grundsatz der Öffentlichkeit*). Die für abgelaufene Zeiträume ermittelten Daten sollen möglichst zeitnah zur Verfügung stehen (vgl. (*e*) *Grundsatz der Aktualität*). Die Informationen sollen für die Entscheidungen bedeutsam sein (vgl. (*f*) *Grundsatz der Relevanz*) und möglichst so aufbereitet werden, dass sie leicht mit früheren Zusammenstellungen verglichen werden können(vgl. (*g*) *Grundsatz der Stetigkeit*). Weiterhin soll das NKF dazu beitragen, dass das Verwaltungshandeln den rechtlichen Vorgaben entspricht, indem es entsprechende Kontrollvorgänge ermöglicht bzw. erleichtert (vgl. (*h*) *Grundsatz des Nachweises der Recht- und Ordnungsmäßigkeit*). Letztlich soll mit Hilfe des NKF feststellbar sein, ob man in einem Haushaltsjahr zu Lasten zukünftiger Generationen gewirtschaftet hat, bzw. es soll sich mit Hilfe des NKF nachweisen lassen, dass man mit dem Verwaltungshandeln die zukünftigen Generationen nicht belastet hat (vgl. (*i*) *Grundsatz der Dokumentation der intergenerativen Gerechtigkeit*).

Wie wir noch zeigen werden, resultiert **viertens** *aus dem zuletzt genannten Grundsatz bzw. aus dem Streben nach intergenerativer Gerechtigkeit* eine *völlig neue Definition des Haushaltsausgleich* und damit eine Veränderung des bisher für die Kommunen maßgeblichen Formalziels. Nach *§ 75 (2) der* neu gefassten *nordrhein-westfälischen Gemeindeordnung* haben die Kommunen beispielsweise nunmehr folgender Zielsetzung Rechnung zu tragen:

> „Der Haushalt muss in jedem Jahr in Planung und Rechnung ausgeglichen
> sein. Er ist ausgeglichen, wenn der Gesamtbetrag der Erträge die Höhe des
> Gesamtbetrages der Aufwendungen erreicht oder übersteigt."

In anderen Bundesländern ist die Zielformulierung teilweise noch genauer gefasst, indem man zwischen *ordentlichen Aufwendungen und Erträgen* sowie *außerordentlichen Aufwendungen und Erträgen* unterscheidet. So gilt beispielsweise nach *§ 82 (4) der Niedersächsischen Gemeindeordnung* folgende Vorgabe:

> „Der Haushalt soll in jedem Haushaltsjahr in Planung und Rechnung ausgeglichen sein. Er ist ausgeglichen, wenn der Gesamtbetrag der ordentlichen Erträge dem Gesamtbetrag der ordentlichen Aufwendungen und der Gesamtbetrag der außerordentlichen Erträge dem Gesamtbetrag der außerordentlichen Aufwendungen entspricht."

Die bisherigen Ausführungen lassen erkennen, dass mit dem NKF zahlreiche unterschiedliche Zielsetzungen verfolgt werden, deren genaue Einordnung bzw. Zuordnung nicht leichtfällt und auch noch nicht abschließend geklärt ist.

Gleichwohl lässt sich unserer Ansicht nach ein *„roter Faden"* in den *NKF-Zielsetzungen* erkennen, so dass sich *der Grundaufbau des NKF-Zielsystems* folgendermaßen skizzieren (*vgl. Abbildung 1*) lässt:

Intergenerative
Gerechtigkeit

Wert des Gesamtressourcenaufkommens
wenigstens so groß wie der
Wert des Gesamtressourcenverbrauchs

Neuer Haushaltsausgleich
(Erträge ≥ Aufwendungen)

Abbildung 1: Der Grundaufbau des NKF – Zielsystems

Ausgangspunkt ist eine außerökonomische Zielsetzung, die mit der Formulierung **„Intergenerative Gerechtigkeit"** zum Ausdruck gebracht wird. Es handelt sich dabei um das *Ober-
ziel des NKF*. Die Erreichung dieser Zielsetzung bzw. zum Erreichen dieser Zielsetzung beizutragen, ist das eigentliche Anliegen, das mit der Einführung des Neuen Kommunalen Finanzmanagements verfolgt wird.

Was ist damit genau gemeint?

Wie alle Menschen und Institutionen haben auch die Städte, Kreise und Gemeinden darauf
zu achten, dass sie nicht das „verwirtschaften", was ihnen gar nicht „gehört". Dahinter steht
die Auffassung, dass die Güter der Welt allen Generationen gleichermaßen zur Verfügung
stehen sollen und jede Generation somit darauf zu achten hat, dass sie wenigstens das, was
sie von der vorherigen Generation erhalten hat, an die nachwachsenden Generationen wei-
tergeben muss. Um zu sehen, ob man intergenerativ gerecht handelt, muss man also den Güterverbrauch, den man hervorgerufen hat, mit der Güterentstehung vergleichen, die man erreicht hat.

Diese Überlegung steht in einer engen Verbindung zum Begriff „*Nachhaltigkeit*", der sich
besonders einfach am **Beispiel** der *Forstwirtschaft* erläutern lässt:

> Wer Holz erntet, muss, falls er nicht zu Lasten zukünftiger Generation handeln will,
> dafür sorgen, dass der Wald wieder entsprechend nachwächst. Da das Wachstum der
> Bäume lange Zeiträume in Anspruch nimmt, ist stets darauf zu achten, dass für ge-
> schlagene Bäume neue Bäume gepflanzt werden, damit auch in Zukunft auf Dauer
> eine kontinuierliche Holzernte möglich ist.

Gemeinden, die sich dem Ziel der intergenerativen Gerechtigkeit verpflichtet fühlen, haben
somit stets darauf zu achten, dass sie nicht mehr Güter verbrauchen, als von ihnen geschaffen
werden. Ersetzt man den Begriff „Gut" durch den Begriff „Ressource", muss also stets das

Ressourcenaufkommen wenigstens so groß sein wie der Ressourcenverbrauch. Geht man von einem Haushaltsjahr aus, dann muss, wenn man die intergenerative Gerechtigkeit will, in Planung und Rechnung der gesamte Ressourcenverbrauch in dieser Periode durch das gesamte Ressourcenaufkommen, d.h. durch die gesamte Güterentstehung in dieser Periode, gerechtfertigt werden. Ein Problem entsteht dadurch, dass auch im Bereich der Kommunalverwaltung zum einen Ressourcen der unterschiedlichsten Art verbraucht werden, z. B. Arbeitskraft, Rohstoffe und langfristig auch Maschinen, Fahrzeuge usw., und zum anderen Ressourcen der unterschiedlichsten Art entstehen, beispielsweise in Form von Schulgebäuden, Straßen, Kanälen, aber auch in Form von Dienstleistungen (Beratungsdienstleistungen, Versorgungsdienstleistungen und Entsorgungsdienstleistungen).

Um die betreffenden Güter zusammenfassen zu können, bedarf es der Bewertung. Damit kann man die Forderung, die sich aus dem Ziel der intergenerativen Gerechtigkeit ergibt, genauer formulieren:

Es muss der *Wert des Gesamtressourcenaufkommens wenigstens so groß sein wie der Wert des Gesamtressourcenverbrauchs.*

Die Übertragung dieser Forderung auf die Ebene des betrieblichen Rechnungswesens macht es erforderlich, dass man Begriffe heranzieht, die in diesem Bereich der Betriebswirtschaftslehre üblich sind. Man entschied sich für *das Begriffspaar „Aufwendungen und Erträge".*

Damit müssen, wenn man das Ziel der intergenerativen Gerechtigkeit anstrebt, *in einem Haushaltsjahr die Erträge wenigstens so groß sein wie die Aufwendungen.*

Es handelt sich dabei um den bereits erwähnten *neuen Haushaltsausgleich,* der sich vom bisher gültigen Haushaltsausgleich, den wir nachfolgend als *traditionellen Haushaltsausgleich* bezeichnen, gravierend unterscheidet.

Auch wenn in der alten Fassung der Gemeindeordnung eine klare Definition des Haushaltsausgleichs fehlt, ist unbestritten, dass damit der Ausgleich von Einnahmen und Ausgaben gemeint ist. Für den *Bundeshaushalt* findet sich eine klare Fassung des *traditionellen Haushaltsausgleichs,* die diese Überlegungen stützt. Nach *Artikel 110 (1) Satz 2 des Grundgesetzes für die Bundesrepublik Deutschland* gilt:

„Der Haushaltsplan ist in Einnahme und Ausgabe auszugleichen".

Wir werden uns mit dem Haushaltsausgleich noch intensiv beschäftigen. Bereits an dieser Stelle deutet sich jedoch an, dass sich durch die neue Definition des Haushaltsausgleichs eine gravierende Veränderung im kommunalen Zielsystem ergibt und diese wiederum erhebliche Auswirkungen auf das betriebliche Geschehen in den Städten, Kreisen und Gemeinden haben muss:

Bisher wurde darauf geachtet, dass man in einem Haushaltsjahr nicht mehr Geld ausgibt, als man einnimmt. Geldzufluss und Geldabfluss müssen ausgeglichen sein. Nunmehr kommt es darauf an, dass sich in einem Haushaltsjahr der bewertete Güterverbrauch und die bewertete Güterentstehung ausgleichen.

Wie stark sich die Neudefinition des Haushaltsausgleichs und die damit verbundene neue Betrachtungsweise auswirken, macht das folgende einfache **Beispiel** deutlich:

In einer Gemeinde seien für die Erstellung eines Haushaltsplanes lediglich folgende Sachverhalte zu berücksichtigen:

1. Es wird für das anstehende Haushaltsjahr mit Steuereinzahlungen in Höhe von 10 Mio. Euro gerechnet und das Geld muss voraussichtlich für Löhne, Gehälter und Bezüge vollständig ausgegeben werden. Für die spätere Beamtenversorgung soll kein Geld zurückgehalten werden.
2. Die notwendigen zusätzlichen Rückstellungen für die zukünftigen Pensionen, d. h. die zusätzlichen Schulden, die erst in späteren Jahren zu Auszahlungen führen werden, werden auf 1 Mio. Euro pro Jahr geschätzt.
3. Die Stadt verfügt über ein Straßen- und Kanalnetz im Werte von 500 Mio. Euro, das zu Abschreibungen in Höhe von 10 Mio. Euro pro Jahr führt.
4. Neue Straßen sollen nicht gebaut werden und auch ansonsten sind für das anstehende Haushaltsjahr keine Auszahlungen bzw. Einzahlungen zu berücksichtigen.

Wie sehen
a) der traditionelle Haushaltsplan, d.h. der kommunale Haushaltsplan in der Verwaltungskameralistik, und
b) der neue doppische Haushaltsplan, d.h. der Haushaushaltsplan im Neuen Kommunalen Finanzmanagement,
aus?

Die nachfolgenden Tabellen machen die Auswirkungen deutlich.

Wir betrachten zunächst den traditionellen Haushaltsplan:

Im Verwaltungshaushalt haben wir die Steuereinnahmen in Höhe von 10 Mio. Euro und die Personalausgaben in Höhe von ebenfalls 10 Mio. Euro zu veranschlagen. Der Verwaltungshaushalt ist damit ausgeglichen. Investive Einnahmen und Ausgaben sind nicht zu berücksichtigen. Der Vermögenshaushalt ist somit ebenfalls ausgeglichen.

1. traditioneller Haushaltsplan (Angaben in Mio. Euro)

	Einnahmen	Ausgaben	
Verwaltungshaushalt	Steuereinnahmen 10	Personalausgaben 10	ausgeglichen
Vermögenshaushalt	0	0	ausgeglichen

Wir betrachten nunmehr den doppischen Haushaltsplan:

Dies bedeutet, dass wir sowohl den Geldfluss als auch die wertmäßige Güterentstehung und den wertmäßigen Güterverbrauch veranschlagen. Wir planen somit einerseits, wie bisher, mit Einnahmen und Ausgaben, wobei wir allerdings im NKF von Einzahlungen und Auszahlungen sprechen, und wir planen andererseits mit Aufwendungen und Erträgen.

- Im doppischen Haushaltsplan haben wir somit bezüglich des Sachverhaltes 1 zunächst die geplanten Steuereinzahlungen zu berücksichtige, durch die wir „reicher" werden und bei denen es sich somit gleichzeitig um einen Steuerertrag handelt. Weiterhin veranschlagen wir die Personauszahlungen in Höhe von ebenfalls 10 Mio. Euro, die uns „ärmer" machen und bei denen es sich somit gleichzeitig um Personalaufwendungen handelt.

- Der 2. Sachverhalt führt zu keiner Geldbewegung. Insofern entstehen weder Einzahlungen noch Auszahlungen. Die zusätzlichen Versorgungsverpflichtungen gegenüber den Beamtinnen und Beamten, machen uns aber „ärmer". Demzufolge sind neben den Personalaufwendungen, die wir bereits berücksichtigt haben, noch zusätzlich Personalaufwendungen in Höhe von 1 Mio. Euro zu berücksichtigen.

- Der 3. Sachverhalt ist ebenfalls mit keiner Geldbewegung verbunden, allerdings verliert unser Anlagevermögen an Wert. Durch den Abschreibungsaufwand in Höhe von 10 Mio. Euro wird dieser Güterverbrauch erfasst. Damit entstehen insgesamt Aufwendungen in Höhe von 21 Mio. Euro und Erträge in Höhe von 10 Mio. Euro. Die Aufwendungen übersteigen die Erträge um 11 Mio. Euro. Der neue Haushaltsausgleich wird nicht erreicht.

2. doppischer Haushaltsplan (Angaben in Mio. Euro)

Sach-verhalt	Einzahlungen	Auszahlungen	Aufwendungen	Erträge
1	Steuereinzahlungen 10	Personalauszahlungen 10	Personalaufwendungen 10	Steuererträge 10
2			Personalaufwendungen 1	
3			Abschreibungsaufwand 10	
			-11 (Jahresfehlbetrag)	

Die Erfassung bzw. Planung nach altem und nach neuem Haushaltsrecht führt dazu, dass identische Sachverhalte extrem unterschiedlich abgebildet werden. Ein Haushalt, der nach altem Haushaltsrecht noch ausgeglichen war bzw. wäre, kann nach neuem Haushaltsrecht ein extremes Ungleichgewicht aufweisen. Um die soeben nur andeutungsweise dargestellten Auswirkungen, die sich durch das neue Haushalts- und Rechnungswesen ergeben, genauer betrachten zu können, ist es *erstens* erforderlich, dass man das Neue Kommunale Finanzmanagement klar in die Betriebswirtschaftslehre und speziell in das *betriebliche Rechnungswesen* einzuordnen vermag, und dass man *zweitens*, die für das Verständnis dieses neuen Rechnungssystems notwendigen *Begriffe* sicher beherrscht. Die betriebswirtschaftliche Einordnung des NKF und die Klärung der erforderlichen Grundbegriffe werden nachfolgend vorgenommen.

3   Betriebswirtschaftliche Einordnung des NKF

Den Ausgangspunkt für die betriebswirtschaftliche Einordnung des NKF bildet folgender Grundzusammenhang (*vgl. Abbildung 2*): Ein Betrieb wird gegründet, weil man bestimmte Ziele erreichen will. Um die Ziele zu erreichen, muss man den betrieblichen Ablauf entsprechend steuern. Dies setzt wiederum voraus, dass man über die hierzu notwendigen Informationen verfügt. Hier setzt das *Rechnungswesen* an, das man als *zahlenmäßige Abbildung des betrieblichen Geschehens* definieren kann.

Durch das Rechnungswesen wird die *Betriebsführung* unterstützt. Man spricht daher auch von einer *Stabsfunktion*.

Betriebliche Ziele

↓

Management
(Führung oder Steuerung)

↓

Führungsunterstützung
(Rechnungswesen als Stabsfunktion)

Abbildung 2: Zusammenhang zwischen betrieblichen Zielen, Management und Rechnungswesen

Beim *Rechnungswesen* selbst lassen sich *drei Zweige* unterscheiden, die nicht in Konkurrenz zueinander stehen, sondern die sich gegenseitig ergänzen:

> Den *1. Zweig* bildet die *Buchführung oder Buchhaltung*.

> Bei dem *2. Zweig* handelt es sich um *die Kosten- und Leistungsrechnung*.

> Der *3. Zweig* umfasst die *einzelfallbezogenen Rechnungen*.

Die **Buchführung** hat die Aufgabe, das, was mit Außenstehenden passiert, festzuhalten und diese Daten weiter aufzubereiten. Gebucht werden also die Geschäfte, die ein Betrieb tätigt.

Deshalb wird die kaufmännische Buchführung auch *Geschäftsbuchführung* genannt. Da die Geschäfte üblicherweise mit Geld abgewickelt werden, setzt die Buchführung an den Geldzuflüssen und den Geldabflüssen an. Deshalb findet sich für die kaufmännische Buchführung ebenfalls die Bezeichnung *Finanzbuchhaltung*. Die Zahlungsvorgänge bilden nicht nur in der kaufmännischen Buchführung den Ausgangspunkt für die Datenerfassung, sondern in sämtlichen Buchführungssystemen. Man bezeichnet daher die Buchführung, unabhängig davon, welche weitere Ausgestaltung sie erfährt, als *pagatorische Rechnung*.[7] Dabei wird der Begriff vom lateinischen Verb „pagare" abgeleitet, welches „bezahlen" bedeutet. Insofern können wir die Buchführung generell als den Zweig des Rechnungswesens charakterisieren, der stets vom Zahlungsvorgang ausgeht.

Einzahlungen und Auszahlungen bilden somit die gemeinsame Basis aller Buchhaltungssysteme.

Dies bedeutet allerdings nicht, dass in der Buchhaltung nur der Geldfluss abgebildet wird. Die Unterschiede zwischen den verschiedenen Varianten der Buchhaltung kommen dadurch zustande, dass das gleiche Datenmaterial unterschiedlich aufbereitet oder durch weitere Daten ergänzt wird. Diese Varianten der Ausgestaltung haben wieder mit dem in Abbildung 2 dargestellten Grundzusammenhang zu tun. Unterschiedliche betriebliche Ziele machen eine unterschiedliche Aufbereitung bzw. Ergänzung des zunächst gleichen Datenmaterials erforderlich. Wir werden auf diesen Punkt noch eingehen. Zunächst wollen wir allerdings die beiden anderen Zweige des Rechnungswesens noch kurz ansprechen.

Anders als die Buchführung ist die **Kosten- und Leistungsrechnung** nicht darauf ausgerichtet, das festzuhalten, was mit Außenstehenden passiert, sondern dieser Zweig des Rechnungswesens ist dazu bestimmt, in den Betrieb hineinzuschauen. Es soll all das in Zahlen abgebildet werden, was in dem betreffenden Betrieb geschieht.

Man hat dabei besonders die *Steuerung bzw. Kontrolle der Wirtschaftlichkeit* vor Augen. Da man sich bei dieser Betrachtung teilweise vom Zahlungsvorgang lösen muss, nennt man diesen Teil des Rechnungswesens auch *kalkulatorische Rechnung*. Wie stark der Unterschied zwischen der pagatorischen und der kalkulatorischen Rechnung sein kann, soll kurz anhand eines **Beispiels** erläutert werden:

Unterstellt ein kommunaler Hafenbetrieb habe durch ein außergewöhnliches Hochwasser riesige Schäden erlitten und die Beseitigung dieser Schäden rufe entsprechende Ausgaben hervor (Reparaturausgaben, Reinigungsausgaben usw.), dann sind diese Ausgaben zu buchen, also in der pagatorischen Rechnung zu erfassen, und zwar in jedem Buchhaltungssystem, also in der doppelten Buchführung genauso wie in der Verwaltungskameralistik. In der kaufmännischen Buchführung wird allerdings von diesen Ausgaben noch der Aufwand abgeleitet und gebucht.

In der Kosten- und Leistungsrechnung werden die betreffenden Beträge hingegen nicht erfasst. Obwohl es sich um Güterverbräuche handelt, sind keine Kosten zu berücksichti-

---

[7]   Vgl. Engelhardt, Werner und Raffée, Hans: Grundzüge der doppelten Buchführung, 2. Auflage, Wiesbaden 1971, S. 20.

gen. Das gilt nicht nur für die Wirtschaftlichkeitsbetrachtung, sondern auch für die Kalkulation von Benutzungsgebühren. Der Grund für diese Vorgehensweise liegt auf der Hand. Es kann den Personen, die für die Steuerung des Betriebes zuständig sind, nur der Güterverbrauch angelastet werden, den sie direkt oder indirekt verursacht haben. Den durch „Höhere Gewalt" hervorgerufenen Schaden haben sie nicht zu verantworten. Entsprechend können in der Gebührenkalkulation nur die Güterverbräuche abgerechnet werden, die die Benutzer hervorgerufen haben. Einen durch „Höhere Gewalt" hervorgerufenen Güterverbrauch kann man ihnen nicht in Rechnung stellen

Obwohl die Buchführung und die Kosten- und Leistungsrechnung unterschiedliche Informationen liefern und sie sich somit ergänzen, reichen die von diesen beiden Zweigen des Rechnungswesens bereitgestellten Daten für die Steuerung eines Betriebs nicht immer aus. Beide Zweige des Rechnungswesens sind in der Regel auf *ein Jahr* bezogen. Zahlreiche betriebswirtschaftliche Entscheidungen wirken sich jedoch über *mehrere zukünftige Perioden* aus. Damit sind neben der pagatorischen und der kalkulatorischen Rechnung Berechnungen erforderlich, die auf den jeweiligen Einzelfall zugeschnitten sind und die auch solche Folgen erfassen, die erst in zukünftigen Jahren spürbar werden. Diese **einzelfallbezogenen Rechnungen** kommen üblicherweise bei Finanzierungs- und Investitionsentscheidungen zum Einsatz.

Wie ist das NKF in das soeben dargestellte System des betrieblichen Rechnungswesens einzuordnen?

Abbildung 3 macht dies deutlich: Beim **NKF** handelt es sich um einen Zweig des Rechnungswesens, der vom Zahlungsstrom, also von Einzahlungen und Auszahlungen, ausgeht. Das Neue Kommunale Finanzmanagement ist also zunächst einmal als eine pagatorische Rechnung bzw. als ein Buchhaltungssystem einzuordnen.

Dabei ist der zuletzt genannte Begriff keineswegs abwertend zu interpretieren. Ein Buchhaltungssystem erstreckt sich nicht nur auf die laufende Abbildung der Geschäftsvorfälle, sondern umfasst auch den Jahresabschluss bzw. die Jahresrechnung und Pläne, wie beispielsweise den Haushaltsplan, den Erfolgsplan, den Finanzplan und die Planbilanz.

Abbildung 3 ist weiterhin zu entnehmen, dass das *NKF* mit dem kaufmännischen System der doppelten Buchführung und dem in der Kommunalverwaltung bisher praktizierten System der Verwaltungskameralistik auf einer Ebene, man kann auch sagen in Konkurrenz steht.

Die häufig vertretene These, die Kommunen würden mit der Umstellung auf das NKF das kaufmännische Buchhaltungssystem übernehmen, trifft also, worauf wir bereits zu Beginn unserer Ausführungen schon hingewiesen haben, eindeutig nicht zu. Es wird ein Buchhaltungssystem neuer Art eingeführt, das zwar eine doppelte Buchführung beinhaltet, aber eine doppelte Buchführung, die auf einem Drei-Komponenten-System beruht, welches von den Unternehmen nicht angewandt wird. Hinzu kommt, dass bestimmte Bausteine des kameralistischen Rechnungswesens erhalten bleiben.

Betriebs-Typen / Zweige des Rechnungs-Wesens	UNTERNEHMUNG	KOMMUNAL-VERWALTUNG „alt"	KOMMUNAL-VERWALTUNG „neu"
1. Zweig	Buchhaltung (pagatorische Rechnung)		
	Kaufmännische doppelte Buchführung (auch kaufmännische Doppik; Finanzbuchhaltung oder Geschäftsbuchhaltung genannt)	**Verwaltungskameralistik** in einzelnen Bereichen kaufmännische doppelte Buchführung	**Doppik des NKF (Buchung im Drei-Komponenten-System)**
	Betriebsbuchhaltung	**Erweiterte Kameralistik**	**?**
2. Zweig	Kosten- und Leistungsrechnung (kalkulatorische Rechnung)		
3. Zweig	Einzelfallbezogene Rechnungen		

Abbildung 3: Überblick über die Zweige des Rechnungswesens und Einordnung des NKF

Insofern lässt sich das *NKF als ein Buchhaltungs-Mix* bezeichnen, das Elemente des kaufmännischen *und* des kameralistischen Rechnungswesen beinhaltet, wobei allerdings erstere dominieren.

Weiterhin geht aus *Abbildung 3* hervor, dass das NKF wie die beiden anderen Buchhaltungssysteme der Ergänzung durch die kalkulatorische Rechnung und die einzelfallbezogenen Rechnungen bedarf. Was die Kosten- und Leistungsrechnung angeht, so sieht beispielsweise das *Kommunale Finanzmanagementgesetz des Landes Nordrhein-Westfalen* eine solche Ergänzung grundsätzlich vor, ohne allerdings detailliert zu regeln, wann, wo, wie und in welchem Umfang die *Kosten- und Leistungsrechnung* zum Einsatz kommen soll. Der Bürgermeisterin bzw. dem Bürgermeister ist es überlassen, entsprechende Regelungen vorzugeben.

Wie der Anbau der Kosten- und Leistungsrechnung im NKF zu erfolgen hat, ist bisher nicht abschließend geklärt. Es ist allerdings anzunehmen, dass man nicht von den Einzahlungen und Auszahlungen ausgeht, wie dies bei der *Erweiterten Kameralistik* der Fall ist, sondern bei der Ermittlung der Kosten und der Leistung an den Aufwendungen bzw. Erträgen ansetzen wird, wie dies im Rahmen der *Betriebsbuchhaltung* geschieht.

4 Die für das Verständnis des NKF notwendigen Grundbegriffe

4.1 Einzahlungen und Auszahlungen

Da es sich beim NKF um ein Buchhaltungssystem, d.h. um eine pagatorische Rechnung, handelt, ist zunächst einmal das *Begriffspaar „Einzahlungen und Auszahlungen"* von Bedeutung. Statt der Formulierung „Begriffspaar" können wir auch die Formulierung „Komponente" wählen. Einzahlungen und Auszahlungen bilden damit die *erste Komponente* im NKF.

Bei einer **Auszahlung** handelt es sich um einen *Geldabfluss*, also um die Abgabe von Bar- oder Buchgeld. Eine Auszahlung liegt somit dann vor, wenn der Betrieb eine Note oder Münze (Bargeld) an eine andere Institution oder Person abgibt oder wenn das Guthaben auf dem Giro-Konto (Buchgeld) abnimmt. Beispiele: Ein Mitarbeiter holt ein dringend benötigtes Ersatzteil beim Lieferanten ab und bezahlt es sofort bar. Der Betrieb überweist den für eine empfangene Materiallieferung zu zahlenden Betrag an den Lieferanten.

Wir setzten den Begriff „Auszahlung" mit dem Begriff „Ausgabe" gleich.[8] Ergänzend weisen wir aber darauf hin, dass der Begriff „Ausgabe" von einem nicht unbedeutenden Kreis der Betriebswirte abweichend von der Auszahlung definiert wird.[9] Insofern kann es, um Missverständnisse zu vermeiden, durchaus sinnvoll sein, auf den Begriff „Ausgabe" völlig zu verzichten und nur den Begriff „Auszahlung" zu verwenden. Das NKF wählt diesen Weg.

Spiegelbildlich versteht man unter einer **Einzahlung** einen *Geldzufluss*. In diesem Fall erhält der Betrieb also Bar- oder Buchgeld, d.h. er nimmt Noten oder Münzen entgegen oder er hat einen Zugang auf dem Giro-Konto zu verzeichnen. Beispiele: Der Betrieb erhält für ein verkauftes Produkt 10 Euro bar oder dem Betrieb werden für die Lieferung eines Produktes 10 Euro überwiesen.

---

[8] Dabei orientieren wir uns an der Begriffsfassung von Klaus Chmielewicz. Vgl. Chmielewicz, Klaus: Betriebliches Rechnungswesen 1, a. a. O., hier S. 78.

[9] Vgl. beispielsweise Wöhe, Günter: Einführung in die Allgemeine Betriebswirtschaftslehre, 22. Auflage, München 2005, S. 814.

Wir setzen den Begriff „Einzahlung" mit dem der „Einnahme" gleich. Auch hier gilt, dass der Begriff „Einnahme" in der BWL unterschiedlich definiert wird. Es kann daher auch in diesem Fall durchaus sinnvoll sein, ausschließlich von Einzahlungen zu sprechen, wenn man den Geldzufluss meint, und auf den Begriff „Einnahme" zu verzichten, wie dies im NKF praktiziert wird.

4.2   Aufwendungen und Erträge

Das zweite Begriffspaar, das im Neuen Kommunalen Finanzmanagement eine Rolle spielt, ist das *Begriffspaar „Aufwendungen und Erträge"*. Aufwendungen und Erträge bilden somit eine *weitere Komponente im NKF,* wobei die *Aufwendungen* im NKF auch als *bewerteter Ressourcenverbrauch* und die *Erträge* als *bewertetes Ressourcenaufkommen* bezeichnet werden. In der Literatur zum betrieblichen Rechnungswesen werden die Aufwendungen auch als *„Aufwand"* und die Erträge als *„Ertrag"* bezeichnet.

Die Begriffe „Aufwand", „Aufwendungen" und „bewerteter Ressourcenverbrauch" haben somit die gleiche Bedeutung. Das gleiche gilt spiegelbildlich für die Begriffe „Ertrag", „Erträge" und „bewertetes Ressourcenaufkommen".

Dabei versteht man unter einem **Aufwand** eine *periodisierte Erfolgsauszahlung und damit einen Geldabfluss, der einer bestimmten Periode, und zwar der Periode, in der das betreffende Gut verbraucht wird, als erfolgswirksam, d.h. als gewinn- bzw. verlustbeeinflussend, zugeordnet wird.*

Die Definition des Begriffs „Aufwand" fällt somit komplexer aus als die Definition des Begriffs „Auszahlung". Es sind daher einige weitere Erläuterungen erforderlich: Aus der Definition geht erstens hervor, dass sich der Aufwand immer auf einen Geldabfluss, d.h. auf eine Auszahlung, zurückführen lässt. Bei dieser Auszahlung muss es sich weiterhin noch um eine Erfolgszahlung handeln, d.h. die Auszahlung muss sich auf den Gewinn bzw. Verlust auswirken. Vereinfachend kann man auch sagen, dass der Betrieb durch eine solche Auszahlung zunächst einmal „ärmer" wird. Eine Erfolgsausgabe liegt beispielsweise dann vor, wenn die Mitarbeiter die fälligen Löhne oder Gehälter erhalten. Sie liegt nicht vor, wenn man einen Kredit tilgt. Durch die Tilgung wird man nicht „ärmer", man gibt zwar Zahlungsmittel ab, hat aber auch gleichzeitig weniger Schulden. Alles in allem erkennt man eine Erfolgsauszahlung also daran, dass ihr *nicht* automatisch zu irgendeinem anderen Zeitpunkt eine Einzahlung in gleicher Höhe gegenübersteht. Ist eine Erfolgsauszahlung zu berücksichtigen, fällt immer auch Aufwand in gleicher Höhe an, allerdings möglicherweise zu einem völlig anderen Zeitpunkt. Der Aufwand ist zu erfassen, wenn das Gut, für das man die Auszahlung getätigt hat, tätigt oder tätigen wird, verbraucht wird.

Kurz: Die Erfolgsauszahlung wird gebucht, wenn das Geld fließt. Der damit in Verbindung stehende Aufwand wird gebucht, wenn das betreffende Gut verbraucht wird.

Beispiele:

- Wir erhalten eine Materiallieferung im Werte von 100 Euro. Der Betrag wird umgehend überwiesen. Das Material wird auf Lager genommen. Erst im nächsten Haushaltsjahr wird es verbraucht, und zwar vollständig. Folge: Wir buchen jetzt die Auszahlung in Höhe von 100 Euro und im nächsten Haushaltsjahr den Aufwand in Höhe von 100 Euro.
- Wir erhalten eine Materiallieferung im Werte von 100 Euro. Der Betrag wird vereinbarungsgemäß erst im nächsten Haushaltsjahr überwiesen. Das Material wird auf Lager genommen. Erst im nächsten Haushaltsjahr wird es verbraucht, und zwar vollständig. Folge: Wir buchen jetzt weder eine Auszahlung noch einen Aufwand. Im nächsten Haushaltsjahr buchen wir die Auszahlung in Höhe von 100 Euro und den Aufwand in Höhe von 100 Euro.
- Wir erhalten eine Materiallieferung im Werte von 100 Euro. Der Betrag wird vereinbarungsgemäß erst im nächsten Haushaltsjahr überwiesen. Das Material wird sofort vollständig verbraucht. Folge: Wir buchen jetzt den Aufwand in Höhe von 100 Euro. Im nächsten Haushaltsjahr buchen wir die Auszahlung in Höhe von 100 Euro.
- Wir erhalten eine Materiallieferung im Werte von 100 Euro. Der Betrag wird vereinbarungsgemäß erst im nächsten Haushaltsjahr überwiesen. Das Material wird zur Hälfte sofort verbraucht. Den Rest verbrauchen wir im folgenden Haushaltsjahr. Folge: Wir buchen jetzt einen Aufwand in Höhe von 50 Euro. Im nächsten Haushaltsjahr buchen wir einen Aufwand in Höhe von 50 Euro und die Auszahlung in Höhe von 100 Euro.
- Wir haben im Vorjahr eine Maschine bestellt. Der Anschaffungswert beträgt 8.000 Euro. Die Maschine wird so geliefert, dass sie gleich zu Beginn des Jahres eingesetzt werden kann. Der Betrag wird Anfang des Jahres in voller Höhe überwiesen. Die geplante Nutzungsdauer beträgt vier Jahre. Eine gleichmäßige Abnutzung wird unterstellt. Folge: In diesem Haushaltsjahr sind die Auszahlung in Höhe von 8.000 Euro zu buchen und ein Aufwand (d.h. der Abschreibungsaufwand, der auch verkürzt nur Abschreibung genannt wird) in Höhe von 2.000 Euro. Im folgenden Haushaltsjahr wird ein Aufwand in Höhe von 2.000 Euro gebucht. Das Gleiche gilt jeweils für die beiden folgenden Haushaltsjahre.
- Wir haben im Vorjahr eine Maschine bestellt. Der Anschaffungswert beträgt 8.000 Euro. Die Maschine wird so geliefert, dass sie gleich zu Beginn des Jahres eingesetzt werden kann. Anfang des Jahres überweisen wir 6.000 Euro. Den restlichen Betrag überweisen wir vereinbarungsgemäß erst im folgenden Haushaltsjahr. Die geplante Nutzungsdauer beträgt vier Jahre. Eine gleichmäßige Abnutzung wird unterstellt. Folge: In diesem Haushaltsjahr sind eine Auszahlung in Höhe von 6.000 Euro und ein Aufwand in Höhe von 2.000 Euro zu buchen. Im folgenden Haushaltsjahr werden eine Auszahlung in Höhe von 2.000 Euro und ein Aufwand in Höhe von 2.000 Euro gebucht. In den beiden folgenden Haushaltsjahren wird lediglich jeweils ein Aufwand in Höhe von 2.000 Euro gebucht.

Spiegelbildlich zum Aufwand versteht man unter einem **Ertrag** eine *periodisierte Erfolgseinzahlung und damit einen Geldzufluss, der einer bestimmten Periode, und zwar der*

Periode, in der das betreffende Gut entsteht, als erfolgswirksam, d.h. als gewinn- bzw. verlustbeeinflussend, zugeordnet wird.

Auch hier sind einige weitere Erläuterungen erforderlich: Aus der Definition des Ertrages geht erstens hervor, dass sich der Ertrag immer auf einen Geldzufluss, d.h. auf eine Einzahlung, zurückführen lässt. Bei dieser Einzahlung muss es sich weiterhin noch um eine Erfolgszahlung handeln, d.h. die Einzahlung muss sich auf den Gewinn bzw. Verlust auswirken. Vereinfachend kann man auch sagen, dass der Betrieb durch eine solche Einzahlung zunächst einmal „reicher" wird.

Eine Erfolgseinzahlung liegt beispielsweise dann vor, wenn die verkauften Produkte bezahlt werden. Sie liegt nicht vor, wenn man Bar- oder Buchgeld erhält, weil man einen Kredit aufnimmt. Durch die mit einer Kreditaufnahme verbundene Einzahlung, d.h. durch den betreffenden Geldzufluss, wird man nicht „reicher", man erhält zwar Zahlungsmittel, hat aber auch gleichzeitig zusätzliche Schulden, aus denen dann später wieder Auszahlungen resultieren, nämlich Tilgungszahlungen.

Alles in allem erkennt man eine Erfolgseinzahlung also daran, dass ihr *nicht* automatisch zu irgendeinem anderen Zeitpunkt eine Auszahlung in gleicher Höhe gegenübersteht. Ist eine Erfolgseinzahlung zu berücksichtigen, fällt immer auch Ertrag in gleicher Höhe an, allerdings möglicherweise zu einem völlig anderen Zeitpunkt. Der Ertrag ist zu erfassen, wenn das Gut, für das man die Einzahlung erhält, entsteht. In der Regel ist der Güterentstehungsprozess erst dann abgeschlossen, wenn der Käufer das Gut abnimmt. Damit wird der Ertrag meistens erst dann gebucht, wenn das Gut verkauft wird, wobei man aus Gründen der Vereinfachung, den Augenblick des Rechnungsausgangs wählt, um den Ertrag zu erfassen. Ausnahmen liegen dann vor, wenn das Produkt zunächst auf Lager geht und anschließend vom Lager verkauft wird. In diesen Fällen entsteht bereits Ertrag durch den Lagerzugang.

Kurz: Die Erfolgseinzahlung wird gebucht, wenn das Geld fließt. Der damit in Verbindung stehende Ertrag wird gebucht, wenn das betreffende Gut entsteht bzw. verkauft wird.

Beispiele:

- Wir erbringen eine Reparaturdienstleistung im Werte von 100 Euro. Einige Tage danach stellen wir dem Abnehmer 100 Euro in Rechnung. Der Betrag wird umgehend, und zwar im gleichen Haushaltsjahr überwiesen. Folge: Wir buchen beim Rechnungsausgang den Ertrag in Höhe von 100 Euro und einige Tage später im gleichen Haushaltsjahr die Einzahlung in Höhe von 100 Euro.
- Wir erbringen eine Reparaturdienstleistung im Werte von 100 Euro. Einige Tage danach stellen wir dem Abnehmer 100 Euro in Rechnung. Der Betrag wird nicht umgehend, sondern erst im nächsten Haushaltsjahr überwiesen. Folge: Wir buchen beim Rechnungsausgang und somit im aktuellen Haushaltsjahr ausschließlich den Ertrag in Höhe von 100 Euro. Eine entsprechende Einzahlung liegt im aktuellen Haushaltsjahr nicht vor und kann somit auch nicht gebucht werden. Wir werden somit „reicher", ohne dass wir Geld bekommen haben. Dies ist zunächst erstaunlich, aber auf den

zweiten Blick erklärbar. Wir haben nämlich eine neue Forderung gegenüber unserem Kunden und die Forderung stellt genauso Vermögen dar, wie beispielsweise ein Grundstück oder ein Fahrzeug. Dies wird im nächsten Kapitel noch verdeutlicht. Im folgenden Haushaltsjahr werden wir nicht „reicher". Ertrag ist somit nicht zu buchen. Wir erhalten allerdings Geld und insofern ist eine Einzahlung zu buchen. Gleichzeitig fällt im Übrigen die Forderung weg. Sie wird erfüllt. Statt der Forderung verfügen wir über Zahlungsmittel. „Reicher" sind wir dadurch nicht geworden.

4.3   Vermögen und Schulden

Für das Verständnis des Neuen Kommunalen Finanzmanagements ist schließlich noch das *Begriffspaar „Vermögen und Schulden"* (und damit eine *dritte Komponente)* von besonderer Bedeutung.

Damit erklärt sich nunmehr insgesamt auch der Begriff *„Drei-Komponenten-System": Im NKF arbeitet man mit drei Begriffspaaren, mit drei Komponenten, und zwar mit den Komponenten „Einzahlungen und Auszahlungen"; „Vermögen und Schulden" sowie „Aufwendungen und Erträge".* Aus didaktischen Gründen empfiehlt es sich, die Formulierungen genau in dieser Reihenfolge zu benutzen.

Als **Vermögen** *bezeichnet man den Wert aller Wirtschaftsgüter, die man durch Einzelverwertung zur Schuldentilgung heranziehen kann.* Zum Vermögen zählen beispielsweise Grundstücke, Gebäude, Fahrzeuge, Forderungen, Vorräte und die liquiden Mittel (das vorhandene Bar- und Buchgeld). All diese Güter kann man einzeln verwerten und den erzielten Betrag dann verwenden, um Schulden zu tilgen. Dabei muss es sich bei der Verwertung nicht unbedingt um eine Veräußerung handeln. Man kann ein Gebäude beispielsweise auch vermieten und die so erzielten finanziellen Mittel einsetzen, um bestehende Verbindlichkeiten zu erfüllen.

Unter **Schulden** *versteht man Verpflichtungen, in der Regel Zahlungsverpflichtungen, gegenüber Dritten.* Hat man sich beispielsweise bei einer Bank Geld geliehen, dann schuldet man der Bank den betreffenden Betrag. Hat man eine Lieferung erhalten und noch nicht bezahlt, dann schuldet man dem Lieferanten den betreffenden Betrag. Bei den genannten Schulden handelt es sich um Verbindlichkeiten. Neben den *Verbindlichkeiten.* d.h. den Schulden, die gewiss sind, also der Höhe nach genau bestimmt sind und die auch zu einem bestimmten Zeitpunkt fällig werden, gibt es Schulden, deren genaue Höhe oder deren exakter Fälligkeitstermin ungewiss ist. Das gilt beispielsweise dann, wenn ein Betrieb seinen Mitarbeitern mit Eintritt in den Ruhestand Pensionszahlungen schuldet. Die genaue Höhe und der genaue Zeitpunkt der betreffenden Zahlungen sind während der Berufstätigkeit der betreffenden Personen nicht bekannt. Man kann in diesem Fall nicht von einer Verbindlichkeit sprechen. Stattdessen verwendet man für diese „ungewissen", d.h. nur durch Schätzungen zu ermittelnde Schulden die Bezeichnung *„Rückstellungen".* Der Begriff „Rückstellungen" wird allerdings nicht nur für ungewisse Schulden verwendet, sondern teilweise auch für Sachverhalte, die man auch bei einer großzügigen Interpretation im juristischen Sinn nicht als Schulden bezeichnen kann. So können beispielsweise Rückstellungen für unterlassene Instandhaltungen gebildet werden. Es handelt sich dabei um Aufwandsrückstellungen. Nachfolgend wird aus Gründen der Vereinfachung darauf verzichtet, die Aufwandsrückstellungen immer zusätzlich zu den Schulden zu nennen. Wenn als nachfolgend der Begriff „Schulden" fällt, so sind zusätzlich auch die Aufwandsrückstellungen gemeint.

Die Schulden bestehen somit aus den Verbindlichkeiten und den Rückstellungen. Für den Begriff „Schulden" verwendet man im Rechnungswesen auch die Bezeichnung „**Fremdkapital**".

4.4   Reinvermögen, Eigenkapital, Gewinn und Verlust

Zieht man vom Vermögen die Schulden ab, dann erhält man das um die Schulden bereinigte Vermögen, das **Reinvermögen.** Es entspricht dem **Eigenkapital.** Für das Verständnis des Begriffs „Eigenkapital" ist die Definition des Fremdkapitals hilfreich. Beim Fremdkapital handelt es sich um die Schulden eines Betriebes.

Folglich muss der Begriff „Eigenkapital" eine ähnliche Interpretation erfahren. Es handelt sich beim Eigenkapital zwar nicht um „echte" Schulden, also Zahlungsverpflichtungen gegenüber Dritten, sondern um das, was das Unternehmen quasi denjenigen „schuldet", denen es gehört. In Höhe des Fremdkapitals haben Dritte einen „Anspruch" gegenüber dem Unternehmen, im Umfang des Eigenkapitals haben die Eigentümer einen „Anspruch" gegenüber dem Unternehmen. Es findet sich daher für den Begriff Eigenkapital auch der Ausdruck „Beteiligungsschulden"[10]. Im juristischen Sinn handelt sich allerdings beim Eigenkapital nicht um Schulden.

Beispiele:

- Ein Betrieb verfügt lediglich über ein Fahrzeug im Werte von 5.000 Euro. Zahlungsverpflichtungen gegenüber Dritten bestehen nicht. Folglich gilt: Vermögen 5.000 Euro; Schulden (= Fremdkapital) O Euro; Reinvermögen 5.000 Euro und somit Eigenkapital ebenfalls 5.000 Euro.
- Ein Betrieb verfügt lediglich über ein Fahrzeug im Werte von 5.000 Euro. Das Fahrzeug ist allerdings nur zur Hälfte bezahlt. Ansonsten hat der Betrieb keine Schulden. Folglich gilt: Vermögen 5.000 Euro; Schulden (= Fremdkapital) 2.500 Euro; Reinvermögen 2.500 Euro und somit beträgt das Eigenkapital ebenfalls 2.500 Euro.

Unter **Gewinn** versteht man *zusätzlich entstandenes Reinvermögen.* Für den Begriff „Gewinn" wird in zahlreichen Rechtsvorschriften auch der Begriff „**Jahresüberschuss**" verwendet. So auch im neuen kommunalen Haushaltsrecht. Er wird ermittelt, indem man das Rein-

---

[10]   Vgl. Chmielewicz, Klaus: Betriebliches Rechnungswesen 1, a. a. O., S. 144.

vermögen am Anfang eines Haushaltsjahres vom Reinvermögen am Ende des Haushaltsjahres abzieht.

Beispiel:

Ein Betrieb verfügt zu Beginn des Haushaltsjahres lediglich über ein Fahrzeug im Werte von 5.000 Euro. Zahlungsverpflichtungen gegenüber Dritten bestehen nicht. Am Ende des Haushaltsjahres verfügt der Betrieb ebenfalls über das Fahrzeug. Es ist dann allerdings nur noch 4.000 Euro wert. Weiterhin verfügt der Betrieb über Forderungen gegenüber seinen Kunden in Höhe von 10.000 Euro. Einem Lieferanten schuldet er noch 3.000 Euro. Folglich gilt: Zu Beginn des Haushaltsjahres betragen das Vermögen 5.000 Euro, die Schulden (= Fremdkapital) O Euro und das Reinvermögen 5.000 Euro. Am Ende des Haushaltsjahres betragen das Vermögen 14.000 Euro, die Schulden (= Fremdkapital) 3.000 Euro und das Reinvermögen 11.000 Euro. Das Reinvermögen ist in dem betreffenden Haushaltsjahr also um 6.000 Euro angestiegen. Der Gewinn, d.h. der Jahresüberschuss, beträgt somit 6.000 Euro.

Da das Reinvermögen immer dem Eigenkapital entspricht, kann man Gewinn auch *als neu entstandenes Eigenkapital* definieren. Wir können den Gewinn auch mit Hilfe von Aufwendungen und Erträgen ermitteln. Gewinn ist dann *der Betrag, um den die Erträge die Aufwendungen übersteigen.*

Beispiel:

Ein Betrieb verfügt zu Beginn des Haushaltsjahres lediglich über ein Fahrzeug im Werte von 5.000 Euro. Zahlungsverpflichtungen gegenüber Dritten bestehen nicht. Mit dem Fahrzeug erbringt der Betrieb Transportdienstleistungen. Den Kunden stellt er diese in Höhe von 10.000 Euro in Rechnung. Vereinbarungsgemäß sollen die Rechnungen erst im nächsten Jahr beglichen werden. In Verbindung mit der betrieblichen Tätigkeit wird das Fahrzeug abgenutzt. Der entsprechende Abschreibungsaufwand beträgt 1.000 Euro. Weiterhin wird Treibstoff eingesetzt. Vom Treibstofflieferanten wird dem Betrieb ein Betrag in Höhe von 3.000 Euro in Rechnung gestellt. Vereinbarungsgemäß wird der betreffende Betrag erst im nächsten Haushaltsjahr beglichen. Folglich gilt: Der Betrieb hat Erträge in Höhe von 10.000 Euro erwirtschaftet, auch wenn die Zahlungen erst im Folgejahr getätigt werden. Die Aufwendungen betragen 4.000 Euro und setzten sich aus dem Abschreibungsaufwand und dem Treibstoffaufwand zusammen. Die Erträge übersteigen die Aufwendungen um 6.000 Euro. Es ist ein Gewinn (=Jahresüberschuss) in Höhe von 6.000 Euro entstanden.

Spiegelbildlich versteht man unter einem **Verlust** *eine Abnahme des Reinvermögen.* Der Verlust wird auch als **Jahresfehlbetrag** bezeichnet. Das gilt beispielsweise im NKF. Der Verlust wird ermittelt, indem man das Reinvermögen am Anfang eines Haushaltsjahres vom Reinvermögen am Ende des Haushaltsjahres abzieht.

Beispiel:

Ein Betrieb verfügt zu Beginn des Haushaltsjahres lediglich über ein Fahrzeug im Werte von 5.000 Euro. Zahlungsverpflichtungen gegenüber Dritten bestehen nicht. Am Ende des Haushaltsjahres verfügt der Betrieb ebenfalls über das Fahrzeug. Es ist allerdings nur noch 4.000 Euro wert. Weiterhin verfügt der Betrieb über Forderungen gegenüber seinen Kunden in Höhe von 2.000 Euro. Einem Lieferanten schuldet er noch 3.000 Euro. Folglich gilt: Zu Beginn des Haushaltsjahres betragen das Vermögen 5.000 Euro, die Schulden (= Fremdkapital) O Euro und das Reinvermögen 5.000 Euro. Am Ende des Haushaltsjahres betragen das Vermögen 6.000 Euro, die Schulden (= Fremdkapital) 3.000 Euro und das Reinvermögen 3.000 Euro. Das Reinvermögen hat in dem betreffenden Haushaltsjahr also um 2.000 Euro abgenommen. Der Verlust(Jahresfehlbetrag) beträgt somit 2.000 Euro.

Da das Reinvermögen immer dem Eigenkapital entspricht, kann man einen Verlust auch als *Eigenkapitalabnahme* definieren. Wir können den Verlust auch mit Hilfe von Aufwendungen und Erträgen ermitteln. Der Verlust ist dann *der Betrag, um den die Aufwendungen die Erträge übersteigen.*

Beispiel:

Ein Betrieb verfügt zu Beginn des Haushaltsjahres lediglich über ein Fahrzeug im Werte von 5.000 Euro. Zahlungsverpflichtungen gegenüber Dritten bestehen nicht. Mit dem Fahrzeug erbringt der Betrieb Transportdienstleistungen. Den Kunden stellt er diese in Höhe von 2.000 Euro in Rechnung. Vereinbarungsgemäß sollen die Rechnungen erst im nächsten Jahr beglichen werden. In Verbindung mit der betrieblichen Tätigkeit wird das Fahrzeug abgenutzt. Der entsprechende Abschreibungsaufwand beträgt 1.000 Euro. Weiterhin wird Treibstoff eingesetzt. Vom Treibstofflieferanten wird dem Betrieb ein Betrag in Höhe von 3.000 Euro in Rechnung gestellt. Vereinbarungsgemäß wird der betreffende Betrag erst im nächsten Haushaltsjahr beglichen. Folglich gilt: Der Betrieb hat Erträge in Höhe von 2.000 Euro erwirtschaftet, auch wenn die Zahlungen erst im Folgejahr getätigt werden. Die Aufwendungen betragen 4.000 Euro und setzen sich aus dem Abschreibungsaufwand und dem Treibstoffaufwand zusammen. Die Aufwendungen übersteigen die Erträge um 2.000 Euro. Es ist ein Verlust (=Jahresfehlbetrag) in Höhe von 2.000 Euro entstanden.

4.5 Zusammenstellung der zentralen Grundbegriffe des NKF

Die soeben erarbeiteten Grundbegriffe haben wir in *Abbildung 4* noch einmal zusammengestellt, damit die folgenden Ausführungen unter zur Hilfenahme dieser Übersicht besser nachvollzogen werden können.

Einzahlung	= Geldzufluss (Zugang von Bar- oder Buchgeld) = Einnahme
Auszahlung	= Geldabfluss (Abgang von Bar- oder Buchgeld) = Ausgabe
Aufwendungen	= bewerteter Ressourcenverbrauch = Aufwand = periodisierte Erfolgsauszahlung
Erträge	= bewertetes Ressourcenaufkommen= Ertrag = periodisierte Erfolgseinzahlung
Vermögen	= Wert aller Wirtschaftsgüter, die ein Betrieb durch Einzelverwertung zur Schulden-tilgung heranziehen kann
Schulden	= Fremdkapital = Verpflichtungen, in der Regel Zahlungsverpflichtungen, gegenüber Dritten zuzüglich der Aufwandsrückstellungen
Reinvermögen	= Vermögen minus Schulden
Eigenkapital	= Gesamtkapital minus Fremdkapital
Jahresüberschuss	= Gewinn = Reinvermögenszuwachs = Eigenkapitalzuwachs = Betrag, um den die Erträge die Aufwendungen übersteigen
Jahresfehlbetrag	= Verlust = Reinvermögensabnahme = Eigenkapitalabnahme = Betrag, um den die Aufwendungen die Erträge übersteigen

Abbildung 4: Die zentralen Grundbegriffe des NKF

5 Der neue Haushaltsausgleich

Wir haben bereits darauf hingewiesen, dass mit dem NKF eine gravierende Änderung des Ziels „Haushaltsausgleich" vorgenommen wurde. So gilt beispielsweise nach § 75 (2) der Gemeindeordnung des Landes Nordrhein-Westfalen nunmehr: „Der Haushalt muss in jedem Jahr in Planung und Rechnung ausgeglichen sein. Er ist ausgeglichen, wenn der Gesamtbetrag der Erträge die Höhe des Gesamtbetrages der Aufwendungen erreicht oder übersteigt."

Unter Berücksichtigung der im vorherigen Kapitel erarbeiteten Definitionen können wir für diese neue Zielsetzung der Kommunen unterschiedliche Formulierungen wählen. In *Abbildung 5* haben wir diese zusammengestellt.

Der

neue Haushaltsausgleich

ist gegeben, wenn gilt:

Erträge ≥ Aufwendungen

oder

bewertetes Ressourcenaufkommen
wenigstens so groß wie
bewerteter Ressourcenverbrauch

oder

kein Verlust bzw. kein Jahresfehlbetrag

oder

keine Abnahme des Reinvermögens

oder

keine Eigenkapitalabnahme.

Abbildung 5: Alternative Formulierung für den neuen Haushaltsausgleich

Es wird deutlich, dass es sich beim *neuen Haushaltsausgleich* um eine *erfolgsorientierte Zielsetzung* handelt. Im Grunde wird den Städten, Kreisen und Gemeinden nunmehr vorgegeben, Gewinne anzustreben. Der Erhalt des Reinvermögens ist das mindeste, was sie erreichen sollen. Eine Begrenzung des Gewinns wird, anders als im Eigenbetriebsrecht, nicht angesprochen. Aus dem Grundverständnis einer Gemeinde dürfte sich allerdings ergeben, dass eine unbegrenzte Gewinnerzielung nicht zulässig ist und somit im Gegensatz zur Privatwirtschaft eine Gewinnmaximierung nicht in Betracht kommt.

Gleichwohl ist festzuhalten, dass mit dem Ersatz des alten Haushaltsausgleichs durch den neuen Haushaltsausgleich eine liquiditätsorientierte Zielsetzung gegen eine erfolgsorientierte Zielsetzung ausgetauscht wurde. Dies machte es erforderlich, die Zahlungsfähigkeit der Gemeinde durch eine ergänzende Vorschrift zu sichern.

Dies ist in den einzelnen Bundesländern auch geschehen: So beinhalten beispielsweise *§ 75 (6) der nordrhein-westfälischen Gemeindeordnung und § 82 (7) des saarländischen Kommunalselbstverwaltungsgesetzes* die den neuen Haushaltsausgleich ergänzende Vorgabe, dass die „Liquidität der Gemeinde ... sicherzustellen" ist. Eine ähnliche Formulierung findet sich in *§ 82 (4) der niedersächsischen Gemeindeordnung*. Ebenso ist diese Zielsetzung in der *Gemeindehaushaltsverordnung-Doppik des Landes Schleswig-Holstein* verankert. Nach *§ 27* dieser Vorschrift gilt: „Die Gemeinde hat ihre Zahlungsfähigkeit durch eine angemessene Liquiditätsplanung sicherzustellen." Die gleiche Formulierung findet sich im *§ 93 (5) der Gemeindeordnung des Landes Rheinland-Pfalz*.

Für den nach dem NKF geführten kommunalen Verwaltungsbetrieb gilt damit ein Zielsystem, das eine größere Nähe zum privatwirtschaftlichen Zielsystem aufweist, als das bisherige Zielsystem der Städte, Kreise und Gemeinden. Dies hat Auswirkungen auf die Steuerung und damit auf die Informationsversorgung.

Der nach dem NKF geführte kommunale Verwaltungsbetrieb muss wie ein privatwirtschaftliches Unternehmen stets über die Gewinnentwicklung **und** die Zahlungsfähigkeit informiert *sein*. Insofern reicht das verwaltungskameralistische Rechnungswesen nicht aus, da es keine erfolgsorientierten Informationen zu liefern vermag.

Auf der anderen Seite sind für eine Gemeinde nach wie vor die Kontrollinformationen bedeutsam, die das verwaltungskameralistische Rechnungswesen bereitzustellen vermag. Es muss auch in Zukunft sichergestellt werden, dass die vom Rat beschlossenen Vorgaben von der Verwaltung eingehalten werden, und dies muss auch überprüfbar sein. Eine einfache Übertragung des kaufmännischen Rechnungswesens auf den kommunalen Bereich ist somit nicht möglich. Bei aller Nähe zum kaufmännischen Rechnungswesen kann auf bestimmte Elemente des kameralistischen Rechnungswesens verzichtet werden, wobei diese Erkenntnis keineswegs neu ist.

So findet sich bereits in dem von *Eugen Schmalenbach* verfassten Standardwerk der deutschen Betriebswirtschaftlehre „*Dynamische Bilanz*" der folgende Hinweis: „*Ohne Zweifel würde die kameralistische Rechnungsweise an Folgerichtigkeit sehr gewinnen, wenn sie außer ihrer Einnahmen- und Ausgabenrechnung eine jährlich Bilanz benutzen würde. Diese*

Änderung würde auch ihrer Soll-Ist-Rechnung keinerlei Abbruch tun."[11] Die Grundlage für ein solches Rechnungswesen, das einerseits die gewinnorientierten Informationen des kaufmännischen Rechnungswesens zu liefern vermag und andererseits den Kontrollerfordernissen eines öffentlichen Rechnungswesens genügt, bildet das Drei-Komponenten-System, das nachfolgend erläutert wird.

---

[11] Schmalenbach, Eugen: Dynamische Bilanz, unveränderter reprografischer Nachdruck der 13. Auflage (Köln und Opladen 1962), Darmstadt 1988, S. 251.

6 Das Drei-Komponenten-System als Basis des NKF

Wie soeben dargelegt, benötigen wir für die moderne Steuerung einer Gemeinde liquiditäts- *und* erfolgorientierte Informationen. Wir müssen also einerseits über den Geldfluss und damit über Einzahlungen und Auszahlungen informiert sein. Andererseits interessiert uns auch der Gewinn. Den können wir auf zweierlei Arten ermitteln, erstens mit Hilfe von Aufwendungen und Erträgen und zweitens durch die Betrachtung des Vermögens und der Schulden, wobei beide Möglichkeiten der Gewinnberechnung unterschiedliche Zusatzinformationen beinhalten.

Insgesamt erscheint es sinnvoll, simultan drei Rechnungen durchzuführen:

- eine Einzahlungs-/Auszahlungsrechnung,
- eine Vermögens-/Schuldenrechnung und
- eine Aufwands-/Ertragsrechnung.

Ein solches Rechnungssystem, das auf die drei Begriffspaare „Einzahlungen und Auszahlungen", „Vermögen und Schulden" sowie „Aufwendungen und Erträge" und somit auf drei Komponenten abstellt, wird *Drei-Komponenten-System* genannt.

Wie Geschäftsvorfälle in einem solchen Rechenwerk erfasst werden, wird nachfolgend zunächst mit Hilfe einer Tabelle verdeutlicht.

Geschäftsvorfälle können Einzahlungen oder Auszahlungen, Veränderungen des Vermögens oder Veränderungen der Schulden sowie Aufwendungen und Erträge beinhalten bzw. zur Folge haben.

Im Hinblick auf das Vermögen ist es sinnvoll, zwischen dem *Vermögen in Form von Zahlungsmitteln (Geld)* und dem restlichen Vermögen, das man als *Nicht-Zahlungsmittelvermögen* bezeichnen kann, zu unterscheiden. Man könnte zu dem Nicht-Zahlungsmittelvermögen auch *Nichtgeldvermögen* sagen, wenn man, wie dies für diese Schrift gilt, den Begriff „Geld" eng definiert und nur Bar- und Buchgeld unter diesen Begriff fasst. Da dies jedoch in der Literatur nicht einheitlich der Fall ist, wählen wir die etwas sperrigen, aber eindeutigen Begriffe *„Zahlungsmittelvermögen"* für Bar- und Buchgeldbestände und *„Nicht-Zahlungsmittelvermögen"* für das Vermögen, soweit es sich nicht um Bar- und Buchgeld handelt.

Da es sich bei einer Einzahlung um eine Zunahme des Zahlungsmittelvermögens handelt und spiegelbildlich bei einer Auszahlung um eine Abnahme des Zahlungsmittelvermögens, sind, wenn man Einzahlungen und Auszahlungen berücksichtigt, zusätzlich nur noch die Zu- bzw. Abnahme des Vermögens zu beachten, bei denen es sich um Nicht-Zahlungsmittelvermögen handelt. Ausgehend von diesen Überlegungen haben wir die Tabelle, mit der wir die Geschäftsvorfälle erfassen wollen, folgendermaßen aufgebaut:

- In Spalte I werden Einzahlungen (also Zugänge beim Zahlungsmittelvermögen) erfasst.
- Spalte II nimmt die Auszahlungen (also die Abgänge beim Zahlungsmittelvermögen) auf.
- In Spalte III werden die Veränderungen des Nicht-Zahlungsmittelvermögens berücksichtigt.
- Spalte IV kommt zum Einsatz, wenn sich die Schulden verändern.
- In Spalte V werden die Aufwendungen erfasst.
- Spalte VI nimmt die Erträge auf.

Komponente 1		Komponente 2		Komponente 3	
I	II	III	IV	V	VI
Einzahlungen	Auszahlungen	Zunahme bzw. Abnahme des Nicht-Zahlungsmittel-vermögens	Zunahme bzw. Abnahme der Schulden	Aufwendungen	Erträge

Während in den Spalten I und II sowie V und VI keine Vorzeichen zu berücksichtigen sind, da die jeweiligen Begriffe, die Veränderungsrichtung beinhalten, müssen wir in den Spalten III und IV bei einem Geschäftsvorfall, der eine Erfassung in diesen Spalten nach sich zieht, ein Plus- bzw. ein Minuszeichen ergänzen, um deutlich zu machen, ob es sich um eine Zu- bzw. Abnahme der betreffenden Position handelt.

Beispiel 1:

Eine Gemeinde erhält eine Büromateriallieferung. Gleichzeitig geht die Rechnung ein (Rechnungsbetrag 10.000 Euro). Das Material wird auf Lager genommen.

Lösung: Komponente 1 wird nicht berührt. Es liegt weder eine Einzahlung noch eine Auszahlung vor. Das Nicht-Geldvermögen nimmt zu. Der Betrieb verfügt über zusätzliche Vorräte in Höhe von 10.000 Euro. Auch die Schulden nehmen zu. Der Betrieb hat eine zusätzliche Lieferantenverbindlichkeit in Höhe von 10.000 Euro. Güterverbrauch und Güterentstehung liegen nicht vor. Komponente 3 wird nicht berührt.

Komponente 1		Komponente 2		Komponente 3	
I	II	III	IV	V	VI
Einzahlungen	Auszahlungen	Zunahme bzw. Abnahme des Nicht-Zahlungsmittelvermögens	Zunahme bzw. Abnahme der Schulden	Aufwendungen	Erträge
		+ 10.000	+ 10.000		

Beispiel 2:

Die oben genannte Lieferung wird ohne Abzug per Banküberweisung bezahlt. 10.000 Euro werden überwiesen.

Lösung: Komponente 1 wird berührt. Geld fließt in Höhe von 10.000 Euro ab. Auch Komponente 2 wird berührt. Die Schulden nehmen um 10.000 Euro ab, weil die Lieferantenverbindlichkeit erfüllt wird. Güterverbrauch und Güterentstehung liegen nicht vor. Komponente 3 wird nicht berührt.

Komponente 1		Komponente 2		Komponente 3	
I	II	III	IV	V	VI
Einzahlungen	Auszahlungen	Zunahme bzw. Abnahme des Nicht-Zahlungsmittelvermögens	Zunahme bzw. Abnahme der Schulden	Aufwendungen	Erträge
	10.000		- 10.000		

Beispiel 3:

Büromaterial im Werte von 200 Euro wird dem Lager entnommen und verbraucht. Ein entsprechender Entnahmeschein wird ausgefüllt.

Lösung: Komponente 1 wird nicht berührt. Bei der Komponente 2 ergeben sich Veränderungen. Das Nicht-Zahlungsmittelvermögen nimmt um 200 Euro ab. Die Vorräte haben sich um diesen Betrag verringert. Das Material wird auch verbraucht. Somit wird Komponente 3 berührt. Es liegt Materialaufwand vor.

Komponente 1		Komponente 2		Komponente 3	
I	II	III	IV	V	VI
Einzahlungen	Auszahlungen	Zunahme bzw. Abnahme des Nicht-Zahlungsmittelvermögens	Zunahme bzw. Abnahme der Schulden	Aufwendungen	Erträge
		- 200		200	

Beispiel 4:

Es wird ein neues Fahrzeug gekauft. Der Kaufpreis in Höhe von 10.000 Euro wird per Banküberweisung entrichtet.

Lösung: Komponente 1 wird berührt. Auszahlungen in Höhe von 10.000 Euro sind zu berücksichtigen. Auch bei der Komponente 2 ergeben sich Veränderungen. Das Nicht-Zahlungsmittelvermögen nimmt um 10.000 Euro zu. Komponente 3 wird nicht berührt.

Komponente 1		Komponente 2		Komponente 3	
I	II	III	IV	V	VI
Einzahlungen	Auszahlungen	Zunahme bzw. Abnahme des Nicht-Zahlungsmittelvermögens	Zunahme bzw. Abnahme der Schulden	Aufwendungen	Erträge
	10.000	+ 10.000			

Beispiel 5:

Es werden die Gebührenbescheide für die Dienstleistungen abgeschickt, wobei die betreffenden Dienstleistungen ausschließlich im aktuellen Haushaltsjahr erbracht worden sind (Rechnungsbetrag 20.000 Euro).

Lösung: Komponente 1 wird nicht berührt. Das Nicht-Zahlungsmittelvermögen nimmt in Form der Forderungen um 20.000 Euro zu. In gleicher Höhe ist Ertrag entstanden.

Komponente 1		Komponente 2		Komponente 3	
I	II	III	IV	V	VI
Einzahlungen	Auszahlungen	Zunahme bzw. Abnahme des Nicht-Zahlungsmittelvermögens	Zunahme bzw. Abnahme der Schulden	Aufwendungen	Erträge
		+ 20.000			20.000

Beispiel 6:

Noch im gleichen Haushaltsjahr werden von den Abnehmern Gebühren in Höhe von 10.000 Euro per Banküberweisung bezahlt.

Lösung: Komponente 1 wird berührt. Einzahlungen in Höhe von 10.000 Euro sind zu berücksichtigen. In gleichem Umfang haben die Forderungen abgenommen. Komponente 2 wird also berührt. Das Nicht-Zahlungsmittelvermögen hat sich verringert. Bei der Komponente 3 ergeben sich keine Auswirkungen. Es ist weder ein Gut verbraucht worden, noch ist ein neues Gut entstanden.

Komponente 1		Komponente 2		Komponente 3	
I	II	III	IV	V	VI
Einzahlungen	Auszahlungen	Zunahme bzw. Abnahme des Nicht-Zahlungsmittelvermögens	Zunahme bzw. Abnahme der Schulden	Aufwendungen	Erträge
10.000		- 10.000			

Beispiel 7:

Am Ende des Haushaltsjahres wird deutlich, dass mit der Bezahlung der restlichen Gebühren in Höhe von 10.000 Euro nicht mehr gerechnet werden kann.

Lösung: Komponente 1 wird nicht berührt. Geld fließt nicht. Die Forderungen kann man im wahrsten Sinne des Wortes abschreiben. Sie stellen kein Vermögen mehr dar. Komponente 2 wird also berührt. Die Abnahme des Nicht-Zahlungsmittelvermögens beträgt 10.000 Euro. Im gleichen Umfang liegt Abschreibungsaufwand vor. Das Gut „Forderungen" wurde „verbraucht".

Komponente 1		Komponente 2		Komponente 3	
I	II	III	IV	V	VI
Einzahlungen	Auszahlungen	Zunahme bzw. Abnahme des Nicht-Zahlungsmittelvermögens	Zunahme bzw. Abnahme der Schulden	Aufwendungen	Erträge
		- 10.000		10.000	

Beispiel 8:

Am 1.5. des Haushaltsjahres wird der Jahresbeitrag für eine Versicherung in Höhe von 12.000 Euro entrichtet. Der Versicherungszeitraum erstreckt sich vom 1.5. des aktuellen Haushaltsjahres bis zum 30.4. des folgenden Haushaltsjahres.

Lösung: Komponente 1 wird berührt. Geld fließt in Höhe von 12.000 Euro ab. Weiterhin wird Komponente 3 berührt. Es liegt ein Versicherungsaufwand vor. Es wird die Dienstleistung einer Versicherung „verbraucht" – allerdings im aktuellen Haushaltsjahr erst in Höhe von 8.000 Euro. Für 4.000 Euro hat man gegenüber der Versicherung noch etwas „gut". Man ist noch 4 Monate im zukünftigen Haushaltsjahr versichert. In diesem Umfang liegt also eine Zunahme des Nicht-Zahlungsmittelvermögens vor. Es handelt sich dabei um einen aktiven Rechnungsabgrenzungsposten.

Komponente 1		Komponente 2		Komponente 3	
I	II	III	IV	V	VI
Einzahlungen	Auszahlungen	Zunahme bzw. Abnahme des Nicht-Zahlungsmittelvermögens	Zunahme bzw. Abnahme der Schulden	Aufwendungen	Erträge
	12.000	+ 4.000		8.000	

Beispiel 9:

Am 30.6. des Haushaltsjahres rechnet eine Beratungsunternehmung, die im Vorjahr mit der Durchführung von Fortbildungsmaßnahmen beauftragt worden ist, die geleisteten Stunden ab. Die Rechnung über 40.000 Euro erstreckt sich auf die Zeit vom 1.12. des

Vorjahres bis zum 31.3. des aktuellen Haushaltsjahres. Pro Monat wurden, wie vereinbart, 100 Stunden geleistet.

Lösung (Variante a): Komponente 1 wird nicht berührt. Komponente 2 wird berührt.
Die Schulden nehmen zu, und zwar um 30.000 Euro, obwohl die Rechnung einen Betrag von 40.000 Euro beinhaltet. Bei sorgfältiger Vorgehensweise hätte man nämlich bereits einen Schuldenzugang in Höhe von 10.000 Euro im Vorjahr erfasst. Es hätte sich
dabei um Rückstellungen gehandelt, die jetzt lediglich zu Verbindlichkeiten umgewandelt werden. Die Höhe der Schulden insgesamt wird hierdurch nicht berührt. Komponente 3 wird berührt. Der Aufwand für Aus- bzw. Fortbildung im aktuellen Haushaltsjahr
beträgt 30.000 Euro. Er ist in den Monaten Januar bis März entstanden.

Komponente 1		Komponente 2		Komponente 3	
I	II	III	IV	V	VI
Einzahlungen	Auszahlungen	Zunahme bzw. Abnahme des Nicht-Zahlungsmittelvermögens	Zunahme bzw. Abnahme der Schulden	Aufwendungen	Erträge
			+ 30.000	30.000	

Lösung (Variante b): Komponente 1 wird nicht berührt. Komponente 2 wird berührt.
Die Schulden nehmen zu, und zwar um 40.000 Euro. Man hat es versäumt, im Vorjahr
die an sich notwendigen Rückstellungen zu bilden. Komponente 3 wird berührt. Der
Aufwand für Aus- bzw. Fortbildung im aktuellen Haushaltsjahr beträgt 30.000 Euro. Er
ist in den Monaten Januar bis März entstanden. Hinzu kommt allerdings periodenfremder
Aufwand, der dadurch entsteht, dass man im Vorjahr die Rückstellungsbildung nicht
vorgenommen und somit den erforderlichen Aufwand nicht erfasst hat. Somit ist im aktuellen Haushaltsjahr insgesamt ein Aufwand von 40.000 Euro zu berücksichtigen.

Komponente 1		Komponente 2		Komponente 3	
I	II	III	IV	V	VI
Einzahlungen	Auszahlungen	Zunahme bzw. Abnahme des Nicht-Zahlungsmittelvermögens	Zunahme bzw. Abnahme der Schulden	Aufwendungen	Erträge
			+ 40.000	40.000	

Beispiel 10:

Es wird ein langfristiger Bankkredit aufgenommen. Der betreffende Betrag in Höhe von
50.000 Euro wird der Gemeinde noch im gleichen Haushaltsjahr überwiesen.

Lösung: Komponente 1 wird berührt. Eine Einzahlung in Höhe von 50.000 Euro ist zu
berücksichtigen. Gleichzeitig nehmen die Schulden zu, und zwar um 50.000 Euro.

Komponente 1		Komponente 2		Komponente 3	
I	II	III	IV	V	VI
Einzahlungen	Auszahlungen	Zunahme bzw. Abnahme des Nicht-Zahlungsmittelvermögens	Zunahme bzw. Abnahme der Schulden	Aufwendungen	Erträge
50.000			+ 50.000		

Beispiel 11:

Am Ende des Haushaltsjahres werden die in Verbindung mit dem oben genannten Kredit fälligen Zinszahlungen (400 Euro) und Tilgungen (1.000 Euro) per Banküberweisung geleistet. Vor- bzw. Nachzahlungen für andere Haushaltsjahre sind in den betreffenden Beträgen nicht enthalten.

Lösung: Komponente 1 wird berührt. Eine Auszahlung in Höhe von 1.400 Euro ist zu berücksichtigen. Gleichzeitig nehmen die Schulden ab, und zwar in Höhe der Tilgung, d.h. um 1.000 Euro. Komponente 2 wird also ebenfalls berührt. Auch Komponente 3 wird berührt. Es ist ein Zinsaufwand in Höhe von 400 Euro zu berücksichtigen.

Komponente 1		Komponente 2		Komponente 3	
I	II	III	IV	V	VI
Einzahlungen	Auszahlungen	Zunahme bzw. Abnahme des Nicht-Zahlungsmittelvermögens	Zunahme bzw. Abnahme der Schulden	Aufwendungen	Erträge
	1.400		-1.000	400	

Beispiel 12:

Am Ende des Haushaltsjahres werden für die vorhandenen Wirtschaftsgüter die Abschreibungen auf Basis des Anschaffungswertes ermittelt und berücksichtigt. Es handelt sich dabei um einen Betrag in Höhe von 45.000 Euro.

Lösung: Komponente 1 wird nicht berührt. Komponente 2 wird berührt. Das Nicht-Zahlungsmittelvermögen ist um die Abschreibungen zu verringern. Auch Komponente 3 wird berührt. Es ist ein Abschreibungsaufwand in Höhe von 45.000 Euro zu berücksichtigen, der aus dem „Verbrauch" langlebiger Wirtschaftsgüter resultiert.

Komponente 1		Komponente 2		Komponente 3	
I	II	III	IV	V	VI
Einzahlungen	Auszahlungen	Zunahme bzw. Abnahme des Nicht-Zahlungsmittelvermögens	Zunahme bzw. Abnahme der Schulden	Aufwendungen	Erträge
		- 45.000		45.000	

7 Überblick über die Systembestandteile des NKF

Um die *Systembestandteile des NKF* zu erkennen, beziehen wir uns noch einmal auf *Abbildung 2,* die den Zusammenhang zwischen betrieblichen Zielen, Management und Rechnungswesen verdeutlicht: Demnach setzt einerseits die Zielerreichung eine entsprechende Steuerung des Betriebes voraus und bedarf andererseits die anspruchsvolle Funktion des Steuerns der Unterstützung. Dabei kommt dem *Rechnungswesen* eine besondere Bedeutung zu. Es bildet das betriebliche Geschehen in Zahlen ab und stellt diese Daten dem Management zur Verfügung. Diese Aufgabe erfüllt das Rechnungswesen während des gesamten *Steuerungsprozesses,* den man in *drei Phasen* einteilen kann.

In der ersten Phase der Steuerung muss sich die Betriebsführung darüber Gedanken machen, was sie anstreben und wie sie vorgehen will. Sie muss *planen. In der zweiten Phase* wird versucht, das, was man geplant hat, auch *umzusetzen.* Menschen und die Sachmittel müssen so in Beziehung gesetzt werden, dass der gewünschte Zustand erreicht wird. Das betriebliche Geschehen ist entsprechend der Planung zu *organisieren. In der dritten Phase* ist mittels einer Rückschau festzustellen, ob der eingetretene Zustand auch dem ursprünglich angestrebten Zustand entspricht. Es wird *kontrolliert,* ob die Ziele erreicht worden sind. Demzufolge lassen sich *drei Führungsfunktionen* unterscheiden: die *Planung,* die *Organisation* und die *Kontrolle.*

Da das Rechnungswesen alle drei Funktionen begleiten muss, muss es seinerseits sowohl zukunftsorientiert, als auch gegenwartsbezogen sowie rückschauend ausgestaltet sein. Das NKF trägt diesem Grundaufbau eines betrieblichen Rechnungswesens, das die Steuerung auf allen Ebenen begleitet, Rechnung.

Infolgedessen haben wir zwischen der

* *NKF-Planungsebene,*
* der *laufenden Buchführung im NKF (NKF-Buchungsebene)* und
* der *NKF – Abschlussebene*

zu unterscheiden.

In Kombination mit dem zuvor erläuterten Drei-Komponenten-System ergibt sich der in *Abbildung 6* dargestellte *Grundaufbau des NKF,* wobei wir unsere Betrachtung zunächst auf ein Haushaltsjahr beschränken.

Wir wenden uns zunächst dem linken Teil der Darstellung, also der *Komponente 1* zu. Es wird Folgendes deutlich: Einzahlungen und Auszahlungen werden für das anstehende Haushaltsjahr *geplant* und im **Finanzplan**, der in einzelnen Bundesländern auch als **Finanzhaushalt** bezeichnet wird, zusammengestellt (veranschlagt). Anschließend werden die während des Haushaltsjahres anfallenden Einzahlungen und Auszahlungen *laufend gebucht*. Am Ende des Haushaltsjahres werden Einzahlungen und Auszahlungen *zusammengestellt* und gebündelt in der **Finanzrechnung** erfasst.

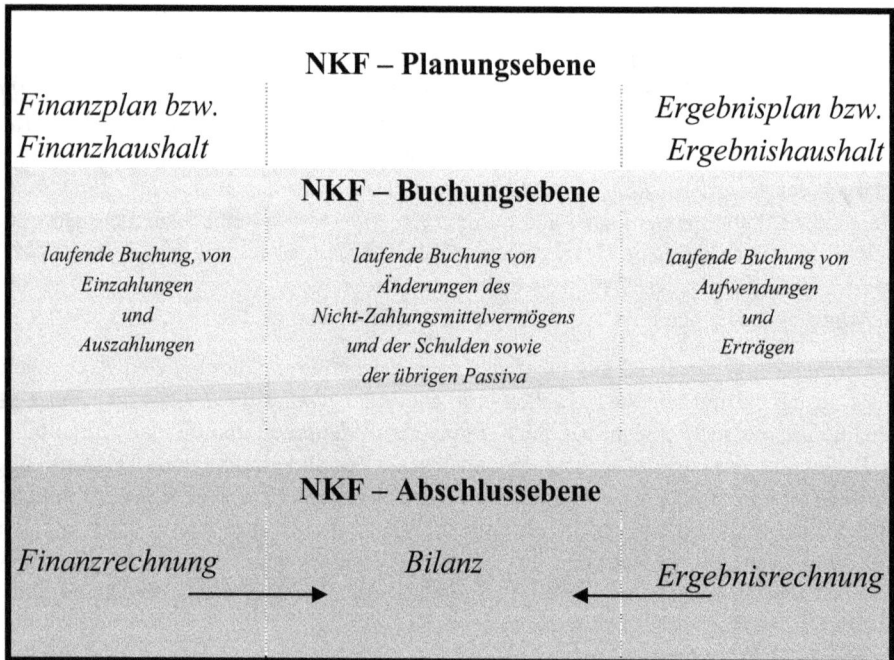

NKF – Planungsebene

Finanzplan bzw.
Finanzhaushalt

Ergebnisplan bzw.
Ergebnishaushalt

NKF – Buchungsebene

laufende Buchung, von	*laufende Buchung von*	*laufende Buchung von*
Einzahlungen	*Änderungen des*	*Aufwendungen*
und	*Nicht-Zahlungsmittelvermögens*	*und*
Auszahlungen	*und der Schulden sowie*	*Erträgen*
	der übrigen Passiva	

NKF – Abschlussebene

Finanzrechnung   *Bilanz*

Ergebnisrechnung

Abbildung 6: Grundaufbau des NKF

Betrachten wir nun zunächst den rechten Teil der Darstellung, also die *Komponente 3*, so wird eine entsprechende Vorgehensweise deutlich: Für das anstehende Haushaltsjahr werden die Aufwendungen und Erträge *geplant* und im **Ergebnisplan**, der in einzelnen Bundesländern auch **Ergebnishaushalt** genannt wird, zusammengestellt. Während des Haushaltsjahres werden die anfallenden Aufwendungen und Erträge *laufend gebucht*. Am Ende des Haushaltsjahres werden die im Haushaltsjahr angefallenen Aufwendungen und Erträge *zusammengestellt* und in der **Ergebnisrechnung** gebündelt erfasst.

Bezüglich der mittleren Komponente, d.h. bezüglich der *Komponente 2*, fällt die *Lücke auf der Planungsebene* auf. Im NKF verzichtet man auf eine *Planbilanz*[12] und damit auf eine vollständige Planung des Vermögens und der Schulden. Wir werden auf diesen Punkt noch an späterer Stelle zu sprechen kommen. Die Veränderungen des Vermögens und der Schulden sowie der weiteren Passiva werden gleichwohl *laufend gebucht*. Beim Vermögen kann man sich dabei auf das Nicht-Zahlungsmittelvermögen beschränken, da die Veränderungen des Zahlungsmittelvermögens durch die Buchungen von Einzahlungen und Auszahlungen berücksichtigt wird. Vermögen und Schulden sowie die übrigen Passiva werden am Jahresende in der **Bilanz** *zusammengestellt*.

Da das Zahlungsmittelvermögen in der Finanzrechnung ermittelt wird, ist der *Zahlungsmittelendbestand* noch in die Bilanz einzustellen. *Der linke Pfeil in Abbildung 6* deutet dies an. Weiterhin wird der *Gewinn* bzw. der *Jahresüberschuss* in der Ergebnisrechnung ermittelt. Auch dieser muss in die Bilanz eingestellt werden. *Der rechte Pfeil in Abbildung 6* deutet dies an. Falls ein *Verlust* bzw. ein *Jahresfehlbetrag* entsteht, gilt eine entsprechende Vorgehensweise. Allerdings ist darauf zu achten, dass ein Verlust bzw. Jahresfehlbetrag im *Schlussbilanzkonto* nicht auf der gleichen Seite gebucht wird wie in der *Schlussbilanz* selbst. In der Schlussbilanz erscheint der Verlust bzw. Jahresfehlbetrag auf der Passivseite, und zwar mit negativen Vorzeichen.[13]

Ausgehend von dem in *Abbildung 6* dargestellten Grundaufbau, können wir das System des NKF nunmehr genauer betrachten. In *Abbildung 7* haben wir einige Ergänzungen vorgenommen. So ist zu beachten, dass die NKF-Vorschriften nicht nur für den kommunalen Verwaltungsbetrieb als Ganzes Pläne verlangen, sondern zusätzlich *produktorientierte* **Teilpläne**, die in einzelnen Bundesländern auch **Teilhaushalte** genannt werden, zu erstellen sind.

Demzufolge sind neben dem *Finanzplan bzw. Finanzhaushalt*, der für die Gemeinde als Ganzes gilt, noch *Teilfinanzpläne bzw. Teilfinanzhaushalte* zu berücksichtigen. Das Gleiche gilt für den *Ergebnisplan bzw. den Ergebnishaushalt*. Es sind ergänzende *Teilergebnispläne bzw. Teilergebnishaushalte* zu erstellen.

Der *neue Haushaltsplan der Gemeinde* besteht also insgesamt aus

- dem Finanzplan bzw. Finanzhaushalt,
- dem Ergebnisplan bzw. Ergebnishaushalt
- den Teilfinanzplänen bzw. Teilfinanzhaushalten und
- den Teilergebnisplänen bzw. Teilergebnishaushalten.

Hinzu kommt noch ein *Haushaltssicherungskonzept*, wenn ein solches erstellt werden muss. Weiterhin sind dem Haushaltsplan bestimmte *Anlagen* beizufügen (*vgl. Abbildung 7*).

---

[12] In dem von Klaus Chmielewicz dargestellten Drei-Komponenten-System wird die Planbilanz berücksichtigt. Vgl. Chmielewicz, Klaus: Betriebliches Rechnungswesen 1, a. a. O. , S. 88.

[13] Vgl. Schuster, Falko: Doppelte Buchführung für Städte, Kreise und Gemeinden, Verwaltungsdoppik im Neuen Kommunalen Rechnungswesen und Finanzmanagement, 2. Auflage München/Wien 2007, hier S. 60.

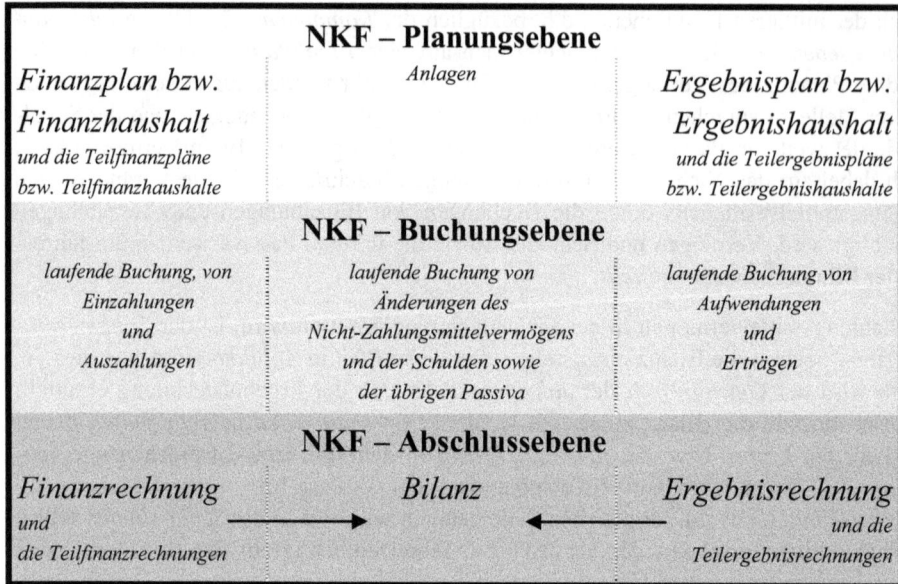

NKF – Planungsebene		
Finanzplan bzw. *Finanzhaushalt* *und die Teilfinanzpläne* *bzw. Teilfinanzhaushalte*	*Anlagen*	*Ergebnisplan bzw.* *Ergebnishaushalt* *und die Teilergebnispläne* *bzw. Teilergebnishaushalte*
NKF – Buchungsebene		
laufende Buchung, von *Einzahlungen* *und* *Auszahlungen*	*laufende Buchung von* *Änderungen des* *Nicht-Zahlungsmittelvermögens* *und der Schulden sowie* *der übrigen Passiva*	*laufende Buchung von* *Aufwendungen* *und* *Erträgen*
NKF – Abschlussebene		
Finanzrechnung *und* *die Teilfinanzrechnungen*	*Bilanz*	*Ergebnisrechnung* *und die* *Teilergebnisrechnungen*

Abbildung 7: Überblick über das NKF unter Berücksichtigung von Teilplänen und Teilrechnungen

Auf der NKF-Abschlussebene ergeben sich spiegelbildlich folgende Ergänzungen: Neben der *Finanzrechnung*, die für den kommunalen Verwaltungsbetrieb als Ganzes gilt, sind *Teilfinanzrechnungen* und zusätzlich zur *Ergebnisrechnung* sind *Teilergebnisrechnungen* zu erstellen (*vgl. Abbildung 7*). Im Gegensatz zur Finanzrechnung und Ergebnisrechnung wird die Bilanz nicht in Teilbilanzen untergliedert. Schließlich ist den genannten Rechnungen noch ein *Anhang* beizufügen, dem sich beispielsweise die verwendeten Bilanzierungs- und Bewertungsmethoden entnehmen lassen.

Der *neue Jahresabschluss der Gemeinde* besteht also insgesamt aus

- der Finanzrechnung,
- der Ergebnisrechnung,
- den Teilfinanzrechnungen,
- den Teilergebnisrechnungen,
- der Bilanz und
- dem Anhang.

Zusätzlich ist noch ein *Lagebericht,* der in einzelnen Bundesländern auch *Rechenschaftsbericht* genannt wird, zu erstellen.

Auf die Systembestandteile des NKF wird nachfolgend im Einzelnen eingegangen, wobei wir auf der Planungsebene aus Gründen der sprachlichen Vereinfachung in der Regel vom Finanzplan, Ergebnisplan, Teilfinanzplan und Teilergebnisplan sprechen und auf die deckungsgleichen Formulierungen „Finanzhaushalt, Ergebnishaushalt, Teilfinanzhaushalt und Teilergebnishaushalt" verzichten.

8 Die NKF-Planungsebene

8.1 Der Finanzplan

Nach *§ 3 der neuen Gemeindehaushaltsverordnung des Landes Nordrhein-Westfalen* haben die Gemeinden beim Aufbau des Finanzplanes zwei Gliederungsgesichtspunkte zu beachten. Die Zahlungen sind in zeitlicher und in sachlicher Hinsicht zu sortieren. Ähnliche Vorgaben gelten in den anderen Bundesländern. *Abbildung 8* verdeutlicht, wie die Einzahlungen und Auszahlungen in *zeitlicher Hinsicht* zusammenzustellen sind. Es handelt sich dabei um *die Kopfzeile des Finanzplanes*.

Einzahlungs- und Auszahlungs-arten	Ergebnis des Vor-vorjahres	Ansatz des Vorjahres	Ansatz des Haus-haltsjah-res	Planung Haus-haltsjahr + 1	Planung Haus-haltsjahr + 2	Planung Haus-haltsjahr + 3
	Euro	Euro	Euro	Euro	Euro	Euro
	1	2	3	4	5	6

Abbildung 8: Kopfzeile des Finanzplanes

Damit gibt der Finanzplan zu folgenden Fragen Auskunft:

- Welche Einzahlungen und Auszahlungen sind im Vorvorjahr tatsächlich entstanden (Spalte 1)?
- Welche Einzahlungen und Auszahlungen sind für das Vorjahr, d. h. für das dem anstehenden Haushaltsjahr vorausgehende Haushaltsjahr, geplant worden (Spalte 2)?
- Welche Einzahlungen und Auszahlungen sind für das anstehende Haushaltsjahr geplant (Spalte 3)?
- Welche Einzahlungen und Auszahlungen sind für die dem anstehenden Haushaltsjahr folgenden drei Haushaltsjahre geplant (Spalte 4; Spalte 5 und Spalte 6)?

Die Zahlungen in Spalte 3 bilden den Mittelpunkt der Planung. Hier finden sich die Daten für das nächste (noch nicht begonnene) Haushaltsjahr. Bezüglich Spalte 2 ist zu beachten, dass im Zeitpunkt der Planerstellung das aktuelle Haushaltsjahr noch nicht abgeschlossen ist und die tatsächlichen Einzahlungen und Auszahlungen des aktuellen Haushaltsjahres noch nicht vollständig bekannt sind. Insofern muss man sich mit den Ansätzen, d. h. mit den für diesen Zeitraum geplanten Zahlungen, begnügen.

Abbildung 9 verdeutlicht, wie der Finanzplan in *sachlicher Hinsicht* gegliedert ist. Es handelt sich dabei um die *erste Spalte des Finanzplans*:

- Demnach werden zunächst die Einzahlungen aus laufender Verwaltungstätigkeit erfasst. Hierzu zählen beispielsweise die Steuereinzahlungen (Zeile 1) und die Gebühreneinzahlungen (Zeile 4).
- In Zeile 9 werden diese zusammengefasst und man erhält die Summe sämtlicher *Einzahlungen aus laufender Verwaltungstätigkeit.*
- Anschließend werden die Auszahlungen aus laufender Verwaltungstätigkeit aufgeführt, also beispielsweise die Personalauszahlungen (Zeile 10) und Zinsauszahlungen (Zeile 13).
- In Zeile 16 werden diese zusammengefasst und man erhält die Summe sämtlicher *Auszahlungen aus laufender Verwaltungstätigkeit.*
- Zieht man von den Einzahlungen aus laufender Verwaltungstätigkeit die Auszahlungen aus laufender Verwaltungstätigkeit ab, erhält man den **Saldo aus laufender Verwaltungstätigkeit.** Falls die Einzahlungen die Auszahlungen übersteigen, handelt es sich um einen Zahlungsmittelüberschuss. Im umgekehrten Fall um ein Zahlungsmitteldefizit.
- Danach werden die Einzahlungen ermittelt, die mit Investitionen in Verbindung stehen, also beispielsweise Investitionszuschüsse des Landes (Zeile 18) und Beiträge, die die Bürger geleistet haben, damit bestimmte Baumaßnahmen, die z. B. die Wasserversorgung betreffen, durchgeführt werden können (Zeile 21).
- In Zeile 23 werden diese zusammengefasst und man erhält die Summe sämtlicher *Einzahlungen aus Investitionstätigkeit.*
- Es folgt die Auflistung der Auszahlungen, die in Verbindung mit Investitionen anfallen. Hierzu zählen beispielsweise die Auszahlungen, die der Kauf eines Grundstücks hervorruft (Zeile 24), und die Auszahlungen, die in Verbindung mit einer Baumaßnahme anfallen (Zeile 25).

Ein- und Auszahlungsarten

1		Steuern und ähnliche Abgaben
2	+	Zuwendungen und allgemeine Umlagen
3	+	Sonstige Transfereinzahlungen
4	+	Öffentlich-rechtliche Leistungsentgelte
5	+	Privatrechtliche Leistungsentgelte
6	+	Kostenerstattungen, Kostenumlagen
7	+	Sonstige Einzahlungen
8	+	Zinsen und sonstige Finanzeinzahlungen
9	**=**	**Einzahlungen aus laufender Verwaltungstätigkeit**
10	-	Personalauszahlungen
11	-	Versorgungsauszahlungen
12	-	Auszahlungen für Sach- und Dienstleistungen
13	-	Zinsen und sonstige Finanzauszahlungen
14	-	Transferauszahlungen
15	-	Sonstige Auszahlungen
16	**=**	**Auszahlungen aus laufender Verwaltungstätigkeit**
17	**=**	**Saldo aus laufender Verwaltungstätigkeit (= Zeilen 9 und 16)**
18	+	Zuwendungen für Investitionsmaßnahmen
19	+	Einzahlungen aus der Veräußerung von Sachanlagen
20	+	Einzahlungen aus der Veräußerung von Finanzanlagen
21	+	Einzahlungen aus Beiträgen und ähnlichen Entgelten
22	+	Sonstige Investitionseinzahlungen
23	**=**	**Einzahlungen aus Investitionstätigkeit**
24	-	Auszahlungen für den Erwerb von Grundstücken und Gebäuden
25	-	Auszahlungen für Baumaßnahmen
26	-	Auszahlungen für den Erwerb von beweglichem Anlagevermögen
27	-	Auszahlungen für den Erwerb von Finanzanlagen
28	-	Auszahlungen von aktivierbaren Zuwendungen
29	-	Sonstige Investitionsauszahlungen
30	**=**	**Auszahlungen aus Investitionstätigkeit**
31	**=**	**Saldo aus Investitionstätigkeit (= Zeilen 23 und 30)**
32	**=**	**Finanzmittelüberschuss/-fehlbetrag (= Zeilen 17 und 31)**
33	+	Aufnahme und Rückflüsse von Darlehen
34	-	Tilgung und Gewährung von Darlehen
35	**=**	**Saldo aus Finanzierungstätigkeit**
36	**=**	**Änderung des Bestandes an eigenen Finanzmitteln (= Zeilen 32 und 35)**
37	+	Anfangsbestand an Finanzmitteln
38	**=**	**Liquide Mittel (= Zeilen 36 und 37)**

Abbildung 9: Die sachliche Gliederung des Finanzplanes

- In Zeile 30 werden diese zusammengefasst und man erhält die Summe sämtlicher *Auszahlungen aus Investitionstätigkeit.*
- Die Differenz zwischen den Einzahlungen aus Investitionstätigkeit und Auszahlungen aus Investitionstätigkeit ergibt den **Saldo aus Investitionstätigkeit** (Zeile 31). Dabei handelt es sich um einen Zahlungsmittelüberschuss, wenn die Einzahlungen die Auszahlungen übersteigen, und im umgekehrten Fall um ein Zahlungsmitteldefizit.
- *Fasst man den Saldo aus laufender Verwaltungstätigkeit und den Saldo aus Investitionstätigkeit zusammen,* ergibt sich der aus diesen beiden Aktivitäten gemeinsam hervorgerufene Zahlungsmittelüberschuss oder das aus diesen beiden Aktivitäten gemeinsam hervorgerufene Zahlungsmitteldefizit, wobei man hierfür die Formulierungen **Finanzmittelüberschuss** und **Finanzmittelfehlbetrag** wählt (Zeile 32).
- Zu berücksichtigen sind nunmehr noch die Zahlungsströme, die aus der Finanzierungstätigkeit resultieren. Dabei handelt es sich einerseits um die *Einzahlungen aus Finanzierungstätigkeit,* die dadurch entstehen, dass die Gemeinde selbst Darlehen aufnimmt oder dass ein von der Gemeinde gewährtes Darlehen ganz oder teilweise zurückgezahlt wird (Zeile 33). Andererseits sind auch die *Auszahlungen* zu berücksichtigen, die *aus der Finanzierungstätigkeit* resultieren. Hierbei handelt es sich beispielsweise um die Tilgungszahlungen, die die Gemeinde zu leisten hat (Zeile 34).
- Zieht man von den Einzahlungen aus Finanzierungstätigkeit die Auszahlungen aus Finanzierungstätigkeit ab, erhält man den **Saldo aus Finanzierungstätigkeit** (Zeile 35). Dabei handelt es sich entweder um einen Zahlungsmittelüberschuss, falls die Kreditaufnahme beispielsweise höher ausfällt als die Tilgung, oder um ein Zahlungsmitteldefizit, falls die Gemeinde beispielsweise keine weiteren Kredite aufnimmt und lediglich alte Kredite tilgt.
- *Fasst man diesen Saldo aus Finanzierungstätigkeit mit dem Saldo aus Investitionstätigkeit und dem Saldo aus laufender Verwaltungstätigkeit zusammen,* erhält man den Saldo, der aus allen drei Aktivitäten gemeinsam resultiert. Es handelt sich dabei entweder um eine positive oder negative Änderung des Zahlungsmittelbestandes, wobei sich hierfür im NKF -Finanzplan die Formulierung „**Änderung des Bestandes an eigenen Zahlungsmitteln**" findet (Zeile 36).
- Addiert man zu diesem Betrag den in Zeile 37 aufzuführenden Zahlungsmittelanfangsbestand, der als **Anfangsbestand an Finanzmitteln** bezeichnet wird, erhält man den Zahlungsmittelendbestand am Ende der Planperiode, also die dann vorhandenen **liquiden Mittel** (Zeile 38).

Dem Finanzplan liegt somit eine einfache Gleichung zugrunde. Es gilt:

> **Zahlungsmittelanfangsbestand** zu Beginn des Haushaltsjahres
> + Betrag in Höhe aller **Einzahlungen** während des Haushaltsjahres
> – Betrag in Höhe aller **Auszahlungen** während des Haushaltsjahres
> _____
> = **Zahlungsmittelendbestand** am Ende des Haushaltsjahres.

Ein Zahlungsmittelanfangsbestand in Höhe von 100 Euro zuzüglich aller Einzahlungen in der Periode in Höhe von 900 Euro und abzüglich aller Auszahlungen in der Periode in Höhe von 999 Euro ergibt beispielsweise einen Zahlungsmittelendbestand (liquide Mittel) in Höhe von 1 Euro.

Abbildung 10 bietet noch einmal einen Überblick über die Grundstruktur des NKF – Finanzplanes und verdeutlicht folgenden Zusammenhang:

Einzahlungen aus laufender Verwaltungstätigkeit	*Auszahlungen aus laufender Verwaltungstätigkeit*	*Einzahlungen aus Investitionstätigkeit*	*Auszahlungen aus Investitionstätigkeit*	*Einzahlungen aus Finanzierungstätigkeit*	*Auszahlungen aus Finanzierungstätigkeit*	
Saldo aus laufender Verwaltungstätigkeit (SV)		**Saldo aus Investitionstätigkeit (SI)**		**Saldo aus Finanzierungstätigkeit (SF)**		
Finanzmittelüberschuss/-fehlbetrag $= SV + SI$						
Änderung des Bestandes an eigenen Finanzmitteln $= SV + SI + SF$						*Anfangsbestand an Finanzmitteln (AB)*
Liquide Mittel (LM) $= SV + SI + SF + AB$						

Abbildung 10: Grundstruktur des NKF – Finanzplanes

Der Saldo aus laufender Verwaltungstätigkeit ergibt zusammen mit dem Saldo aus Investitionstätigkeit den Finanzmittelüberschuss/-fehlbetrag. Fügt man zum Finanzmittelüberschuss/-fehlbetrag noch den Saldo aus Finanzierungstätigkeit hinzu, erhält man die Änderung des Bestandes an eigenen Finanzmitteln. Addiert man zur Änderung des Bestandes an eigenen Finanzmitteln den Anfangsbestand an Finanzmitteln, ergibt sich die Position „Liquide Mittel", der Zahlungsmittelendbestand.

8.2   Der Ergebnisplan

Bei der Gestaltung des Ergebnisplanes sind die gleichen Gliederungsgesichtspunkte zu beachten wie beim Finanzplan. Wie die Zahlungen im Finanzplan so sind somit auch die Aufwendungen und Erträge im Ergebnisplan sowohl in zeitlicher als auch in sachlicher Hinsicht zu sortieren.

Die in *Abbildung 11* wiedergegebene *Kopfzeile des Ergebnisplanes* macht deutlich, dass der Ergebnisplan in *zeitlicher Hinsicht* genau so aufgebaut ist wie der Finanzplan. Insofern sind keine weiteren Erläuterungen erforderlich.

Ertrags- und Aufwandsarten	Ergebnis des Vor- vorjahres	Ansatz des Vorjahres	Ansatz des Haus- haltsjah- res	Planung Haus- haltsjahr + 1	Planung Haus- haltsjahr + 2	Planung Haus- haltsjahr + 3
	Euro	Euro	Euro	Euro	Euro	Euro
	1	2	3	4	5	6

Abbildung 11: „Kopfzeile" des Ergebnisplanes

Auch hier bilden die in Spalte 3 aufzunehmenden Beträge den Mittelpunkt der Planung. Sie beinhaltet die für das nächste (noch nicht begonnene) Haushaltsjahr geplanten Aufwendungen und Erträge.

Abbildung 12 verdeutlicht die *sachliche* bzw. inhaltliche Gliederung des Ergebnisplanes. Es handelt sich dabei um die *erste Spalte des Ergebnisplanes*:

- Demnach werden zunächst die einzelnen ordentlichen Erträge erfasst. Es handelt sich um die für einen kommunalen Verwaltungsbetrieb typischen Erträge. Hierzu zählen beispielsweise die Steuererträge (Zeile 1) und die Gebührenerträge (Zeile 4).
- In Zeile 10 werden diese zusammengefasst und man erhält die Summe der *ordentlichen Erträge*.
- Anschließend werden die einzelnen ordentlichen Aufwendungen aufgeführt, also beispielsweise die Personalaufwendungen (Zeile 11) und der Abschreibungsaufwand (Zeile 14).
- In Zeile 17 werden diese zusammengefasst und man erhält die Summe der *ordentlichen Aufwendungen*.
- Zieht man von den ordentlichen Erträgen die ordentlichen Aufwendungen ab, erhält man das **Ergebnis aus laufender Verwaltungstätigkeit.** Es wird in Zeile 18 ausgewiesen. Falls die ordentlichen Erträge die ordentlichen Aufwendungen übersteigen, liegt ein Gewinnbeitrag aus laufender Verwaltungstätigkeit vor. Im umgekehrten Fall hat die laufende Verwaltungstätigkeit zu einem Verlust geführt.

- Danach werden in Zeile 19 die Erträge ermittelt, die aus der Finanzierungstätigkeit resultieren, also beispielsweise die Zinserträge.
- Die entsprechenden Aufwendungen aus Finanzierungstätigkeit, also beispielsweise die Zinsaufwendungen, werden in Zeile 20 erfasst.
- Zieht man von den Erträgen aus Finanzierungstätigkeit die Aufwendungen aus Finanzierungstätigkeit ab, erhält man das in Zeile 21 auszuweisende **Finanzergebnis**. Sind die Zinserträge höher als die Zinsaufwendungen, liegt ein Gewinn aus der Finanzierungstätigkeit vor. Im umgekehrten Fall resultiert ein Verlust aus der Finanzierungstätigkeit.

Aufwands- und Ertragsarten		
1		Steuern und ähnliche Abgaben
2	+	Zuwendungen und allgemeine Umlagen
3	+	Sonstige Transfererträge
4	+	Öffentlich-rechtliche Leistungsentgelte
5	+	Privatrechtliche Leistungsentgelte
6	+	Kostenerstattungen und Kostenumlagen
7	+	Sonstige ordentliche Erträge
8	+	Aktivierte Eigenleistungen
9	+/-	Bestandsveränderungen
10	**=**	**Ordentliche Erträge**
11	-	Personalaufwendungen
12	-	Versorgungsaufwendungen
13	-	Aufwendungen für Sach- und Dienstleistungen
14	-	Bilanzielle Abschreibungen
15	-	Transferaufwendungen
16	-	Sonstige ordentliche Aufwendungen
17	**=**	**Ordentliche Aufwendungen**
18	**=**	**Ergebnis der laufenden Verwaltungstätigkeit** (Zeilen 10 und 17)
19	+	Finanzerträge
20	-	Zinsen und sonstige Finanzaufwendungen
21	**=**	**Finanzergebnis** (Zeilen 19 und 20)
22	**=**	**Ordentliches Ergebnis** (Zeilen 18 und 21)
23	+	Außerordentliche Erträge
24	-	Außerordentliche Aufwendungen
25	**=**	**Außerordentliches Ergebnis** (Zeilen 23 und 24)

Abbildung 12: Die sachliche Gliederung des Ergebnisplanes

- Fasst man das Ergebnis aus laufender Verwaltungstätigkeit mit dem Finanzergebnis zusammen, erhält man das **ordentliche Ergebnis**. Es wird in Zeile 22 ausgewiesen.
- In Zeile 23 werden die außerordentlichen Erträge geplant, also Erträge, die weder aus laufender Verwaltungstätigkeit noch aus Finanzierungstätigkeit resultieren. Der Begriff der außerordentlichen Erträge wird im NKF eng ausgelegt. Ein typisches Beispiel ist ein Ertrag aus einer Landeszuweisung, die als Hilfe nach einer Naturkatastrophe gewährt wird.
- In Zeile 24 werden die außerordentlichen Aufwendungen abgebildet. Hierbei handelt es sich beispielsweise um Reparaturaufwendungen nach einem Sturmschaden.
- Saldiert man die außerordentlichen Erträge und die außerordentlichen Aufwendungen, erhält man das in Zeile 25 auszuweisende **außerordentliche Ergebnis**, das positiv ausfällt, wenn die außerordentlichen Erträge die außerordentlichen Aufwendungen übersteigen, und folglich dann einen Gewinnbeitrag darstellt. Spiegelbildlich handelt es sich bei einem negativen außerordentlichen Ergebnis um einen Verlustbeitrag.
- Fasst man das ordentliche Ergebnis und das außerordentliche Ergebnis zusammen, erhält man das in Zeile 26 auszuweisende **Jahresergebnis.** Fällt es positiv aus, handelt es sich um einen Gewinn, der im NKF Jahresüberschuss genannt wird. Im umgekehrten Fall ist ein Verlust entstanden, der im NKF Jahresfehlbetrag genannt wird. Zu beachten ist, dass es sich bei dem Jahresergebnis um den **neuen Haushaltsausgleich** handelt. Demnach ist sowohl in der Planung als auch in der Rechnung ein Jahresfehlbetrag zu vermeiden und möglichst ein Jahresüberschuss zu planen bzw. zu realisieren.

Insgesamt weist der Ergebnisplan die in *Abbildung 13* wiedergegebene Grundstruktur auf.

Es gilt somit Folgendes:
- Zunächst wird das aus laufender Verwaltungstätigkeit entstehende bzw. entstandene Ergebnis ermittelt, indem man von den ordentlichen Erträgen die ordentlichen Aufwendungen abzieht.
- Anschließend ermittelt man das Finanzergebnis, indem man von Finanzerträgen die Zinsen und sonstigen Finanzaufwendungen abzieht.
- Fasst man das Ergebnis aus laufender Verwaltungstätigkeit und das Finanzergebnis zusammen, erhält man das ordentliche Ergebnis.
- Addiert man zum ordentlichen Ergebnis das außerordentliche Ergebnis, das man ermittelt, indem man von den außerordentlichen Erträgen die außerordentlichen Aufwendungen abzieht, erhält man das Jahresergebnis.

Ordentliche Erträge	Ordentliche Aufwendungen	Finanzer- träge	Zinsen und sonstige Finanzauf- wendungen	Außeror- dentliche Erträge	Außeror- dentliche Aufwen- dungen
Ergebnis aus laufender Verwaltungstätigkeit (VE)		Finanzergebnis (FE)			
Ordentliches Ergebnis (OE) = VE + FE				Außerordentliches Ergebnis (AOE)	
Jahresergebnis (JE) = VE + FE + AOE = OE + AOE					

Abbildung 13: Grundstruktur des NKF –Ergebnisplanes

8.3 Die neue Haushaltsplanung und der doppische Haushaltsplan

Die bisherigen Ausführungen lassen erkennen, dass einer der wesentlichen Unterschiede zwischen der bisherigen und der neuen Haushaltsplanung darin besteht, dass man in der Verwaltungskameralistik fast ausschließlich die Einzahlungen und Auszahlungen veranschlagt, d.h. im Haushaltsplan berücksichtigt, und man hingegen im NKF zusätzlich zur Planung der Einzahlungen und Auszahlungen auch die Aufwendungen und Erträge plant. Damit wird nicht nur der zukünftige Geldfluss betrachtet, sondern auch der zukünftige Güterverbrauch und die zukünftige Güterentstehung, soweit diese mit einem Zahlungsvorgang in Verbindung stehen.

Da nunmehr wie in der doppelten Buchführung neben den Einzahlungen und Auszahlungen auch die Aufwendungen und Erträge berücksichtigt werden, spricht man in Anlehnung an die Doppik auch von einem *doppischen Kommunalhaushalt* oder *doppischen Haushaltsplan*.

Ganz zutreffend ist die Bezeichnung nicht, denn anders als in der doppelten Buchführung, bei der jede Buchung eine entsprechende Gegenbuchung nach sich zieht, kann bei der Aufstellung des neuen Haushaltsplans nicht bei jeder Veranschlagung im Finanz- bzw. Ergebnisplan eine entsprechende „Gegenveranschlagung" vorgenommen werden. Dies ist darauf zurückzuführen, dass man, wie wir schon erwähnt haben, auf eine Planbilanz verzichtet hat und insofern eine Lücke auf der Planungsebene besteht, die die Planenden durch entsprechende Nebenaufzeichnungen schließen müssen.

Nachfolgend wird anhand einiger Beispiele gezeigt, wie eine solche „doppische Haushaltsplanung" aussieht. Als Ausgangspunkt wählen wir das in *Abbildung 14* wiedergegebene Muster für den *Finanzplan* und das in *Abbildung 15* enthaltene Muster für den Ergebnisplan. Aus Gründen der Vereinfachung wird allerdings darauf verzichtet, Daten für die Vorjahre anzugeben und Beträge für die dem Haushaltsjahr folgenden Haushaltsjahre zu veranschlagen. Bei unserem Beispiel betrachten wir somit in beiden Plänen jeweils nur die *Spalte 3*.

Beispiel:

Für das nächste Haushaltsjahr geht eine Gemeinde von folgenden Planungsdaten aus. Man rechnet

a) zu Beginn des Haushaltsjahres mit einem Zahlungsmittelanfangsbestand in Höhe von 100.000 Euro und anschließend

b) mit Steuereinzahlungen in Höhe von 1.000.000 Euro, in denen keine Vor- und Nachzahlungen enthalten sind,

c) mit Gebühreneinzahlungen in Höhe von 500.000 Euro aufgrund der im Vorjahr abgeschickten Bescheide (für ausschließlich in diesem Zeitraum erbrachte Dienstleistungen),

d) mit Gebührenerträgen in Höhe von 600.000 Euro, wobei die entsprechenden Einzahlungen erst im Haushaltsjahr +1 zu erwarten sind,

e) mit Personalauszahlungen in Höhe von 600.000 Euro, die keine Vor- und Nachzahlungen für andere Jahre enthalten,

f) mit Materialauszahlungen in Höhe von 200.000 Euro,

g) mit einem Materialaufwand in Höhe von 300.000 Euro, da vermutlich auch der vorhandene Bestand verbraucht wird,

h) mit Einzahlungen in Höhe von 1.000.000 Euro durch den Verkauf eines Grundstücks, dessen Anschaffungswert 1.000.000 Euro beträgt,

i) mit Tilgungszahlungen in Höhe von 10.000 Euro,

j) mit Einzahlungen durch Aufnahme eines Kredits in Höhe von 250.000 Euro.

k) mit Zinsauszahlungen in Höhe von 20.000 Euro, bei denen es sich in gleicher Höhe um Zinsaufwand handelt,

l) mit dem Verkauf einer vollständig abgeschriebenen Maschine zum Preis von 1.000 Euro (Der Betrag soll erst im Folgejahr gezahlt werden.) und

m) mit bilanziellen Abschreibungen in Höhe von 680.000 Euro.

FINANZPLAN Ein- und Auszahlungsarten (Angaben in Euro)		Ergebnis des Vorvorjahres	Ansatz des Vorjahres	Ansatz des Haushaltsjahres	Planung Haushaltsjahr +1	Planung Haushaltsjahr +2	Planung Haushaltsjahr +3
1		Steuern und ähnliche Abgaben						
2	+	Zuwendungen und allgemeine Umlagen						
3	+	Sonstige Transfereinzahlungen						
4	+	Öffentlich-rechtliche Leistungsentgelte						
5	+	Privatrechtliche Leistungsentgelte						
6	+	Kostenerstattungen, Kostenumlagen						
7	+	Sonstige Einzahlungen						
8	+	Zinsen und sonstige Finanzeinzahlungen						
9	=	Einzahlungen aus laufender Verwaltungstätigkeit						
10	-	Personalauszahlungen						
11	-	Versorgungsauszahlungen						
12	-	Auszahlungen für Sach- und Dienstleistungen						
13	-	Zinsen und sonstige Finanzauszahlungen						
14	-	Transferauszahlungen						
15	-	Sonstige Auszahlungen						
16	=	Auszahlungen aus laufender Verwaltungstätigkeit						
17	=	Saldo aus laufender Verwaltungstätigkeit (= Zeilen 9 und 16)						
18	+	Zuwendungen für Investitionsmaßnahmen						
19	+	Einzahlungen aus der Veräußerung von Sachanlagen						
20	+	Einzahlungen aus der Veräußerung von Finanzanlagen						
21	+	Einzahlungen aus Beiträgen und ähnlichen Entgelten						
22	+	Sonstige Investitionseinzahlungen						
23	=	Einzahlungen aus Investitionstätigkeit						
24	-	Auszahlungen für den Erwerb von Grundstücken und Gebäuden						
25	-	Auszahlungen für Baumaßnahmen						
26	-	Auszahlungen für den Erwerb von beweglichem Anlagevermögen						
27	-	Auszahlungen für den Erwerb von Finanzanlagen						
28	-	Auszahlungen von aktivierbaren Zuwendungen						
29	-	Sonstige Investitionsauszahlungen						
30	=	Auszahlungen aus Investitionstätigkeit						
31	=	Saldo aus Investitionstätigkeit (= Zeilen 23 und 30)						
32	=	Finanzmittelüberschuss/-fehlbetrag (= Zeilen 17 und 31)						
33	+	Aufnahme und Rückflüsse von Darlehen						
34	-	Tilgung und Gewährung von Darlehen						
35	=	Saldo aus Finanzierungstätigkeit						
36	=	Änderung des Bestandes an eigenen Finanzmitteln (= Z. 32 u. 35)						
37	+	Anfangsbestand an Finanzmitteln						
38	=	Liquide Mittel (= Zeilen 36 und 37)						

Abbildung 14: Der Finanzplan

ERGEBNISPLAN Ertrags- und Aufwandsarten (Angaben in Euro)			Er-geb-nis des Vor-vor-jahres	An-satz des Vor-jahres	An-satz des Haus-halts-jahres	Pla-nung Haus-halts-jahr + 1	Pla-nung Haus-halts-jahr + 2	Pla-nung Haus-halts-jahr + 3
1		Steuern und ähnliche Abgaben						
2	+	Zuwendungen und allgemeine Umlagen						
3	+	Sonstige Transfererträge						
4	+	Öffentlich-rechtliche Leistungsentgelte						
5	+	Privatrechtliche Leistungsentgelte						
6	+	Kostenerstattungen, Kostenumlagen						
7	+	Sonstige ordentliche Erträge						
8	+	Aktivierte Eigenleistungen						
9	+/-	Bestandsveränderungen						
10	=	Ordentliche Erträge						
11	-	Personalaufwendungen						
12	-	Versorgungsaufwendungen						
13	-	Aufwendungen für Sach- und Dienstleistungen						
14	-	Bilanzielle Abschreibungen						
15	-	Transferaufwendungen						
16	-	Sonstige ordentliche Aufwendungen						
17	=	Ordentliche Aufwendungen						
18		Ergebnis der laufenden Verwaltungstätigkeit (Zusammenfassung Zeile 10 und Zeile 17)						
19	+	Finanzerträge						
20	-	Zinsen und ähnliche Aufwendungen						
21	=	Finanzergebnis (Zusammenfassung Zeile 19 und Zeile 20)						
22		Ordentliches Ergebnis (Zusammenfassung Zeile 18 und Zeile 21)						
23	+	Außerordentliche Erträge						
24	-	Außerordentliche Aufwendungen						
25	=	Außerordentliches Ergebnis (Zusammenfassung Zeile 23 und Zeile 24)						
26		Jahresergebnis (Zusammenfassung Zeile 22 und Zeile 25)						

Abbildung 15: Der Ergebnisplan

Wo ist was zu veranschlagen?

Zur Lösung vgl. Abbildung 14 und Abbildung 15. Es werden ausschließlich die Veranschlagungen für das anstehende Haushaltsjahr in der grau unterlegten Spalte vorgenommen:

a) Finanzplan 100.000 Euro Zeile 37,
b) Finanzplan 1.000.000 Euro Zeile 1 und Ergebnisplan 1.000.000 Euro Zeile 1,
c) Finanzplan 500.000 Euro Zeile 4,
d) Ergebnisplan 600.000 Euro Zeile 4,
e) Finanzplan 600.000 Euro Zeile 10 und Ergebnisplan 600.000 Euro Zeile 11,

f) Finanzplan 200.000 Euro Zeile 12,

g) Ergebnisplan 300.000 Euro Zeile 13,

h) Finanzplan 1.000.000 Euro Zeile 19,

i) Finanzplan 10.000 Euro Zeile 34,

j) Finanzplan 250.000 Euro Zeile 33,

k) Finanzplan 20.000 Euro Zeile 13 und Ergebnisplan 20.000 Euro Zeile 20,

l) Ergebnisplan 1.000 Euro Zeile 7,

m) Ergebnisplan 680.000 Euro Zeile 14.

Es wird deutlich, dass der Begriff „doppische Haushaltsplanung" nicht ganz zutreffend ist; nur teilweise werden die Beträge doppelt veranschlagt. Die planende Gemeinde kommt nicht umhin, „Nebenplanungen" zu berücksichtigen, also beispielsweise bei c) die geplante Abnahme des Forderungsbestandes, bei d) die geplante Zunahme des Forderungsbestandes, bei f) die geplanten Veränderungen des Materiallagers, bei h) die Verminderung des Anlagevermögens, bei i) die Verminderung der Schulden, bei j) die Zunahme der Schulden und bei l) sowie m) die Verminderung des Vermögens. Diese zusätzlichen Planungen sind unverzichtbar. Denn nur, wenn man den zukünftigen Vermögensstand plant, kann man die Abschreibungen planen, und nur, wenn man die zukünftigen Schulden plant, kann man die Zinsen planen. Abbildung 16 verdeutlicht, wie sich die im obigen Beispiel genannten Beträge auf die einzelnen Salden des Finanzplanes auswirken:

• Der geplante Saldo aus laufender Verwaltungstätigkeit ist positiv und beträgt 680.000 Euro (Zeile 17).

• Der geplante Saldo aus Investitionstätigkeit ist ebenfalls positiv und beträgt 1.000.000 Euro (Zeile 31)

• Folglich wird mit einem Finanzmittelüberschuss in Höhe von 1.680.000 Euro geplant (Zeile 32).

• Hinzu kommt noch der geplante Saldo aus Finanzierungstätigkeit in Höhe von 240.000 Euro (Zeile 35).

• Die geplante Änderung des Bestandes an eigenen Finanzmitteln beträgt damit 1.920.000 Euro (Zeile 36).

• Der Zahlungsmittelanfangsbestand beträgt 100.000 Euro (Zeile 37).

• Folglich können wir am Ende des nächsten Haushaltsjahres mit liquiden Mitteln in Höhe von 2.020.000 Euro rechnen (Zeile 38).

FINANZPLAN Ein- und Auszahlungsarten				Ansatz des Haushaltsjahres in Euro		
		1	2	3	4	5	6
1		Steuern und ähnliche Abgaben		1.000.000			
2	+	Zuwendungen und allgemeine Umlagen					
3	+	Sonstige Transfereinzahlungen					
4	+	Öffentlich-rechtliche Leistungsentgelte		500.000			
5	+	Privatrechtliche Leistungsentgelte					
6	+	Kostenerstattungen, Kostenumlagen					
7	+	Sonstige Einzahlungen					
8	+	Zinsen und sonstige Finanzeinzahlungen					
9	=	Einzahlungen aus laufender Verwaltungstätigkeit		1.500.000			
10	-	Personalauszahlungen		600.000			
11	-	Versorgungsauszahlungen					
12	-	Auszahlungen für Sach- und Dienstleistungen		200.000			
13	-	Zinsen und sonstige Finanzauszahlungen		20.000			
14	-	Transferauszahlungen					
15	-	Sonstige Auszahlungen					
16	=	Auszahlungen aus laufender Verwaltungstätigkeit		820.000			
17	**=**	**Saldo aus laufender Verwaltungstätigkeit (= Zeilen 9 und 16)**		**680.000**			
18	+	Zuwendungen für Investitionsmaßnahmen					
19	+	Einzahlungen aus der Veräußerung von Sachanlagen		1.000.000			
20	+	Einzahlungen aus der Veräußerung von Finanzanlagen					
21	+	Einzahlungen aus Beiträgen und ähnlichen Entgelten					
22	+	Sonstige Investitionseinzahlungen					
23	=	Einzahlungen aus Investitionstätigkeit		1.000.000			
24	-	Auszahlungen für den Erwerb von Grundstücken und Gebäuden					
25	-	Auszahlungen für Baumaßnahmen					
26	-	Auszahlungen für den Erwerb von beweglichem Anlagevermögen					
27	-	Auszahlungen für den Erwerb von Finanzanlagen					
28	-	Auszahlungen von aktivierbaren Zuwendungen					
29	-	Sonstige Investitionsauszahlungen					
30	=	Auszahlungen aus Investitionstätigkeit		0			
31	**=**	**Saldo aus Investitionstätigkeit (= Zeilen 23 und 30)**		**1.000.000**			
32	**=**	**Finanzmittelüberschuss/-fehlbetrag (= Zeilen 17 und 31)**		**1.680.000**			
33	+	Aufnahme und Rückflüsse von Darlehen		250.000			
34	-	Tilgung und Gewährung von Darlehen		10.000			
35	**=**	**Saldo aus Finanzierungstätigkeit**		**240.000**			
36	**=**	**Änderung des Bestandes an eigenen Finanzmitteln (= Zeilen 32 und 35)**		**1.920.000**			
37	+	Anfangsbestand an Finanzmitteln		100.000			
38	**=**	**Liquide Mittel (= Zeilen 36 und 37)**		**2.020.000**			

Abbildung 16: Saldenbildung im Finanzplan

Der Abbildung 17 lässt sich entnehmen, wie sich die im obigen Beispiel genannten Beträge auf die einzelnen Salden des Ergebnisplanes auswirken:

ERGEBNISPLAN Ertrags- und Aufwandsarten					Ansatz des Haushalts- jahres Euro			
			1	2	3	4	5	6
1		Steuern und ähnliche Abgaben			1.000.000			
2	+	Zuwendungen und allgemeine Umlagen						
3	+	Sonstige Transfererträge						
4	+	Öffentlich-rechtliche Leistungsentgelte			600.000			
5	+	Privatrechtliche Leistungsentgelte						
6	+	Kostenerstattungen, Kostenumlagen						
7	+	Sonstige ordentliche Erträge			1.000			
8	+	Aktivierte Eigenleistungen						
9	+/-	Bestandsveränderungen						
10	*=*	*Ordentliche Erträge*			*1.601.000*			
11	-	Personalaufwendungen			600.000			
12	-	Versorgungsaufwendungen						
13	-	Aufwendungen für Sach- und Dienstleistungen			300.000			
14	-	Bilanzielle Abschreibungen			680.000			
15	-	Transferaufwendungen						
16	-	Sonstige ordentliche Aufwendungen						
17	*=*	*Ordentliche Aufwendungen*			*1.580.000*			
18		**Ergebnis der laufenden Verwaltungstätigkeit** *(Zusammenfassung Zeile 10 und Zeile 17)*			**21.000**			
19	+	Finanzerträge						
20	-	Zinsen und ähnliche Aufwendungen			20.000			
21	**=**	**Finanzergebnis** *(Zusammenfassung Zeile 19 und Zeile 20)*			**- 20.000**			
22		**Ordentliches Ergebnis** *(Zusammenfassung Zeile 18 und Zeile 21)*			**1.000**			
23	+	Außerordentliche Erträge						
24	-	Außerordentliche Aufwendungen						
25	**=**	**Außerordentliches Ergebnis** *(Zusammenfassung Zeile 23 und Zeile 24)*			**0**			
26		**Jahresergebnis** *(Zusammenfassung Zeile 22 und Zeile 25)*			**1.000**			

Abbildung 17: Saldenbildung im Ergebnisplan

- Die ordentlichen Erträge werden in Höhe von 1.601.000 Euro geplant (Zeile 10).
- Die ordentlichen Aufwendungen werden in Höhe von 1.580.000 Euro geplant (Zeile 17).

- Folglich wird mit einem positiven Ergebnis aus laufender Verwaltungstätigkeit in Höhe von 21.000 Euro gerechnet (Zeile 18).
- Hinzu kommt noch das geplante Finanzergebnis. Es wird ein negativer Betrag in Höhe von 20.000 Euro geplant (Zeile 21.000).
- Damit beträgt das ordentliche Ergebnis nur 1.000 Euro (Zeile 22).
- Da das außerordentliche Ergebnis in Höhe von 0 Euro geplant wird (Zeile 25), wird allerdings der neue Haushaltsausgleich erreicht.
- Das geplante Jahresergebnis ist positiv und beträgt 1.000 Euro (Zeile 26). Es wird somit mit einem Jahresüberschuss gerechnet.

8.4   Produktbereiche, Produktgruppen und Produkte

Wir haben bereits darauf hingewiesen, dass neben den beiden Plänen, die für die Gemeinde als Ganzes aufzustellen sind, Planungen zu erfolgen haben, die lediglich Teile der kommunalen Aufgabenerfüllung betreffen. Für die Bildung der Teilpläne gilt beispielsweise in Nordrhein-Westfalen folgende Vorgabe (vgl. *§ 4 der Gemeindehaushaltsverordnung des Landes Nordrhein-Westfalen)*:

> „Die Teilpläne sind produktorientiert. Sie bestehen aus einem Teilergebnisplan und einem Teilfinanzplan. Sie werden nach Produktbereichen oder nach Verantwortungsbereichen (Budgets) unter Beachtung des vom Innenministerium bekannt gegebenen Produktrahmens aufgestellt."

Nach dem vom Innenministerium bekannt gegebenen **Produktrahmen** (*vgl. hierzu die im Vorschriftenverzeichnis aufgeführte Vorschriftensammlung von Heinz Dresbach*) sind *17 Produktbereiche* zu unterscheiden, für die jeweils Teilpläne zu erstellen sind, wobei die Reihenfolge ebenfalls verbindlich ist:

01 Innere Verwaltung
02 Sicherheit und Ordnung
03 Schulträgeraufgaben
04 Kultur und Wissenschaft
05 Soziale Leistungen
06 Kinder-, Jugend- und Familienhilfe
07 Gesundheitsdienste
08 Sportförderung
09 Räumliche Planung und Entwicklung, Geoinformationen
10 Bauen und Wohnen
11 Ver- und Entsorgung
12 Verkehrsflächen und –anlagen, ÖPNV
13 Natur- und Landschaftspflege
14 Umweltschutz
15 Wirtschaft und Tourismus
16 Allgemeine Finanzwirtschaft
17 Stiftungen

Innerhalb der Grenzen dieser Produktbereiche können weitere Teilpläne aufgestellt werden. In welchem Umfang dies geschieht, ist den einzelnen Gemeinden überlassen. Im Gesetz fehlt eine klare Definition des Begriffs „*Produktbereich*". Durch die ergänzenden Hinweise des Innenministeriums wird aber zumindest angedeutet, was man unter einem Produktbereich zu verstehen hat und wie die einzelnen Produktbereiche abzugrenzen sind.

Für den *Produktbereich „01 Innere Verwaltung"* findet sich beispielsweise folgende *Inhaltsbestimmung*:

> Rat, Ausschüsse, Bezirksvertretungen, Bezirksausschüsse
> Kreistag, Kreisausschuss, Ausschüsse
> Bürgermeister/in, Bezirksvorsteher/in, Ortsvorsteher/in, Beigeordnete
> Landrat/Landrätin
> Ausländerbeirat
> Fraktionen, Zuwendungen gem. §56 Abs. 3 der Gemeindeordnung (GO)
> Allgemeine Verwaltungsangelegenheiten
> Rats- und Verwaltungsbeauftragte
> Controlling, Finanzbuchhaltung, Kämmerei
> Einrichtungen für die gesamte Verwaltung
> Einrichtungen für Verwaltungsangehörige
> Örtliche Rechnungsprüfung
> Angelegenheiten der unteren staatlichen Verwaltungsbehörde

Etwas genauere Hinweise kann man dem Regierungsentwurf entnehmen, der dem NKF – Gesetz zugrunde liegt. Demnach werden die **Produktbereiche** in **Produktgruppen** und diese ihrerseits in **Produkte** untergliedert.

Verbindlich ist diese Untergliederung der Produktbereiche allerdings nicht. Nach dem oben erwähnten Regierungsentwurf ergibt sich beispielsweise für den *Produktbereich „01 Innere Verwaltung"* eine Untergliederung in folgende *Produktgruppen:*

> 01 Politische Gremien
> 02 Verwaltungsführung
> 03 Gleichstellung von Mann und Frau
> 04 Beschäftigtenvertretung
> 05 Rechnungsprüfung
> 06 Zentrale Dienste
> 07 Presse und Öffentlichkeitsarbeit
> 08 Personalmanagement
> 09 Finanzmanagement und Rechnungswesen
> 10 Organisationsangelegenheiten und technikunterstützte Informationsverarbeitung
> 11 Recht
> 12 Infrastrukturelles Immobilienmanagement
> 13 Grundstücks- und Gebäudemanagement
> 14 Technisches Immobilienmanagement
> 15 Städtepartnerschaft

16 Kommunalaufsicht

17 Kreispolizeibehörde

Was man im NKF unter einem *Produkt* zu verstehen hat, geht beispielsweise aus der folgenden Auflistung hervor, die ebenfalls dem Regierungsentwurf entstammt. Demnach umfasst die *Produktgruppe 06 Zentrale Dienste* im Produktbereich 01 Innere Verwaltung die folgenden *Produkte:*

01 Druckerei

02 Postdienst

03 Call-Center

04 Fuhrpark

05 Bauhof

06 Werkstätten

07 Sonstige zentrale Dienste

Es wird deutlich, dass der Begriff „Produkt" im NKF eine andere Bedeutung hat als in der Betriebswirtschaftslehre.

Während man in der *Betriebswirtschaftslehre* unter einem *Produkt das Ergebnis eines Produktionsprozesses* versteht, also das einzelne Sachgut oder die einzelne Dienstleistung, werden im NKF beispielsweise die Druckerei, der Postdienst und der Bauhof als Produkt bezeichnet. Der *Produktbegriff des NKF bezieht sich damit zumindest teilweise auf Organisationseinheiten bzw. auf Aufgabenkomplexe.*

Wir halten noch einmal fest: Verbindlich vorgeschrieben ist neben der Erstellung des Ergebnisplanes und des Finanzplanes, die beide die Gemeinde als Ganzes betreffen, die Erstellung von Teilplänen für 17 Produktbereiche, wobei jeweils ein Teilergebnisplan und ein Teilfinanzplan erforderlich sind. Innerhalb der Produktbereiche können weitere Teilpläne aufgestellt werden. In welchem Umfang dies geschieht, ist den einzelnen Gemeinden in der Regel freigestellt.

8.5   Die Teilfinanzpläne

Der einzelne *Teilfinanzplan* wird in *zwei Ausprägungsformen* erstellt, und zwar in der *Variante A*, die als *Zahlungsübersicht* bezeichnet wird, und in der *Variante B*, bei der es um die *Planung einzelner Investitionsmaßnahmen* geht.

Wir betrachten zunächst die **Variante A des Teilfinanzplanes**, die **Zahlungsübersicht.**

Wie aus *Abbildung 18* hervorgeht, stimmt der Teilfinanzplan bezüglich der zeitlichen Gliederung weitgehend mit dem Finanzplan überein (vgl. auch *Abbildung 14*). Allerdings werden
in *Spalte 4 die Verpflichtungsermächtigungen* in die Betrachtung aufgenommen. Dadurch
verschieben sich die folgenden Spalten, so dass im Teilfinanzplan beispielsweise die Planung
für das Haushaltsjahr +1 erst in Spalte 5 erscheint.

Was die inhaltliche Gliederung betrifft, so endet der Teilfinanzplan beim Saldo aus Investitionstätigkeit. Da die Gemeinde als Ganzes für die Finanzierung zuständig ist, kann dem einzelnen Produktbereich keine anteilige Finanzierungstätigkeit zugeordnet werden. Der einzelne Produktbereich kann beispielsweise kein Darlehen aufnehmen und tilgen. Insofern ist es
konsequent, dass die Planung für den Produktbereich mit der Planung des Saldos für Investitionstätigkeit endet. Auch im Hinblick auf die Planung der Zahlungen aus laufender Verwaltungstätigkeit weichen Finanzplan und Teilfinanzplan voneinander ab.

Wie der *Abbildung 18* zu entnehmen ist, können diese Zahlungen im Teilfinanzplan berücksichtigt werden. Sie müssen es aber nicht. Wird auf ihre Erfassung verzichtet, dann ändert
sich die Nummerierung der Zahlungsarten im Vergleich zum Finanzplan (vgl. *Abbildung 18*
und Abbildung 14).

Während bei der Variante A des Teilfinanzplanes der grundsätzliche Aufbau des Finanzplanes zumindest bezüglich der Investitionstätigkeit bestehen bleibt, wird bei der **Variante B**
des Teilfinanzplanes eine andere Systematik verwendet (vgl. *Abbildung 19*). Hier geht es
um die **Planung einzelner Investitionsmaßnahmen.**

Infolgedessen werden in der Frontspalte die einzelnen Investitionsmaßnahmen nacheinander
mit ihren Zahlungen aufgeführt, wobei man diese detaillierte Abbildung allerdings auf Maßnahmen ab einer bestimmten Wertgrenze beschränken und die restlichen Investitionen des
betreffenden Produktbereichs gebündelt darstellen kann.

Wie man der *Abbildung 19* weiterhin entnehmen kann, werden auch in der Kopfzeile Änderungen vorgenommen. Ergänzt werden die Spalte 8, in der die bisher bereitgestellten Mittel
zu erfassen sind, und die Spalte 9, die Auskunft über die Gesamteinzahlungen bzw. Gesamt-
auszahlungen gibt.

Teilfinanzplan A Ein- und Auszahlungsarten	Er-geb-nis des Vor-vor-jahres	An-satz des Vor-jahres	An-satz des Haus-halts-jahres	Ver-pflich-tungs-er-mäch-tigun-gen	Pla-nung Haus-halts-jahr + 1	Pla-nung Haus-halts-jahr + 2	Pla-nung Haus-halts-jahr + 3
	Euro	Euro	Euro	Euro	Euro	Euro	Euro
	1	2	3	4	5	6	7
Laufende Verwaltungstätigkeit *(Einzahlungen und Auszahlungen nach Arten können wie im Finanzplan abgebildet werden)*							
Investitionstätigkeit							
Einzahlungen							
1 aus Zuwendungen für Investitionsmaßnahmen							
2 aus der Veräußerung von Sachanlagen							
3 aus der Veräußerung von Finanzanlagen							
4 aus Beiträgen und ähnlichen Entgelten							
5 aus sonstigen Investitionseinzahlungen							
6 **Summe der investiven Einzahlungen**							
Auszahlungen							
7 für den Erwerb von Grundstücken und Gebäuden							
8 für Baumaßnahmen							
9 für den Erwerb von beweglichem Anlagevermögen							
10 für den Erwerb von Finanzanlagen							
11 von aktivierbaren Zuwendungen							
12 sonstige Investitionsauszahlungen							
13 **Summe der investiven Auszahlungen**							
14 **Saldo der Investitionstätigkeit (Einzahlungen – Auszahlungen)**							

Abbildung 18: Teilfinanzplan (A. Zahlungsübersicht)

Teilfinanzplan B Investitionsmaßnahmen	Er-geb-nis des Vor-vor-jah-res	An-satz des Vor-jahres	An-satz des Haus-halts-jahres	Ver-pflich-tungs-er-mäch-tigun-gen	Pla-nung Haus-halts-jahr + 1	Pla-nung Haus-halts-jahr + 2	Pla-nung Haus-halts-jahr + 3	Bis-her be-reit-ge-stellt (ein-schl. Sp. 2)	Ge-samt-einzah-lungen/-aus-zah-lungen
	Euro	Euro	Euro	Euro	Euro	Euro	Euro	Euro	Euro
	1	2	3	4	5	6	7	8	9
Investitionsmaßnahmen oberhalb der festgesetzten Wertgrenzen									
Maßnahme:…..									
+ Einzahlungen aus Investitionszuwen-dungen - Auszahlungen für den Erwerb von Grund-stücken und Gebäuden - Auszahlungen für Bau-maßnahmen									
Saldo: **(Einzahlungen –** **Auszahlungen)**									
Weitere Maßnahmen: (Gliederung wie oben)									
Investitionsmaßnahmen unterhalb der festgesetzten Wertgrenzen									
Summe der investiven Ein-zahlungen									
Summe der investiven Aus-zahlungen									
Saldo: **(Einzahlungen –** **Auszahlungen)**									

Abbildung 19: Teilfinanzplan (B. Planung einzelner Investitionsmaßnahmen)

8.6   Die Teilergebnispläne

Abbildung 20 beinhaltet das Muster für einen **Teilergebnisplan**, welches wir in Anlehnung an die nordrhein-westfälischen Vorgaben erstellt haben.

Wie der Vergleich mit *Abbildung* 15 deutlich macht, weicht der Teilergebnisplan „nur" in einem Punkt vom Ergebnisplan ab. *Es handelt sich dabei um die Berücksichtigung der internen Leistungsbeziehungen.* Ansonsten stimmt der Aufbau des Teilergebnisplanes mit dem des Ergebnisplanes überein. Das gilt sowohl bezüglich der zeitlichen Gliederung, also bezüglich der Kopfzeile, als auch in inhaltlicher Hinsicht. Die Positionen 1 -26 stimmen überein. In Zeile 26 des Teilergebnisplanes findet sich der Ergebnisbeitrag, also der Gewinn- bzw. Verlustbeitrag, des Produktbereichs bzw. des gebildeten Teilbereichs. Die Summe der Teilergebnisse der Produktbereiche ergibt das Jahresergebnis, das im Ergebnisplan ebenfalls in Zeile 26 ausgewiesen wird (vgl. auch *Abbildung 15*).

Die Daten in den grau unterlegten Zeilen 27 bzw. 28 des Teilergebnisplanes (vgl. *Abbildung 20*) sollen dazu beitragen, dass die Güterentstehung bzw. der Güterverbrauch in den betreffenden Produktbereichen vollständig abgebildet wird. Werden Dienstleistungen von anderen Produktbereichen in Anspruch genommen, sind entsprechende **(interne) Aufwendungen** zu berücksichtigen. Das Ergebnis des Produktbereichs wird dadurch schlechter. Werden für andere Produktbereiche Dienstleistungen erbracht, entstehen **(interne) Erträge**. Das Ergebnis wird dadurch verbessert.

Der in Zeile 29 des Teilergebnisplanes ausgewiesene Betrag, d.h. *das Teilergebnis nach Berücksichtigung der internen Aufwendungen und Erträge,* bringt daher besser zum Ausdruck, welchen Anteil der Produktbereich oder der betreffende Organisationsbereich am Jahresergebnis hat. Damit wird dann auch besser deutlich, ob der betreffende Teilhaushalt das Gesamtergebnis, d.h. den neuen Haushaltsausgleich, positiv oder negativ beeinflusst hat, was wiederum auch im Hinblick auf das Ziel „intergenerative Gerechtigkeit" zu beachten ist.

Die Bedeutung der internen Aufwendungen und Erträge lässt sich am **Beispiel** der örtlichen Rechungsprüfung bzw. des Rechnungsprüfungsamtes einer Gemeinde verdeutlichen.

Ein solches Rechungsprüfungsamt erbringt seine Dienstleistungen, d.h. die Prüfungsarbeiten, im Innenverhältnis also für andere Verwaltungsbereiche. Insofern hat dieser Bereich Aufwendungen, aber keine Erträge. Würde man für ein solches Rechungsprüfungsamt einen Teilergebnisplan ohne die Berücksichtigung interner Erträge erstellen, würde diese Einrichtung mit einem erheblichen Fehlbetrag abschließen und möglicherweise als überflüssig erscheinen. Durch die Berücksichtigung interner Erträge, die dadurch entstehen, dass das Rechnungsprüfungsamt seine Prüfungstätigkeiten für die anderen Verwaltungseinheiten abrechnet, würde das Bild zurechtgerückt.

TEILERGEBNISPLAN Ertrags- und Aufwandsarten			Er-geb-nis des Vor-vor-jahres	An-satz des Vor-jahres	An-satz des Haus-halts-jahres	Pla-nung Haus-halts-jahr + 1	Pla-nung Haus-halts-jahr + 2	Pla-nung Haus-halts-jahr + 3
			Euro	Euro	Euro	Euro	Euro	Euro
			1	2	3	4	5	6
1		Steuern und ähnliche Abgaben						
2	+	Zuwendungen und allgemeine Umlagen						
3	+	Sonstige Transfererträge						
4	+	Öffentlich-rechtliche Leistungsentgelte						
5	+	Privatrechtliche Leistungsentgelte						
6	+	Kostenerstattungen, Kostenumlagen						
7	+	Sonstige ordentliche Erträge						
8	+	Aktivierte Eigenleistungen						
9	+/-	Bestandsveränderungen						
10	**=**	**Ordentliche Erträge**						
11	-	Personalaufwendungen						
12	-	Versorgungsaufwendungen						
13	-	Aufwendungen für Sach- und Dienstleistungen						
14	-	Bilanzielle Abschreibungen						
15	-	Transferaufwendungen						
16	-	Sonstige ordentliche Aufwendungen						
17	**=**	**Ordentliche Aufwendungen**						
18		**Ergebnis der laufenden Verwaltungstätigkeit** (Zeile 10 und Zeile 17)						
19	+	Finanzerträge						
20	-	Zinsen und ähnliche Aufwendungen						
21	**=**	**Finanzergebnis** (Zeile 19 und Zeile 20)						
22		**Ordentliches Ergebnis** (Zeile 18 und Zeile 21)						
23	+	Außerordentliche Erträge						
24	-	Außerordentliche Aufwendungen						
25	**=**	**Außerordentliches Ergebnis** (Zeile 23 u. Zeile 24)						
26		**Jahresergebnis** (Zeile 22 und Zeile 25)						
27	+	Erträge aus internen Leistungsbeziehungen						
28	-	Aufwendungen aus internen Leistungsbeziehungen						
29	=	Ergebnis (Zeile 26, Zeile 27 und Zeile 28)						

Abbildung 20: Der Teilergebnisplan

Die Berücksichtigung interner Aufwendungen und interner Erträge muss selbstverständlich mit Augenmaß erfolgen und darf nicht zu bürokratischem Ballast führen, wie dies in der Vergangenheit bei der kameralistischen Erfassung interner Leistungsbeziehung in einzelnen Gemeinden der Fall war. Insofern sind sowohl die Kalkulation der Verrechnungssätze als auch der Verrechnungsvorgang selbst möglichst einfach zu halten. Das gilt besonders in der Umstellungsphase auf das neue Haushalts- und Rechnungswesen. Verfeinerungen können in den Folgejahren immer noch vorgenommen werden.

Wenn wir das oben genannte **Beispiel** noch einmal aufgreifen, so ist zunächst folgende Vorgehensweise zweckmäßig:

Die Kalkulation der Prüfungstätigkeiten könnte man zunächst derart vornehmen, dass man den gesamten Aufwand des Rechnungsprüfungsamtes durch die gesamten Arbeitsstunden, die in dieser Organisationseinheit in einem Haushaltsjahr geleistet werden, teilt und somit die Kosten einer Prüfungsstunde ermittelt. Den Preis einer Prüfungsstunde multipliziert man dann mit der Anzahl der Prüfungsstunden, die für einen Verwaltungsbereich entstanden sind. Am Jahresende oder aber eventuell auch vierteljährlich erfolgt eine Abrechnung und die Berücksichtigung der internen Erträge beim Rechnungsprüfungsamt sowie der betreffenden internen Aufwendungen beim geprüften Bereich.

Dass die internen Leistungsbeziehungen nur in den Teilergebnisplänen und nicht im Ergebnisplan zu Buche schlagen, ist darauf zurückzuführen, dass interne Erträge eines Produktbereichs automatisch zu internen Aufwendungen anderer Produktbereiche führen und sich somit interne Erträge und interne Aufwendung aufheben.

8.7   Die Ergänzung der „doppischen" Planung

Finanzplan, Ergebnisplan, Teilfinanzpläne und Teilergebnispläne sind die Bestandteile des *„doppischen" Haushaltsplans* . Wobei wir den Begriff „doppisch" wegen des Fehlens einer Planbilanz, wie bereits erwähnt, für nicht ganz zutreffend halten. Besser ist es in diesem Zusammenhang vom pagatorischen, d. h. vom zahlungsorientierten Plan zu sprechen. Es geht dabei um die Steuerung der Kommunalverwaltung in Richtung auf den „neuen" Haushaltsausgleich, den Reinvermögenserhalt bzw. ein Gewinnziel, *und* in Richtung auf die Sicherung der Zahlungsfähigkeit. Insofern ist das *NKF zunächst einmal* als ein *formalzielorientiertes Rechenwerk* einzuordnen.

Über eine inhaltliche Zielsetzung, die auch als *Sachziel* bezeichnet wird[14], vermag es nicht zu informieren. Im Bereich der Kommunalverwaltung weist das Sachziel einige Besonderheiten auf. Vereinfachend kann man aber die stetige Erfüllung bestimmter öffentlicher Aufgaben als das Sachziel einer Gemeinde bezeichnen.[15] Traditionell fehlt es in den öffentlichen Verwaltungen an klaren Sachzielen und Kennziffern, die das jeweilige Ausmaß der Zielerreichung zum Ausdruck bringen. Mit dem *Neuen Steuerungsmodell* wurde bzw. wird versucht, diesem Mangel zu begegnen, wobei man allerdings die Umsetzungsprobleme in der verwaltungsbetrieblichen Praxis offensichtlich unterschätzt hat.[16]

---

[14]   Vgl. Rau, Thomas: Betriebswirtschaftslehre für Städte und Gemeinden, 2. Auflage, München 2007, 112.

[15]   Vgl. Schuster, Falko und Siemens, Joachim: Die Organisation des kommunalen Verwaltungsbetriebs, Berlin/Heidelberg/New York/London/Paris/Tokyo 1986, hier S. 4.

[16]   Vgl. Vogel, Roland: Ein sachzielbezogener Wirtschaftsplan für Kommunalverwaltungen, Baden-Baden 2003, S. 108.

Will man diese vom Neuen Steuerungsmodell angestrebte *Sachzielorientierung* für eine Kommunalverwaltung im NKF beibehalten, *dann bedarf die für das NKF typische formal-zielorientierte Planung der Ergänzung.*

Dies wird in den neuen haushaltsrechtlichen Vorschriften der einzelnen Bundesländer auch in der Regel berücksichtigt. Eine Auswahl der betreffenden Vorschriften wird nachfolgend wiedergegeben:

- So gilt nach *§ 4 der Gemeindehaushaltsverordnung für das Land Nordrhein-Westfalen* beispielsweise Folgendes: „... Werden Teilpläne nach Produktbereichen aufgestellt, sollen dazu die Ziele und soweit möglich die Kennzahlen zur Messung der Zielerreichung ... beschrieben werden ... Werden Teilpläne nach Produktgruppen oder nach Produkten aufgestellt, sollen dazu die Ziele und Kennzahlen zur Messung der Zielerreichung beschrieben werden ...".
- In *§ 4 (6) der Gemeindehaushalts- und -kassenverordnung des Landes Niedersachsen* findet sich eine ähnliche Vorgabe: „In jedem Teilhaushalt werden die wesentlichen Produkte mit den dazugehörenden Leistungen und die zu erreichenden Ziele mit den dazu geplanten Maßnahmen beschrieben sowie Kennzahlen zur Zielerreichung bestimmt."
- *§ 4 (2) der Sächsischen Kommunalhaushaltsverordnung – Doppik* beinhaltet eine vergleichbare Regelung: „In den Teilhaushalten sind die Produktgruppen darzustellen; zusätzlich sollen die Schlüsselprodukte, die Leistungsziele und die Kennzahlen zur Messung der Zielerreichung dargestellt werden".

Die Formulierung von Sachzielen und entsprechenden Kennziffern in den einzelnen Teilhaushalten ist besonders deshalb erforderlich, um Organisationseinheiten, die im Bereich des Marktversagens tätig sind, angemessener beurteilen bzw. bewerten zu können. Zahlreiche kommunale Teilhaushalte werden auch nach Berücksichtigung interner Erträge negative Teilergebnisse ausweisen, weil sie Dienstleistungen ohne Gegenleistung oder zu Preisen, die aus politischen Gründen niedrig gehalten werden, abgeben müssen. In diesen Fällen ist es notwendig, dem negativen (pagatorischen) Teilergebnis Informationen gegenüberzustellen, denen sich entnehmen lässt, welche Produkte in welchen Mengen und in welchen Qualitäten entstanden sind. Man kann hier von einer *kalkulatorischen Ergänzung des pagatorischen Rechnungswesens* sprechen. Nur so lässt sich zumindest ansatzweise beurteilen, ob der betreffende Bereich intergenerativ gerecht gearbeitet hat.

In den *Verwaltungsvorschriften des Landes Nordrhein-Westfalen zur Gemeindehaushaltsverordnung* findet sich ein Muster, das zeigt, wie der Teilplan für einen Produktbereich gestaltet werden kann.

In *Abbildung 21* wird dieser (unverbindliche) Vorschlag in Grundzügen wiedergegeben.

Haushaltsplan...	Fachliche Zuständigkeit: Frau/Herr

Produktbereich...

Inhalt des Produktbereichs
Beschreibung und Zielsetzung:
Zielgruppe(n):
Besonderheiten im Haushaltsjahr:

Produktbereichsübersicht
Produktgruppen mit
den wesentlichen beschriebenen Produkten
den einzelnen Zielen
den Kennzahlen zur Zielerreichung
(gleiche Zeitreihe wie Teilergebnis- und Teilfinanzplan)

Personaleinsatz
Auszug aus der Stellenübersicht

Teilergebnisplan

Teilfinanzplan

Bewirtschaftungsregeln

Erläuterungen zu den Haushaltspositionen

Sonstige Daten über örtliche Verhältnisse

Abbildung 21: Hauptinhalte eines Teilplanes für einen Produktbereich

Neben dem Teilfinanzplan und dem Teilergebnisplan werden in einem solchen Teilplan Informationen über den Produktbereich, Ziele und Kennziffern zur Messung der Zielerreichung berücksichtigt. Ergänzend können weiterhin Angaben über den Personaleinsatz, Bewirtschaftungsregeln, Erläuterungen zu den Haushaltspositionen und sonstige Daten über die örtlichen Verhältnisse in den Teilplan einfließen.

Welchen konkreten Inhalt ein solcher Teilplan haben könnte, macht *Abbildung 22* deutlich.[17]

Haushaltsplan 2007	Fachliche Zuständigkeit: Beigeordnete Frau X / Beigeordneter Herr X

Produktbereich Sport und Bäder

Inhalt des Produktbereichs

Der Produktbereich beinhaltet die direkte Sportförderung (vor allem Vereins-zuschüsse) ebenso wie die indirekte (Bau und Unterhaltung von Sportstätten und Anlagen). Größtes Investitionsprojekt des Haushaltsjahres ist der Neubau der Halle X, für den das Land einen Zuschuss in Höhe von 300.000 Euro be-willigt hat. Damit wird das Ziel des Sportentwicklungsplanes aus dem Jahre 2000 erreicht, auch im Stadtteil X eine Halle anzubieten

Ziele und Zielvereinbarungen

Die Quote der durch Nutzungsüberlassungsvertrag den Vereinen zur Bewirt-schaftung übergebenen Sporthallen und Sportplätze soll von jetzt 50% auf 75% bis 2008 gesteigert werden. Dadurch soll das Jahresergebnis des Pro-duktbereichs Sport mittelfristig konstant gehalten werden. Die durch die Ver-einsbewirtschaftung sinkenden Aufwendungen bei den Sach- und Dienstleis-tungen und beim Personal können der direkten Vereinsförderung zufließen. Die Aufwendungen für den laufenden Betrieb der Halle Y sollen im Budget des Produktbereichs erwirtschaftet werden. Die Ursachen der schwankenden Auslastung der Sporthallen sollen ermittelt werden und ein Auslastungsgrad von 58% soll dauerhaft erreicht werden.

Abbildung 22 (Teil 1): Mögliche Inhalte eines Teilplanes für den Produktbereich „Sport und Bäder"(Ausschnitt)

Es liegt auf der Hand, dass die Zuordnung aussagekräftiger Kennziffern, um so eher möglich ist, je enger der Teilplan gefasst wird. Deshalb wird in der oben genannten nordrhein-westfälischen Vorschrift auch einschränkend darauf hingewiesen, dass im Teilplan für einen Produktbereich Kennziffern nur genannt werden sollen, soweit dies möglich ist.

Demgegenüber erfolgt für die „engeren" Teilpläne, die Produktgruppen oder Produkte betreffen, keine Einschränkung.

---

[17]   Vgl. Modellprojekt „Doppischer Kommunalhaushalt in NRW" (Hrsg.): Neues kommunales Finanzmanagement – Betriebswirtschaftliche Grundlagen für das doppische Haushaltsrecht, 2. Auflage Freiburg/Berlin/München/ Zürich 2003, hier S. 36.

Produktbereichsübersicht
Produktbereich „Sport und Bäder"

Produktgruppen

01 Bereitstellung und Betrieb von Sportanlagen

> **Produkte**
> **0101 Turn- und Sporthalle**
> **0102 Stadien**

02 Sportförderung
> **Produkte**
> **0201 Konzeptionelle Entwicklung**
> **0202 Schulsport**
> **0203 Vereine und Verbände**

03 Bereitstellung und Betrieb von Bädern
> **Produkte**
> **0301 Freibäder**
> **0302 Hallenbäder**

Leistungsmengen und Kennzahlen	2004	2005	2006	2007	2008	2009
Fläche Sportplätze (qm)						
Fläche Sporthallen(qm)						
Auslastungsgrad Sporthallen						
Anzahl Hallenbäder						
Kostendeckungsgrad Hallenbäder						
Besucherzahl Hallenbäder						
Anzahl Freibäder						
Kostendeckungsgrad Freibäder						
Besucherzahl Freibäder						

Personaleinsatz	2004	2005	2006	2007	2008	2009
Stellen gegliedert entsprechend der Stellenübersicht						

Abbildung 22 (Teil 2): Mögliche Inhalte eines Teilplanes für den Produktbereich „Sport und Bäder"(Ausschnitt)

8.8   Die Anlagen zum Haushaltsplan

Wie wir soeben erläutert haben, besteht der neue Haushaltsplan aus dem Finanzplan, dem Ergebnisplan und den Teilplänen. Hinzu kommen ein Haushaltssicherungskonzept, falls ein solches erstellt werden muss, und weitere *Anlagen*.

So sind beispielsweise nach *§ 1 der Gemeindehaushaltsverordnung des Landes Nordrhein-Westfalen* dem neuen Haushaltsplan

1. der Vorbericht,
2. der Stellenplan,
3. die Bilanz des Vorvorjahres,
4. eine Übersicht über die Verpflichtungsermächtigungen,
5. eine Übersicht über die Zuwendungen an die Fraktionen
6. eine Übersicht über den voraussichtlichen Stand der Verbindlichkeiten zu Beginn des Haushaltsjahres,
7. eine Übersicht über die Entwicklung des Eigenkapitals, wenn eine Festsetzung nach § 78 Abs. 2 der Gemeindeordnung erfolgt,
8. die Wirtschaftspläne und neuesten Jahresabschlüsse der Sondervermögen, für die Sonderrechnungen geführt werden,
9. eine Übersicht über die Wirtschaftslage und voraussichtliche Entwicklung der Unternehmen und Einrichtungen mit den neuesten Jahresabschlüssen der Unternehmen und Einrichtungen mit eigener Rechtspersönlichkeit, an denen die Gemeinde mit mehr als 50 % beteiligt ist, und
10. in den kreisfreien Städten die Übersicht mit bezirksbezogenen Haushaltsangaben beizufügen.

Es handelt sich dabei um *Anlagen*, die in ähnlicher Form bereits den traditionellen Haushaltsplan ergänzt haben. Eine besondere Bedeutung kommt dem **Vorbericht** zu, der einen Überblick über die *Eckpunkte des Haushaltsplanes* geben sowie die Entwicklung und die aktuelle *Lage der Gemeinde* anhand der im Haushaltsplan enthaltenen Daten darstellen soll. Weiterhin sind im Vorbericht die wesentlichen *Zielsetzungen der Planung für das Haushaltsjahr und die folgenden drei Jahre* sowie die Rahmenbedingungen der Planung zu erläutern (vgl. beispielsweise *§7 Gemeindehaushaltsverordnung des Landes Nordrhein-Westfalen)*.

9 Die NKF-Buchungsebene

9.1 Der Zusammenhang zwischen Bilanz, Ergebnis- und Finanzrechnung

9.1.1 Begriffliche Erläuterungen

Bei der Vermittlung des Überblicks über die Systembestandteile haben wir bereits darauf hingewiesen, dass die NKF – Buchführung auf die Erfassung von *drei Komponenten* ausgerichtet ist. Gebucht werden

a. Einzahlungen und Auszahlungen (*Komponente 1*),
b. Änderungen des Vermögens und der Schulden (*Komponente 2*) sowie
c. Aufwendungen und Erträge (*Komponente 3*).

Die *Einzahlungs-Auszahlungsrechnung* können wir auch als **Finanzrechnung** bezeichnen. Für die *Aufwands-Ertragsrechnung* wird üblicherweise die Bezeichnung *Gewinn-und-Verlust-Rechnung* oder *G-und-V-Rechnung* verwendet. Im NKF heißt sie **Ergebnisrechnung**. Zwischen diesen beiden Rechnungen findet sich die *Vermögens-Schuldenrechnung*, wobei diese Bezeichnung nicht ganz zutreffend ist, da diese Rechnung *neben den Schulden*, dem Fremdkapital, auch das *Eigenkapital* erfasst. Es handelt sich dabei um das Rechenwerk, was man üblicherweise als **Bilanz** bezeichnet.

Wie die einzelnen Rechnungen aufgebaut sind und wie sie ineinandergreifen, wird nachfolgend erläutert. Dabei haben wir den grundsätzlichen Zusammenhang bereits bei Klärung des Begriffs „Drei-Komponenten-System" kennen gelernt.

Die jeweiligen Rechnungen kann man übersichtlich mit Hilfe von **T-Konten** vornehmen. Damit ist ein Konto gemeint, dessen Aufbau an den Buchstaben „T" erinnert, wobei man die linke Seite als Soll, kurz S, und die rechte Seite als Haben, kurz H, bezeichnet. Das T- Konto, auf dem die Einzahlungs-Auszahlungsrechnung durchgeführt wird, heißt *Finanzrechnungskonto*, das T-Konto, auf dem die Vermögens-Schuldenrechnung durchgeführt bzw. letztlich abgeschlossen wird, heißt *Bilanzkonto bzw. Schlussbilanzkonto* und das T-Konto, auf dem die Aufwands-Ertragsrechnung durchgeführt wird, heißt *Ergebnisrechnungskonto*. Häufig verwendet man für diese Konten auch die kurzen Bezeichnungen „Finanzrechnung", „Bilanz" und „Ergebnisrechnung", obwohl diese Begriffe eigentlich den abschließenden Zusammenstellungen der betreffenden Größen vorbehalten sind, die nach strengen Formvorschriften vorzunehmen sind und dann auch teilweise keine Kontenform mehr aufweisen. So

werden beispielsweise die Finanzrechnung und die Ergebnisrechnung in der gleichen *Staffelform* erstellt, die auch für den Finanzplan bzw. den Ergebnisplan vorgeschrieben ist.

9.1.2   Grundaufbau der Finanzrechnung bzw. des Finanzrechnungskontos

Den Ausgangspunkt für die Erläuterung der Finanzrechnung bildet folgende bereits verwen-
dete Gleichung:

> **Zahlungsmittelanfangsbestand** zu Beginn des Haushaltsjahres
> + Betrag in Höhe aller **Einzahlungen** während des Haushaltsjahres
> – Betrag in Höhe aller **Auszahlungen** während des Haushaltsjahres
> _____
> = **Zahlungsmittelendbestand** am Ende des Haushaltsjahres.

Ausgehend von dieser Gleichung ergibt sich der folgende *Grundaufbau des Finanzrechnungskonto*:

S	Finanzrechnungskonto	H
Zahlungsmittelan- fangsbestand	Auszahlungen	
Einzahlungen	Saldo (Zahlungsmittelendbe- stand)	

Das T-Konto erlaubt es, ohne Plus- und Minuszeichen zu arbeiten. Weiterhin lässt sich der
Zahlungsmittelendbestand als Saldo, d.h. als Differenzbetrag, ermitteln.

Beispiel:

Zu Beginn eines Jahres verfügt ein Betrieb über einen Zahlungsmittelbestand in Höhe
von 1.000 Euro. Am 1.3. des Jahres überweist er an einen Lieferanten 500 Euro. Am 1.6.
des Jahres bekommt er von einem Kunden 100 Euro.

Im T-Konto ergeben sich dann folgende Eintragungen (Beträge in Euro):

S		H	
Zahlungsmittelan- fangsbestand	1.000	Auszahlungen	500
Einzahlungen	100	Saldo (= Zahlungsmittelend- bestand)	600
	1.100		1.100

Die Eintragung des Saldos, d.h. des Endbestandes (hier in Höhe von 600 Euro), bewirkt, dass das T-Konto ausgeglichen ist. Die Summe der Beträge auf jeder Seite des T-Kontos sind gleich hoch (hier: jeweils 1100 Euro).

9.1.3 Grundaufbau der Ergebnisrechnung bzw. des Ergebnisrechnungskontos

Die **Ergebnisrechnung** dient der Erfolgsermittlung. In diesem Fall werden die Aufwendungen und die Erträge erfasst und voneinander subtrahiert. Übersteigen die Erträge die Aufwendungen entsteht ein *Gewinnsaldo,* den man üblicherweise nur *Gewinn* nennt. Im NKF verwendet man dafür die Bezeichnung *Jahresüberschuss.* Übersteigen die Aufwendungen die Erträge, dann ergibt sich ein *Verlustsaldo,* den man üblicherweise nur kurz *Verlust* nennt. Im NKF verwendet man hierfür die Bezeichnung *Jahresfehlbetrag.*

Auch hier kann man die Rechnung mit Hilfe eines T-Kontos durchführen. Auf der linken Seite werden die Aufwendungen und auf der rechten die Erträge gebucht.

Übersteigen die Erträge die Aufwendungen, dann muss der Differenzbetrag (der Saldo) links eingebucht werden, damit auch die Summen auf beiden Seiten des Kontos gleich sind. Wie bereits gesagt, handelt es sich in diesem Fall um einen *Gewinnsaldo.* Folglich ist der Gewinn bzw. der Jahresüberschuss stets auf der linken Seite der Ergebnisrechnung einzubuchen.

S	Ergebnisrechnungskonto	H
Aufwendungen	Erträge	
Gewinnsaldo (kurz: Gewinn oder Jahresüberschuss)		

Übersteigen die Aufwendungen die Erträge, dann muss der Differenzbetrag (der Saldo) rechts eingebucht werden, damit die Summen auf beiden Seiten des Kontos gleich sind. In diesem Fall handelt es sich um einen *Verlustsaldo.* Folglich ist der Verlust bzw. der Jahresfehlbetrag stets auf der rechten Seite der Ergebnisrechnung einzubuchen.

S	Ergebnisrechnungskonto	H
	Erträge	
Aufwendungen	Verlustsaldo (kurz: Verlust oder Jahresfehlbetrag)	

Beispiel:

Am 1.3. eines Haushaltsjahres rechnet der Betrieb eine im gleichen Jahr erbrachte Dienstleistung gegenüber einem Kunden ab (Erträge 900 Euro). Im gleichen Haushaltsjahr hat der Betrieb einen Personalaufwand in Höhe von 800 Euro. Der Aufwand betrifft ausschließlich das betreffende Haushaltsjahr.

Im T-Konto der Ergebnisrechnung (Ergebnisrechnungskonto) ergeben sich dann folgende Eintragungen (Beträge in Euro):

S		H	
Aufwendungen	800	Erträge	900
Jahresüberschuss	100		
	900		900

Beispiel:

Am 1.3. eines Haushaltsjahres rechnet der Betrieb eine im gleichen Jahr erbrachte Dienstleistung gegenüber einem Kunden ab (Erträge 600 Euro). Im gleichen Haushaltsjahr hat der Betrieb einen Personalaufwand in Höhe von 800 Euro. Der Aufwand betrifft ausschließlich das betreffende Haushaltsjahr.

Im T-Konto der Ergebnisrechnung (Ergebnisrechnungskonto) ergeben sich dann folgende Eintragungen (Beträge in Euro):

S		H	
		Erträge	600
Aufwendungen	800		
		Jahresfehlbetrag	200
	800		800

9.1.4   Grundaufbau der Bilanz bzw. des Bilanzkontos

Für den **Grundaufbau der Bilanz bzw. des Bilanzkontos** gilt Folgendes: Auf der linken Seite wird das Vermögen erfasst und rechts werden die Schulden, die auch als Fremdkapital bezeichnet werden, berücksichtigt. Übersteigt das Vermögen die Schulden, dann ist somit rechts in der Bilanz der Saldo, der Differenzbetrag, einzutragen, um die Bilanz in „die Waage zu bringen", so dass letztlich auf beiden Seiten der Bilanz die Summe gleich hoch ist. Zu beachten ist allerdings, dass der Saldo, um den das Vermögen die Schulden übersteigt, auf der rechten Seite nicht unten, sondern oben ausgewiesen wird. Bei diesem Saldo handelt es sich um das Eigenkapital.

S	Bilanzkonto	H
	Eigenkapital	
Vermögen	Schulden (=Fremdkapital)	

Beispiel:

Ein Betrieb verfügt über ein Fahrzeug im Werte von 1.000 Euro. Einem Lieferanten schuldet er noch 400 Euro. Ansonsten ist kein Vermögen vorhanden. Auch weitere Schulden sind nicht zu berücksichtigen.

Das Bilanzkonto sieht dann – vereinfachend dargestellt – folgendermaßen aus (Beträge in Euro):

S		H	
Fahrzeuge	1.000	Eigenkapital	600
		Lieferanten-verbindlichkeiten	400
	1.000		1.000

Bei der Bilanz ist zu beachten, dass sie als Vermögens-/Schuldenrechnung angibt, was zu einem bestimmten Zeitpunkt, am Bilanzstichtag, an Beständen vorhanden ist. Man spricht daher auch von einer *Bestandsrechnung*. Finanz- und Ergebnisrechnung erfassen hingegen *Stromgrößen*, also Größen, die in einem Zeitraum, d.h. im Haushaltsjahr, anfallen. Sie werden daher auch *Stromgrößenrechnungen* genannt. Die Resultate, welche sich am Ende des Haushaltsjahres einstellen, also in der Finanzrechnung der Zahlungsmittelendbestand und in der Ergebnisrechnung beispielsweise ein Jahresüberschuss, sind allerdings *Bestandsgrößen*. Folglich müssen sie sich auch in der Bilanz am Ende des Jahres wiederfinden. Dies wird nachfolgend gezeigt.

9.1.5   Simultane Buchungen

Wir verwenden zunächst lediglich drei T-Konten und zwar ein *Finanzrechnungskonto*, das wir nur kurz *Finanzrechnung* nennen, ein *Bilanzkonto*, das wir nur kurz *Bilanz* nennen, und ein *Ergebnisrechnungskonto*, das wir nur kurz *Ergebnisrechnung* nennen.

S Finanzrechnung H	S Bilanz H	S Ergebnisrechnung H
Zahlungsmittel- anfangsbestand	Vermögen ohne	„altes" Eigenkapital	Aufwendungen
Auszahlungen	Zahlungsmittel		
		Fremdkapital	
Einzahlungen Zahlungsmittel- endbestand	Zahlungsmittel- endbestand	*Jahresüber- schuss*	*Jahresüber- schuss* Erträge

Wie bereits gesagt, bedeutet „Soll" oder kurz „S" „linke Seite des T-Kontos" und bedeutet „Haben" oder kurz „H" „rechte Seite des T- Kontos". *Ansonsten haben Soll und Haben in der doppelten Buchführung der Gegenwart keine zusätzliche Bedeutung.* Dass man statt der Bezeichnung „linke Seite" den Begriff „Soll" verwendet und spiegelbildlich für die Bezeichnung „rechte Seite" den Begriff „Haben" verwendet, hat lediglich traditionelle Gründe. Es handelt sich dabei um einen alten Sprachgebrauch des kaufmännischen Rechnungswesens.

Anhand eines einfachen Beispiels wird nachfolgend der grundsätzliche Zusammenhang dargestellt, der zwischen Finanzrechnung, Bilanz und Ergebnisrechnung besteht.

Beispiel:

Ein Betrieb verfügt zu Beginn des Haushaltsjahres über ein Fahrzeug im Werte von 1.000 Euro. Einem Lieferanten schuldet er noch 400 Euro. Ansonsten ist kein Vermögen vorhanden. Auch weitere Schulden sind nicht zu berücksichtigen. Folglich beträgt das Eigenkapital zu Beginn des Jahres, das wir als „altes" Eigenkapital bezeichnen, 600 Euro.

Damit sehen unsere drei Konten zu Beginn des Jahres folgendermaßen aus (Beträge in Euro):

S Finanzrechnung H	S Bilanz H	S Ergebnisrechnung H
	Fahr- zeuge 1.000	„altes" Eigen- kapital 600 Fremd- kapital 400	
	1.000	*1.000*	

Im Verlauf des Haushaltsjahres erbringen wir eine Dienstleistung im Werte von 500 Euro. Der Kunde zahlt sofort 300 Euro. Die restlichen 200 Euro wird der Kunde vereinbarungsgemäß zu Beginn des nächsten Haushaltsjahres zahlen.

Wir buchen somit zunächst den Ertrag im Haben der Ergebnisrechnung in Höhe von 500 Euro. Gleichzeitig haben wir eine Einzahlung in Höhe von 300 Euro zu buchen, und zwar im Soll der Finanzrechnung und schließlich ist auch der Forderungszugang, d.h. die

Zunahme des Nicht-Zahlungsmittelvermögens, in Höhe von 200 Euro in der Bilanz zu berücksichtigen.

Damit sieht unser Drei-Komponenten-System folgendermaßen aus (Beträge in Euro):

S Finanzrechnung H	S Bilanz H	S Ergebnisrechnung H
300	Fahr-zeuge 1.000 / „altes" Eigen-kapital 600	500
	Forde-rungen 200 / Fremd-kapital 400	

Am Jahresende schließen wir zunächst die Finanzrechnung ab. Der Zahlungsmittelanfangsbestand hat eine Höhe von 0 Euro. Die Einzahlungen betragen 300 Euro. Auszahlungen sind nicht zu verzeichnen. Also können wir den Zahlungsmittelendbestand, den wir auch als liquide Mittel (LM) bezeichnen können, in Höhe von 300 Euro im Haben der Finanzrechnung einbuchen. Dies ist gleichzeitig unser Zahlungsmittelvermögen und somit ist dieser Betrag auch in der Bilanz im Soll zu buchen.

Wir schließen nunmehr die Ergebnisrechnung ab. Der Ertrag beträgt 500 Euro. Aufwand sei nicht zu berücksichtigen. Folglich ist ein Jahresüberschuss (kurz: JÜ) in Höhe von 500 Euro entstanden. Dieser wird im Soll der Ergebnisrechnung ausgewiesen. Gleichzeitig handelt es sich um einen Eigenkapitalzuwachs der im Haben der Bilanz zu berücksichtigen ist (Beträge in Euro):

S Finanzrechnung H	S Bilanz H	S Ergebnisrechnung H
300	Fahr-zeuge 1.000 / „altes" Eigen-kapital 600	500
	Forde-rungen 200 / Fremd-kapital 400	
LM 300	LM 300 / JÜ 500	JÜ 500
300 | 300	1.500 | 1.500	500 | 500

Die einzelnen Konten sind ausgeglichen. Bei der Finanzrechnung haben wir im Soll und im Haben jeweils einen Betrag von 300 Euro. Im Soll und Haben der Bilanz haben wir jeweils eine Summe von 1.500 Euro und die Ergebnisrechnung weist im Soll und im Haben jeweils eine Summe von 500 Euro aus.

9.2 Die Vorkonten im Drei-Komponenten-System

Es liegt auf der Hand, dass in der betrieblichen Praxis drei Konten nicht ausreichen, um die zahlreichen Geschäftsvorfälle übersichtlich abzubilden. Insofern sind zu allen drei Rechnungen entsprechende Vorkonten zu berücksichtigen.

9.2.1   Die Vorkonten zur Bilanz

Wir betrachten zunächst die Vorkonten zur Bilanz. Bei den **Vorkonten zur Bilanz** handelt es sich um die *Bestandskonten*, die sich in *Aktivkonten und Passivkonten* unterteilen, *die man vereinfachend auch als Vermögenskonten und Schuldenkonten bezeichnen kann.* Die Aktivkonten nehmen die Vermögensbestände und ihre Veränderungen auf.

Ein **Aktivkonto** weist folgenden Grundaufbau auf:

S	Aktivkonto	H
Anfangsbestand	Abgang	
Zugang	Saldo (=Endbestand)	

Bei einem Aktivkonto wird also zunächst der Anfangsbestand im Soll erfasst, da ein Vermögensgegenstand in der Bilanz auch im Soll steht. Ein Zugang wird dort erfasst, wo der Anfangsbestand steht. Ein Abgang wird auf der anderen Seite des T-Kontos berücksichtigt. Durch diese Vorgehensweise wird der Einsatz von Plus- und Minuszeichen vermieden. Da ein T-Konto stets ausgeglichen sein muss, ist am Jahresende der fehlende Betrag, der Saldo, zu ermitteln und einzubuchen. Materiell handelt es sich bei dem Saldo um den Endbestand.

Beispiel:

Ein Betrieb verfügt zu Beginn des Haushaltsjahres über ein Fahrzeug im Werte von 1.000 Euro. Im Verlauf des Jahres kauft er zunächst ein weiteres Fahrzeug im Werte von 2.000 Euro und später noch einmal ein Fahrzeug im Werte von 900 Euro. Etwas später erleidet das alte Fahrzeug mit einem Buchwert von 1.000 Euro einen Totalschaden.

Die Kontenbewegungen auf dem Aktivkonto „Fahrzeuge" sehen dann folgendermaßen aus (Beträge in Euro):

S		Aktivkonto	H
Anfangs-Bestand	1.000	Abgang	1.000
1. Zugang	2.000	**Saldo**	
2. Zugang	900	**(=Endbestand)**	**2.900**
	3.900		*3.900*

Zunächst wird im Soll der Anfangsbestand in Höhe von 1.000 Euro gebucht. Dann werden ebenfalls im Soll die beiden Zugänge in Höhe von 2.000 Euro bzw. 900 Euro erfasst. Der mit dem Totalschaden verbundene Abgang in Höhe von 1.000 Euro wird im Haben berücksichtigt. Am Jahresende wird der fehlende Betrag in Höhe von 2.900 Euro ermittelt. Es handelt sich dabei um einen Betrag, der auf der Habenseite eingebucht werden muss, um das Konto in die Waage zu bringen, d.h. auszugleichen. Man spricht in diesem Zusammenhang auch von einem Habensaldo. Materiell handelt es sich um den Fahrzeugbestand am Jahresende (Am Jahresende verfügen wir über zwei Fahrzeuge im Gesamtwert von 2.900 Euro). Abschreibungen auf diese beiden Fahrzeuge haben wir aus Gründen der Vereinfachung noch nicht berücksichtigt.

Die *Passivkonten* nehmen die Kapitalbestände, also die Schuldenbestände sowie die Eigenkapitalbestände und ihre Veränderungen auf.

Ein **Passivkonto** weist folgenden Grundaufbau auf:

S	Passivkonto	H
Abgang	Anfangsbestand	
Saldo (=Endbestand)	Zugang	

Bei einem Passivkonto wird also zunächst der Anfangsbestand im Haben erfasst, da eine Kapitalposition in der Bilanz auch im Haben steht. Ein Zugang wird dort erfasst, wo der Anfangsbestand steht. Ein Abgang wird auf der anderen Seite des T-Kontos berücksichtigt. Durch diese Vorgehensweise wird auch hier der Einsatz von Plus- und Minuszeichen vermieden. Da ein T-Konto stets ausgeglichen sein muss, ist am Jahresende der fehlende Betrag, der Saldo, zu ermitteln und einzubuchen. Materiell handelt es sich bei dem Saldo um den Endbestand.

Beispiel:

Ein Betrieb hat zu Beginn des Haushaltsjahres Lieferantenverbindlichkeiten im Werte von 1.000 Euro. Im Verlauf des Jahres kommt eine weitere Lieferantenverbindlichkeit im Werte von 2.000 Euro hinzu. Etwas später wird allerdings die erste Lieferantenverbindlichkeit erfüllt, d.h. der noch ausstehende Rechnungsbetrag in Höhe von 1.000 Euro wird überwiesen.

Die Kontenbewegungen auf dem Konto „Lieferantenverbindlichkeiten" sehen dann folgendermaßen aus (Beträge in Euro):

S		Lieferantenverbindlichkeiten		H
Abgang	1.000	Anfangsbestand	1.000	
Saldo (=Endbestand)	**2.000**	Zugang	2.000	
	3.000		*3.000*	

Zunächst wird im Haben der Anfangsbestand in Höhe von 1.000 Euro gebucht. Dann wird ebenfalls im Haben der Zugang in Höhe von 2.000 Euro erfasst. Der mit der Bezahlung verbundene Abgang in Höhe von 1.000 Euro wird im Soll berücksichtigt. Am Jahresende wird der fehlende Betrag in Höhe von 2.000 Euro ermittelt. Es handelt sich dabei um einen Betrag, der auf der Sollseite eingebucht werden muss, um das Konto in die Waage zu bringen, d.h. auszugleichen. Man spricht in diesem Zusammenhang auch von einem Sollsaldo. Materiell handelt es sich um den Bestand an Lieferantenverbindlichkeiten am Jahresende. Am Jahresende haben wir eine Lieferantenrechnung in Höhe von 2.000 Euro immer noch nicht bezahlt.

Am Jahresende werden die Aktiv- und die Passivkonten zur Bilanz hin abgeschlossen. Der auf einem Aktivkonto im Haben zu buchende Endbestand wird dann in der Bilanz im Soll gegengebucht, so dass der betreffende Betrag auf der Aktivseite der Bilanz steht. Der auf einem Passivkonto im Soll zu buchende Endbestand wird dann in der Bilanz im Haben gegengebucht, so dass der betreffende Betrag auf der Passivseite der Bilanz steht.

9.2.2 Vorkonten zur Ergebnisrechnung

Bei den **Vorkonten zur Ergebnisrechnung** handelt es sich um die *Ergebnisrechnungskonten*, die auch *Erfolgskonten* genannt werden und die sich in *Aufwands- und Ertragskonten* unterteilen.

Die Aufwandskonten nehmen die einzelnen Aufwendungen auf. Das einzelne **Aufwandskonto** ist durch folgenden Grundaufbau gekennzeichnet:

S	Aufwandskonto	H
1. Aufwendung		
2. Aufwendung		
usw.	Saldo	

Im Soll des Aufwandskontos werden die einzelnen Aufwendungen erfasst. Auf der Habenseite erfolgen in der Regel keine laufenden Buchungen. Lediglich eventuelle Aufwandskorrekturen wären hier zu buchen, was aber aus Gründen der Vereinfachung vernachlässigt werden soll. Folglich fehlt am Jahresende auf einem Aufwandskonto in der Regel ein Betrag im Haben. Es ist somit ein *Habensaldo* einzubuchen, um das Aufwandskonto auszugleichen. Hierbei handelt es sich um die Summe eines speziellen Aufwands. Die Gegenbuchung muss auf dem Ergebnisrechnungskonto im Soll erfolgen, so dass letztlich alle Aufwendungen auf der Sollseite der Ergebnisrechnung aufgelistet werden.

Beispiel:

Ein Betrieb lässt sich nach Bedarf mit einem bestimmten Material beliefern, das sofort verbraucht wird. Im betreffenden Haushaltsjahr wird zunächst Material im Werte von 50 Euro, etwas später Material im Werte von 30 Euro und dann noch einmal Material im Werte von 80 Euro eingesetzt.

Die Kontenbewegungen auf dem Konto „Materialaufwand" sehen dann folgendermaßen aus (Beträge in Euro):

S		Materialaufwand	H
1. Aufwendung	50		
2. Aufwendung	30		
3. Aufwendung	80	**Saldo**	**160**
	160		*160*

Zunächst werden im Soll die einzelnen Aufwendungen gebucht. Am Jahresende wird im Haben der Saldo in Höhe von 160 Euro erfasst. Der Betrag wird im Soll der Ergebnisrechnung gegengebucht.

Die Ertragskonten nehmen die einzelnen Erträge auf. Das einzelne **Ertragskonto** ist durch folgenden **Grundaufbau** gekennzeichnet:

S	Ertragskonto	H
	1. Ertrag	
	2. Ertrag	
Saldo	usw.	

Im Haben des Ertragsskontos werden die einzelnen Erträge erfasst. Auf der Sollseite erfolgen in der Regel keine laufenden Buchungen. Lediglich eventuelle Ertragskorrekturen wären hier zu buchen, was aber aus Gründen der Vereinfachung vernachlässigt werden soll. Folglich fehlt am Jahresende auf einem Ertragskonto in der Regel ein Betrag im Soll. Es ist somit ein *Sollsaldo* einzubuchen, um das Ertragskonto auszugleichen. Hierbei handelt es sich um die Summe eines speziellen Ertrages. Die Gegenbuchung muss auf dem Ergebnisrechnungskonto im Haben erfolgen, so dass letztlich alle Erträge auf der Habenseite der Ergebnisrechnung aufgelistet werden.

Beispiel:

Ein kommunales Wasserwerk liefert an die angeschlossenen Haushalte Trinkwasser. Anschließend werden die Gebührenbescheide für Wasserlieferungen im laufenden Jahr versandt. Dem Kunden A wird ein Betrag in Höhe von 150 Euro und dem Kunden B wird ein Betrag in Höhe von 250 Euro in Rechnung gestellt.

Die Kontenbewegungen auf dem Konto „Gebührenerträge" sehen dann folgendermaßen aus (Beträge in Euro):

S	Gebührenerträge		H
		1. Ertrag	150
		2. Ertrag	250
Saldo	400	usw.	
400		*400*	

Zunächst werden die einzelnen Erträge im Haben gebucht. Am Jahresende wird dann der notwendige Sollsaldo in Höhe von 400 Euro gebildet. Dieser wird im Haben der Ergebnisrechnung gegengebucht.

9.2.3   Vorkonten zur Finanzrechnung

Bei den Vorkonten zur Finanzrechnung ist eine Besonderheit zu beachten. Entweder werden die Vorkonten nach der Art der Zahlungsmittel gebildet oder nach dem Zahlungsgrund.

- Im ersten Fall handelt es sich um *Zahlungsmittelkonten*. Es sind dann beispielsweise das Konto „Kasse" für die Zahlung mit Bargeld, d.h. Münzen und Noten, und das Konto „Bank" für die Bezahlung mit Buchgeld zu berücksichtigen, wobei hier noch weiter nach den einzelnen Banken unterschieden werden könnte, über die die Zahlungen abgewickelt werden.
- Im zweiten Fall handelt es sich um *Finanzrechnungskonten*, die sich in *Einzahlungs- und Auszahlungskonten* unterteilen. Es würde dann beispielsweise zwischen den Konten „Gewerbesteuereinzahlungen", „Hundesteuereinzahlungen", „Abwassergebühreneinzahlungen" usw. bzw. den Konten „Personalauszahlungen", „Zinsauszahlungen", „Mietauszahlungen" usw. unterschieden.

Mit der Berücksichtigung der betreffenden Konten sind bestimmte Folgen verbunden:

- Bucht man auf Zahlungsmittelkonten, dann weiß man letztlich, wie hoch der Bargeldbestand und der Buchgeldbestand am Jahresende sind. Die Gründe für die Entstehung der betreffenden Geldbestände sind jedoch nicht nachvollziehbar. Man kann also in diesem Fall nicht erkennen, wie stark die Steuereinzahlungen, die Gebühreneinzahlungen, die Personalauszahlungen, die Materialauszahlungen usw. diese Zahlungsmittelbestände am Jahresende beeinflusst haben. Um diese umfassenden Informationen zu erhalten, muss man, wenn man auf den Konten „Bank", „Kasse" usw. bucht, stets zusätzlich in einer Nebenbuchhaltung festhalten, welche Einzahlungen und Auszahlungen getätigt werden.

  Kurz: Wenn man im NKF-Buchungskreis auf Zahlungsmittelkonten bucht, muss man die Finanzrechungskonten statistisch mitführen.

- Spiegelbildlich gilt bei einer Berücksichtigung von Finanzrechnungskonten, d.h. von Einzahlungs- und Auszahlungskonten, dass man in einem solchen Fall beispielsweise erkennen kann, wie hoch die Steuereinzahlungen, Gebühreneinzahlungen und Personalaus-zahlungen sind, aber nicht angeben kann, wie hoch der Bargeldbestand und Buchgeldbe-stand in einem bestimmten Zeitpunkt sind. Man muss daher zusätzlich in einer Neben-buchhaltung festhalten, welche Zugänge und Abgänge auf den Konten „Bank", „Kasse" usw. zu verzeichnen sind.

Kurz: Wenn man im NKF-Buchungskreis auf Finanzrechnungskonten bucht, muss man die Zahlungsmittelkonten statistisch mitführen.

Durch die Einbeziehung der Finanzrechnungskonten in den NKF-Buchungskreis entsteht das Drei-Komponenten-Systems. Man könnte in diesem Fall auch vom **„echten" NKF** sprechen.

Bucht man im NKF-Buchungskreis auf Zahlungsmittelkonten, also beispielsweise auf den Konten „Bank" (Buchgeld) und „Kasse" (Bargeld), praktiziert man im Grunde die traditio-nelle doppelte Buchführung, die man als Zwei-Komponenten-System bezeichnen kann. Da die Finanzrechnungskonten außerhalb dieses Systems in einer Nebenbuchhaltung geführt werden, könnte man hier vom **„unechten" NKF** sprechen.

Da es sich bei den Konten „Bank" und „Kasse", d.h. bei den Zahlungsmittelkonten, um Ak-tivkonten handelt und wir den Grundaufbau eines Aktivkontos bereits erläutert haben, kön-nen wir uns nachfolgend ausschließlich mit den Einzahlungs- und Auszahlungskonten be-schäftigen.

Die Einzahlungskonten nehmen die einzelnen Einzahlungen auf. Das einzelne **Einzahlungs-konto** ist durch folgenden Grundaufbau gekennzeichnet:

S	Einzahlungskonto	H
1. Einzahlung		
2. Einzahlung		
usw.		
	Saldo	

Im Soll des Einzahlungskontos werden die einzelnen Einzahlungen erfasst. Auf der Haben-seite erfolgen in der Regel keine laufenden Buchungen. Folglich ist am Jahresende somit ein *Habensaldo* einzubuchen, um das Einzahlungskonto auszugleichen. Hierbei handelt es sich um die Summe spezieller Einzahlungen. Die Gegenbuchung muss auf dem Finanzrech-nungskonto im Soll erfolgen, so dass letztlich alle Einzahlungen auf der Sollseite der Finanz-rechnung aufgelistet werden.

Beispiel:

Ein Wasserwerk erhält zu Beginn eines Haushaltsjahres für Wasserlieferungen zunächst 100 Euro, der Betrag wird überwiesen. Etwas später wird eine weitere Rechnung eben-falls per Banküberweisung bezahlt. Die betreffende Einzahlung beträgt 70 Euro.

Die Kontenbewegungen auf dem Konto „Gebühreneinzahlungen" sehen dann folgendermaßen aus (Beträge in Euro):

S	Gebühreneinzahlungen		H
1. Einzahlung	100		
2. Einzahlung	70	Saldo	170
	170		*170*

Zunächst werden im Soll die einzelnen Einzahlungen gebucht. Am Jahresende wird im Haben der Saldo in Höhe von 170 erfasst. Der Betrag wird im Soll des Finanzrechnungskontos gegengebucht.

Die Auszahlungskonten nehmen die einzelnen Auszahlungen auf. Das einzelne **Auszahlungskonto** ist durch folgenden Grundaufbau gekennzeichnet:

S	Auszahlungskonto	H
	1. Auszahlung	
	2. Auszahlung	
Saldo	usw.	

Im Haben des Auszahlungskontos werden die einzelnen Auszahlungen erfasst. Auf der Sollseite erfolgen in der Regel keine laufenden Buchungen. Folglich ist am Jahresende somit ein *Sollsaldo* einzubuchen, um das Auszahlungskonto auszugleichen. Hierbei handelt es sich um die Summe spezieller Auszahlungen. Die Gegenbuchung muss auf dem Finanzrechnungskonto im Haben erfolgen, so dass letztlich alle Auszahlungen auf der Habenseite der Finanzrechnung aufgelistet werden.

Beispiel:

Ein Wasserwerk bezahlt zu Beginn eines Haushaltsjahres eine Materiallieferung, indem es den fälligen Betrag in Höhe von 110 Euro überweist. Etwas später wird eine zweite Materiallieferung bezahlt. Der betreffende Betrag in Höhe von 120 Euro wird ebenfalls überwiesen.

Die Kontenbewegungen auf dem Konto „Auszahlungen für Material" sehen dann folgendermaßen aus:

S	Auszahlungen für Material		H
		1. Auszahlung	110
Saldo	230	2. Auszahlung	120
	230		*230*

Zunächst werden im Haben die einzelnen Auszahlungen gebucht. Am Jahresende wird im Soll der Saldo in Höhe von 230 Euro erfasst. Der Betrag wird im Haben des Finanzrechnungskontos gegengebucht.

9.3 Der NKF-Kontenrahmen und der NKF-Kontenplan

Im Hinblick auf gesamtwirtschaftliche Zielsetzungen kann es den einzelnen Städten, Kreisen und Gemeinden nicht freigestellt werden, wie sie ihre Konten definieren bzw. abgrenzen. Zumindest die grundsätzliche Einteilung der Konten muss vorgegeben werden.

Nachfolgend soll beispielhaft die Vorgehensweise in Nordrhein-Westfalen behandelt werden. Hier wird zwischen dem *Kontenrahmen* und dem *Kontenplan* unterschieden. Verbindlich ist nur der Kontenrahmen, der allerdings mit den ersten beiden Ebenen des Kontenplans übereinstimmt. Der Kontenplan selbst dient nur als Orientierungshilfe. Man spricht in diesem Zusammenhang auch von dem „nicht normierten NKF-Recht". Typisch für die Vorschläge in Nordrhein Westfalen ist die Unterscheidung von *Kontenklassen, Kontengruppen, Kontenarten* und *Konten,* wobei das Konto zunächst einmal die kleinste Einheit ist und infolgedessen die Buchung aufnimmt. Bei Bedarf können allerdings auch *Unterkonten* gebildet werden.

Dabei gilt folgender Zusammenhang:

*   mehrere Konten ergeben eine Kontenart,
*   mehrere Kontenarten bilden eine Kontengruppe und
*   mehrere Kontengruppen werden in einer Kontenklasse zusammengefasst.

Abbildung 23 vermittelt einen Überblick über den *Aufbau eines solchen NKF-Kontenplanes.*

Kontenklasse					
Kontengruppe				Kontengruppe	Kontengruppe
Kontenart			Kontenart		
Konto	Konto	Konto			

Abbildung 23: Grundaufbau des NKF-Kontenplanes

Wie bereits erwähnt, hat man lediglich die Kontenklassen und die Kontengruppen verbindlich vorgegeben. Die Bildung der Kontenarten innerhalb der verbindlichen Kontengruppe und die Bildung der Konten innerhalb einer Kontenart sind nicht vorgeschrieben. Hierfür liegen verschiedene unverbindliche Vorschläge vor. *Abbildung 24* beinhaltet den **NKF-Kontenrahmen**, den die nordrhein-westfälischen Städte, Kreise und Gemeinden zu beachten haben. In den anderen Bundesländern gelten vergleichbare Regelungen.

Haushaltsrechtlicher NKF - Kontenrahmen

	Aktiva		Passiva		Ergebnisrechnung		Finanzrechnung		Abschluss	KLR
	Kontenklasse 0	Kontenklasse 1	Kontenklasse 2	Kontenklasse 3	Kontenklasse 4	Kontenklasse 5	Kontenklasse 6	Kontenklasse 7	Kontenklasse 8	Kontenklasse 9
	Immaterielle Vermögensgegenstände und Sachanlagen	Finanzanlagen, Umlaufvermögen und aktive Rechnungsabgrenzung	Eigenkapital, Sonderposten und Rückstellungen	Verbindlichkeiten und passive Rechnungsabgrenzung	Erträge	Aufwendungen	Einzahlungen	Auszahlungen	Abschlusskonten	Kosten- und Leistungsrechnung
	00 ...	10 Anteile an verbundenen Unternehmen	20 Eigenkapital	30 Anleihen	40 Steuern und ähnliche Abgaben	50 Personalaufwendungen	60 Steuern und ähnliche Abgaben	70 Personalauszahlungen	80 Eröffnungs-/Abschlusskonten	90 Kosten- und Leistungsrechnung (KLR)
	01 Immaterielle Vermögensgegenstände	11 Beteiligungen	21 Wertberichtigungen (kein Bilanzausweis)	31 ...	41 Zuwendungen und allgemeine Umlagen	51 Versorgungsaufwendungen	61 Zuwendungen und allgemeine Umlagen	71 Versorgungsauszahlungen	81 Korrekturkonten	
	02 Unbebaute Grundstücke und grundstücksgleiche Rechte	12 Sondervermögen	22 ...	32 Verbindlichkeiten aus Krediten für Investitionen	42 Sonstige Transfererträge	52 Aufwendungen für Sach- und Dienstleistungen	62 Sonstige Transfereinzahlungen	72 Auszahlungen für Sach- und Dienstleistungen	82 Kurzfristige Erfolgsrechnung	Die Ausgestaltung der KLR ist von jeder Kommune selbst festzulegen.
	03 Bebaute Grundstücke und grundstücksgleiche Rechte	13 Ausleihungen	23 Sonderposten	33 Verbindlichkeiten aus Krediten zur Liquiditätssicherung	43 Öffentlich-rechtliche Leistungsentgelte	53 Transferaufwendungen	63 Öffentlich-rechtliche Leistungsentgelte	73 Transferauszahlungen		
	04 Infrastrukturvermögen	14 Wertpapiere	24 ...	34 Verbindlichkeiten aus Vorgängen, die Kreditaufnahmen wirtschaftlich gleichkommen	44 Privatrechtliche Leistungsentgelte, Kostenerstattungen und Kostenumlagen	54 Sonstige ordentliche Aufwendungen	64 Privatrechtliche Leistungsentgelte, Kostenerstattungen und Kostenumlagen	74 Sonstige Auszahlungen aus laufender der Verwaltungstätigkeit		
	05 Bauten auf fremdem Grund und Boden	15 Vorräte	25 Pensionsrückstellungen	35 Verbindlichkeiten aus Lieferungen und Leistungen	45 Sonstige ordentliche Erträge	55 Zinsen und sonstige Finanzaufwendungen	65 Sonstige Einzahlungen aus laufender Verwaltungstätigkeit	75 Zinsen und sonstige Finanzauszahlungen		
	06 Kunstgegenstände, Kulturdenkmäler	16 Öffentlich-rechtliche Forderungen und Forderungen aus Transferleistungen	26 Rückstellungen für Deponien und Altlasten	36 Verbindlichkeiten aus Transferleistungen	46 Finanzerträge	56 ...	66 Zinsen und sonstige Finanzeinzahlungen	76 ...		
	07 Maschinen und technische Anlagen, Fahrzeuge	17 Privatrechtliche Forderungen, sonstige Vermögensgegenstände	27 Instandhaltungsrückstellungen	37 Sonstige Verbindlichkeiten	47 Aktivierte Eigenleistungen, Bestandsveränderungen	57 Bilanzielle Abschreibungen	67 ...	77 ...		
	08 Betriebs- und Geschäftsausstattung	18 Liquide Mittel	28 Sonstige Rückstellungen	38 ...	48 Erträge aus internen Leistungsbeziehungen	58 Aufwendungen aus internen Leistungsbeziehungen	68 Einzahlungen aus Investitionstätigkeit	78 Auszahlungen aus Investitionstätigkeit		
	09 Geleistete Anzahlungen, Anlagen im Bau	19 Aktive Rechnungsabgrenzung	29 ...	39 Passive Rechnungsabgrenzung	49 Außerordentliche Erträge	59 Außerordentliche Aufwendungen	69 Einzahlungen aus Finanzierungstätigkeit	79 Auszahlungen aus Finanzierungstätigkeit		

Abbildung 24: NKF – Kontenrahmen für die nordrhein-westfälischen Städte, Kreise und Gemeinden

Die nachfolgenden Erläuterungen beziehen sich auf *Abbildung 24*:

- Die Kontenklassen 0 und 1 nehmen die Aktiva, d.h. das Vermögen auf, wobei sich die Reihenfolge von der vorgeschriebenen Bilanzgliederung ableiten lässt.
- Die Kontenklassen 2 und 3 sind für die Passiva reserviert, wobei die Reihenfolge wieder auf die Bilanzgliederung zurückzuführen ist.
- Danach kommen die Erträge, zu deren Erfassung die Kontenklasse 4 dient.
- Für die Aufwendungen ist die Kontenklasse 5 vorgesehen.
- Die Einzahlungskonten fallen in die Kontenklasse 6.
- Für die Auszahlungen ist die Kontenklasse 7 heranzuziehen.
- Die Abschlusskonten und das Eröffnungsbilanzkonto werden in der Kontenklasse 8 berücksichtigt.
- Die Kontenklasse 9 ist zunächst nicht weiter zu beachten und dient der späteren Ausgestaltung der Kosten- und Leistungsrechnung.

9.4   Überblick über den NKF-Buchungskreis

Anhand eines einfachen Beispiels wird nachfolgend der Überblick über den NKF-Buchungskreis unter Verwendung der *zweistelligen Nummern aus dem NKF-Kontenrahmen des Landes Nordrhein-Westfalen* vermittelt.

Beispiel:

Eine Gemeinde hat zu Beginn des Haushaltsjahres weder Vermögen noch Schulden. Im Verlauf des Haushaltsjahres sind lediglich drei Geschäftsvorfälle zu berücksichtigen. Die Gemeinde erhält für das laufende Jahr 100.000 Euro Steuern, der Betrag wird auch sofort überwiesen. Für 20.000 Euro wird ein Fahrzeug gekauft und sofort bezahlt. Die Mitarbeiter erhalten für ihre Tätigkeit in dem betreffenden Jahr 30.000 Euro. Auch diese Beträge werden sofort überwiesen.

- Für die 1. Buchung benötigen wir ein Einzahlungskonto, und zwar die Nr. 60 aus dem NKF-Kontenrahmen, und ein Ertragskonto, und zwar die Nr. 40 aus dem NKF-Kontenrahmen.
- Für die 2. Buchung benötigen wir ein Aktivkonto, und zwar die Nr. 07 aus dem NKF-Kontenrahmen und ein Auszahlungskonto, und zwar die Nr. 78 aus dem NKF-Kontenrahmen.
- Für die 3. Buchung benötigen wir ein Auszahlungskonto, und zwar die Nr. 70 aus dem NKF-Kontenrahmen und ein Aufwandskonto, und zwar die Nr. 50 aus dem NKF-Kontenrahmen.

Wie im Abschnitt 9. 2 erläutert werden die Vorkonten folgendermaßen bebucht:

1. haben wir zunächst auf dem Konto 60 „Steuereinzahlungen" die Einzahlung in Höhe von 100.000 Euro im Soll zu buchen und gleichzeitig auf dem Konto 40 die Steuererträge in Höhe von 100.000 Euro im Haben zu erfassen.

2. werden im Haben des Kontos 78 die Auszahlungen für das Fahrzeug berücksichtigt
    und wird auf dem Aktivkonto 07 der Zugang an Fahrzeugen im Werte von 20.000
    Euro im Soll erfasst.

3. ist noch die Personalauszahlung in Höhe von 30.000 Euro auf dem Auszahlungskon-
    to 70 im Haben zu buchen und der entsprechende Personalaufwand im Soll des Auf-
    wandskontos 50.

Anschließend werden in den Vorkonten die Salden gebildet und in den entsprechenden
Abschlusskonten, d. h. im Finanzrechnungskonto, Schlussbilanzkonto und Ergebnisrechnungskonto, gegengebucht. Zum Schluss wird dann noch der Saldo im Finanzrechnungskonto, der Endbestand an liquiden Mitteln (LM) gebucht und in dem Schlussbilanzkonto
gegengebucht sowie der Saldo im Ergebnisrechnungskonto, d.h. der Jahresüberschuss
(JÜ) gebucht und im Schlussbilanzkonto gegengebucht.

60 Steuereinzahlungen				40 Steuererträge	
S	H			S	H
100.000	Saldo				Saldo	100.000
	100.000				100.000	
100.000	*100.000*			*100.000*	*100.000*

78 Auszahlungen aus					
S Investitionstätigkeit H		S	07 Fahrzeuge	H	
Saldo	20.000	20.000	Saldo		
20.000			20.000		
20.000	*20.000*	*20.000*	*20.000*		

70 Personalauszahlung				50 Personalaufwand	
S	H			S	H
Saldo	30.000			30.000	Saldo
30.000					30.000
30.000	*30.000*			*30.000*	*30.000*

Finanzrechnungskonto		Schlussbilanzkonto		Ergebnisrechnungskonto	
S	H	S	H	S	H
Steuer-einzahlungen	Auszahlungen aus	Fahrzeuge		Personalauf-wand	Steuererträge
100.000	Investitions-tätigkeit	20.000		30.000	100.000
	20.000				
	Personal-auszahlung				
	30.000				
	LM 50.000	**LM 50.000**	*JÜ* *70.000*	*JÜ* *70. 000*	
100.000	100.000	70.000	70.000	100.000	100.000

Mit der Erstellung des Finanzrechnungskontos, des Schlussbilanzkontos und des Ergebnisrechnungskontos wird die Basis für die Erstellung des Jahresabschlusses geschaffen, d.h. diese Konten werden nicht einfach als Teile des Jahresabschlusses übernommen, sondern es erfolgt eine spezielle Aufbereitung der in diesen Konten enthaltenen Daten unter Beachtung der haushaltsrechtlichen Vorschriften. Man macht, worauf wir bereits hingewiesen haben, diesen Unterschied auch in sprachlicher Hinsicht deutlich. Statt der Formulierungen „Finanzrechnungskonto", „Schlussbilanzkonto" und „Ergebnisrechnungskonto" wählt man die Formulierungen „Finanzrechnung", „Schlussbilanz" und „Ergebnisrechnung".

9.5 Auswirkungen der neuen Haushaltssystematik auf die Buchhaltung im NKF

Die oben genannten Buchungen haben wir lediglich unter Berücksichtigung des *NKF-Kontenrahmens* sowie unter Hinweis auf den *NKF-Kontenplan* vorgenommen, die die verschiedenen Finanzrechnungs-, Bestands- und Ergebnisrechnungskonten bzw. die entsprechenden Bündelungen dieser Konten beinhalten. Man spricht in diesem Zusammenhang auch von *Sachkonten*.

Zusätzlich müssen jede Einzahlung, jede Auszahlung, jede Vermögensänderung, jede Schuldenänderung, jede Aufwendung und jeder Ertrag dem betreffenden Produktbereich bzw. den darunter eingeordneten Produktgruppen und Produkten oder Organisationseinheiten zugeordnet werden. Diese Zuordnung wird durch den *Produktrahmen* geregelt.

Das eigentliche Konto ist dann ein kombiniertes Konto, ein *Produkt-Sachkonto*.

Beispiel:

Der Kauf eines neuen Personenwagens für den zentralen Fuhrpark, der die Transporte für die gesamte Gemeindeverwaltung übernimmt, ist

* dem Produktbereich 01 Innere Verwaltung
* innerhalb dieses Produktbereichs der Produktgruppe 06 Zentrale Dienste
* und innerhalb dieser Produktgruppe dem Produkt 04 Fuhrpark zuzuordnen.

Damit würde das kombinierte **Produkt-Sachkonto „Fuhrpark/Personenfahrzeuge"** erst einmal die **Ziffernfolge 010604** aus dem Produktrahmen erhalten. Hinzu kommt nun noch die Ziffernfolge aus dem Kontenplan, wobei der Einstieg über den Kontenrahmen erfolgt. Dem **NKF-Kontenrahmen** (vgl. Abbildung 24) lässt sich entnehmen, dass Fahrzeuge in der Kontenklasse 0 der Kontengruppe 07 „Maschinen und technische Anlagen, Fahrzeuge" zuzuordnen sind. Die weitere Suche im NKF-Kontenplan, die hier nur nachrichtlich erfolgen kann, erbringt, dass für Fahrzeuge in der Kontengruppe 07 die Kontenart 075 „Fahrzeuge" maßgeblich ist. Für die weitere Zuordnung werden keine Vorgaben gemacht. Wir könnten beispielsweise das Konto **0750 „Personenfahrzeuge"** einrichten. Das oben genannte Produkt-Sachkonto „Fuhrpark/Personenfahrzeuge" erhält damit **ins-**

gesamt die Ziffernfolge 010604 0750. Selbstverständlich kann man dieser Ziffernfolge weitere Ziffern hinzufügen, falls weitere Informationen berücksichtigt werden sollen.

Insgesamt wird deutlich, dass die Vorgehensweise im NKF vom Grundsatz her nicht von der Vorgehensweise in der Kameralistik abweicht. In der Kameralistik wird jede Zahlung nach dem *Gliederungsplan und* nach dem *Gruppierungsplan* eingeordnet, so dass sich auch eine kombinierte Ziffernfolge für das kameralistische Konto, die Haushaltsstelle, ergibt.

Im NKF tritt an die Stelle des Gliederungsplans der Produktrahmen und an die Stelle des Gruppierungsplans der Kontenplan. Sowohl im NKF als auch in der Kameralistik ergibt sich die Haushaltssystematik somit durch Kombination von zwei Einordnungsrastern, wobei die Haushaltssystematik im NKF – genauso wie die verwaltungskameralistische Haushaltssystematik – für die Planungs-, Buchungs- und Abschlussebene gleichermaßen gilt.

9.6 Buchungen außerhalb des NKF-Buchungskreises

9.6.1 Haushalts- und Budgetüberwachung im NKF

Häufig wird übersehen, dass der NKF-Buchungskreis nur einen Teil der gesamten Buchhaltung einer Kommune erfasst. Bestimmte Teile der kameralistischen Buchführung können durch den NKF-Buchungskreis nicht ersetzt werden und bleiben daher auch in einer Gemeinde, die das Neue Kommunale Finanzmanagement praktiziert, erhalten.

Einen dieser kameralistischen Buchhaltungsteile bildet die *Haushaltsüberwachung*. Gebucht wird in der Haushaltsüberwachungsliste, um die Einhaltung der Haushaltsansätze sicherzustellen. Typisch für diesen Teil der kameralistischen Buchführung ist, dass einerseits die Geschäftsvorfälle laufend gebucht werden und andererseits gleichzeitig ein Abgleich mit den Plangrößen erfolgt. Genau diese Verbindung zur Planungsebene kann im NKF-Buchungskreis nicht hergestellt werden. Folglich muss auch im NKF nach wie vor eine Haushaltsüberwachungsliste geführt werden. Bedauerlicherweise wird nicht in allen länderspezifischen Vorschriften darauf so klar hingewiesen wie in *§ 25 (4)* der *Gemeindehaushaltsverordnung Doppik des Landes Sachsen-Anhalt*.

Anders als im traditionellen öffentlichen Rechnungswesen wird allerdings nicht mehr eine „punktgenaue" Überwachung angestrebt, die auf hunderte, wenn nicht tausende von Haushaltsstellen ausgerichtete ist, sondern geht es bei der modernen Haushaltsüberwachung um die Einhaltung der „Budgets". Es werden nicht mehr die Ansätze für die einzelnen Ausgabenarten bzw. Auszahlungsarten verbindlich vorgegeben, sondern Beträge, die für bestimmte Aufgaben bzw. Produkte zur Verfügung stehen und die damit für ein Bündel von Auszahlungen und Aufwendungen gelten, die sich gegenseitig decken. Man kann hier auch von einem finanziellen Rahmen bzw. von einem Ressourcenrahmen sprechen. Um die auf die Einhaltung solcher Vorgaben ausgerichtete Buchführung zutreffend zu charakterisieren, liegt es nahe, den Begriff „Haushaltsüberwachung" durch den Begriff *„Budgetüberwachung"* zu ersetzen.

Abbildung 25 verdeutlicht, wie die *Buchungen im NKF-Buchungskreis* durch die *Buchungen in Verbindung mit der Haushalts- bzw. Budgetüberwachung* ergänzt werden.

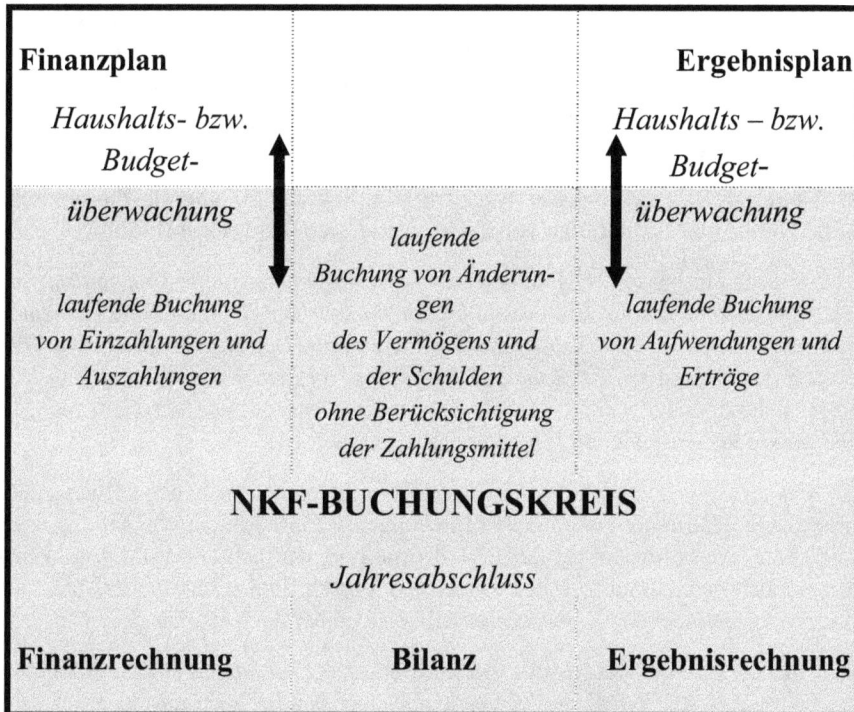

Finanzplan		**Ergebnisplan**
Haushalts- bzw. Budget- überwachung		*Haushalts – bzw. Budget- überwachung*
laufende Buchung von Einzahlungen und Auszahlungen	*laufende Buchung von Änderungen des Vermögens und der Schulden ohne Berücksichtigung der Zahlungsmittel*	*laufende Buchung von Aufwendungen und Erträge*
	NKF-BUCHUNGSKREIS	
	Jahresabschluss	
Finanzrechnung	**Bilanz**	**Ergebnisrechnung**

Abbildung 25: Die Stellung der Haushalts- bzw. Budgetüberwachung im NKF

In beiden Buchhaltungsbereichen werden teilweise identische Größen gebucht. *Einzahlungen und Auszahlungen* sowie *Aufwendungen und Erträge* werden somit zweifach erfasst, was nichts mit dem Begriff doppelte Buchführung zu tun hat.

So wird **beispielsweise** bei der Bezahlung eines Fahrzeuges, das die Gemeinde kauft, die Auszahlung auf einem Auszahlungskonto im NKF-Buchungskreis und in der entsprechenden Budgetüberwachungsliste gebucht, wobei die zuletzt genannte Buchung dazu dient, die Einhaltung des Finanzplans zu unterstützen. Das Gleiche gilt für die ergebniswirksamen Buchungen. Entsteht beispielsweise Reparaturaufwand, wird dieser auf dem entsprechenden Aufwandskonto erfasst und gleichzeitig im Bereich „Budgetüberwachung" gebucht, wobei dies dann der Einhaltung des neuen Haushaltsausgleichs dient.

Für die Haushalts- bzw. Budgetüberwachung ist weiterhin die Verbuchung der *Aufträge, Vormerkungen* bzw. *Feststellungen* von besonderer Bedeutung, die überwiegend noch nicht mit Buchungen im NKF-Buchungskreis verbunden sind, sondern diesen vorausgehen.

9.6.2   Stellung der Gemeindekasse im NKF

Die immer noch weit verbreitete, aber gleichwohl nicht zutreffende Gleichsetzung von kaufmännischer Doppik und dem NKF hat dazu geführt, dass man zumindest anfänglich übersehen hat, dass die *Gemeindekasse* und damit verbunden die *Buchführung in der Gemeindekasse* auch in einem modern gesteuerten kommunalen Verwaltungsbetrieb eine große Bedeutung hat.

Eine Auflösung der Gemeindekasse wäre im Hinblick auf die oberste Zielsetzung, der die Städte, Kreise und Gemeinden verpflichtet sind, keineswegs zweckmäßig. [18]

Die in der Entstehungsphase des NKF erkennbare *Geringschätzung der Gemeindekasse* wird gegenwärtig noch *in den nordrhein-westfälischen Vorschriften* deutlich. Eine *Gemeindekassenverordnung* gibt es in *Nordrhein-Westfalen* nicht mehr. Der Begriff „Kasse" wurde aufgegeben und durch den Begriff *„Zahlungsabwicklung"* ersetzt, wobei die Zahlungsabwicklung lediglich durch einige wenige Vorschriften in der *Gemeindehaushaltsverordnung Nordrhein-Westfalens* und damit letztlich unzureichend geregelt ist.

Die Missachtung der Gemeindekasse und damit eines Bereichs, der in der Vergangenheit für weit mehr als die Hälfte der kommunalen Buchungen verantwortlich war, hatte gravierende negative Folgen, die besonders bei der EDV-Umstellung deutlich wurden. Obwohl man inzwischen auf der Ebene unterhalb der rechtlichen Vorschriften nachgebessert hat, sind die Nachteile des unzureichenden *Kassenrechts* teilweise immer noch spürbar.

Bundesländer, die ihr NKF-Regelwerk später verabschiedeten, zogen aus diesem Fehler die richtigen Konsequenzen, indem sie der Gemeindekasse den ihr auch im modernen kommunalen Haushalts- und Rechnungswesen zustehenden Platz klar zuwiesen. Beispielhaft sind in diesem Zusammenhang die Vorschriften in *Niedersachsen* und in *Sachsen-Anhalt* zu nennen. So ist *§ 98 der Niedersächsischen Gemeindeordnung* ausdrücklich der Gemeindekasse gewidmet. Hier findet sich gleich zu Beginn folgende klare Regelung, die letztlich als **Garantie der Gemeindekasse im NKF** interpretiert werden kann:

Die Gemeinde richtet eine Gemeindekasse ein.

Auch in *Sachsen-Anhalt* wird die Existenz der Gemeindekasse nicht in Frage gestellt. Hier regelt die *Gemeindekassenverordnung Doppik – GemKVO Doppik* detailliert, welche Aufgaben der Gemeindekasse im NKF zufallen.

Weshalb erweist sich die Gemeindekasse so widerstandsfähig im Reformprozess?

---

[18]   Vgl. in diesem Zusammenhang Schuster, Falko: Die Organisation der Finanzbuchhaltung im NKF unter Einbeziehung der Gemeindekasse Teil 1 und Teil 2, in: KKZ Kommunal-Kassen-Zeitschrift 59. Jahrgang, Januar 2008, S. 1-6 und Februar 2008, S. 25-28.

Die Antwort auf diese Frage hat wieder mit den obersten Zielen zu tun, die für die Gemeinden gelten. Wie für die Entstehung des NKF so ist auch für den Bestand der Gemeindekasse letztlich eine hochrangige *außerökonomische Zielsetzung* ausschlaggebend.

Häufig wird übersehen, dass die *kameralistische Buchführung* einen *wesentlichen Beitrag zur Sicherung des demokratischen Systems* leistet bzw. geleistet hat, und zwar aufgrund des folgenden Zusammenhangs:

- Um die Macht des Volkes abzusichern, wird der jeweiligen Volksvertretung, also auf kommunaler Ebene dem Rat, das *Etatrecht* zugewiesen. Der Rat entscheidet damit über den Haushaltsplan und legt verbindlich fest, welche einzelnen Beträge für die einzelnen Aufgaben zur Verfügung stehen sollen. Diese einzelne geplante und durch die *Haushaltssatzung* verbindlich vorgegebene Einzahlung bzw. Auszahlung nennt man *Haushaltsansatz* oder *Haushaltssoll*.

- Nur auf der Basis eines solchen Haushaltsansatzes kann dann eine spezielle Stelle innerhalb der Verwaltung beispielsweise über die Auftragsvergabe und anschließend über die betreffende Auszahlung entscheiden. Diese Stelle legt fest, welcher Betrag an eine bestimmte Unternehmung oder Person überwiesen werden soll. Die entsprechende Befugnis muss ihr erteilt werden. Die Auszahlung selbst darf diese Stelle jedoch nicht vornehmen, sondern sie darf lediglich der Gemeindekasse die Weisung erteilen, den Betrag auszuzahlen. Diese Anweisung ist durch einen entsprechenden Beleg zu dokumentieren. Der Beleg wird *Anordnung* genannt und die noch nicht vollzogene, sondern lediglich verwaltungsintern angewiesene Zahlung wird als *Soll-Zahlung* oder *Anordnungssoll* bezeichnet. Im Fall eines verwaltungsintern angewiesenen Geldabflusses handelt es sich somit um eine *Soll-Ausgabe*. Auftrag und Soll- Ausgabe werden in der Haushaltsüberwachungsliste gebucht.

- Aufgrund des von der anordnungsbefugten Stelle erstellten Belegs, also aufgrund einer Anordnung, nimmt die Gemeindekasse dann die tatsächliche Zahlung vor. Je nachdem, ob es sich um einen Geldabfluss oder Geldzufluss handelt, spricht man von einer *Ist-Ausgabe* bzw. *Ist-Einnahme*. In den Büchern der Kasse werden sowohl die angeordneten Zahlungen gebucht, d.h. die zum Soll gestellten Zahlungen, als auch die tatsächlich abgewickelten Zahlungen, die Ist-Einnahmen bzw. Ist-Ausgaben. Insgesamt werden somit in einer Kommune der Zahlungs- und der Buchungsvorgang mehrstufig abgewickelt und die damit verbundenen einzelnen Schritte bzw. Tätigkeiten auf mehrere Personen verteilt. *Es handelt sich bei der kameralistischen Buchhaltung in einem demokratischen System somit um eine mehrstufige Buchhaltung, in der das Mehraugenprinzip gilt.* So wird einerseits eine vom Haushaltsplan abweichende Mittelverwendung erschwert und andererseits eine Datenbasis geschaffen, die nur schwer zu manipulieren ist, und die eine *wirksame Kontrolle* ermöglicht. Beides trägt erheblich dazu bei, dass, abgesehen von seltenen Ausnahmen, nur die Zahlungen getätigt werden, die der Rat gewollt hat. *Letztlich wird durch die Verwaltungskameralistik dem Etatrecht des Rates Rechnung getragen und das demokratische System gestärkt.*

Die Widerstandskraft der Gemeindekasse resultiert folglich aus ihrer wichtigen und kaum zu ersetzenden Funktion in diesem zur Absicherung der Demokratie erforderlichen mehr-

stufigen Zahlungs- und Buchungsprozess. Insofern ist die Gemeindekasse ein unverzicht-
barer Baustein in jedem kommunalen Verwaltungsbetrieb.

Man kommt also nicht umhin, die Gemeindekasse auch in das NKF einzubeziehen, was, wie
wir nachfolgend noch zeigen werden, auch ohne weiteres möglich ist. Die soeben vorgetra-
gene Argumentation, mit der der Nachweis erbracht wurde, dass die Gemeindekasse in jedem kommunalen Haushalts- und Rechnungssystem nahezu unverzichtbar ist, gilt gleichermaßen für das *Anordnungswesen.*

9.6.3   Nebenbuchhaltungen im NKF

Nicht nur die Besonderheit des Drei-Komponenten-Systems, die Notwendigkeit der Budget-
überwachung und der Bestand der Gemeindekasse haben zur Folge, dass zusätzlich zur
Kernbuchhaltung im *NKF-Buchungskreis* weitere Buchführungsbereiche erforderlich sind.
Man spricht in diesen Fällen nicht immer ganz zutreffend von den *Nebenbuchhaltungen.*

Meistens entstehen Nebenbuchhaltungen allein dadurch, dass bestimmte Buchungsvorgänge
in einer so großen Zahl anfallen, dass sie den Kernbereich der Buchführung überlasten würden. Solche Nebenbuchhaltungen sind im kaufmännischen Rechnungswesen genau so üblich
wie in der Kameralistik. Insofern sind auch im NKF die meisten dieser Nebenbuchhaltungen
unverzichtbar.

Zu den bekanntesten Nebenbuchhaltungen zählen

- *die Anlagenbuchhaltung,*
- *die Lagerbuchhaltung,*
- *das Führen der Kontengegenbücher für die Geldbewegungen bei den Kreditinstituten
  sowie*
- *die Debitoren- und Kreditorenbuchhaltung, d.h. die personengenaue Buchung der Schulden und Forderungen.*

Hinzu kommt, dass die Geschäftsvorfälle nicht nur nach sachlichen Gesichtspunkten gegliedert, sondern auch chronologisch, d.h. in einer zeitlichen Reihenfolge zu buchen sind. Insofern ist im NKF mindestens auch *ein Zeitbuch* zu führen. Schließlich kann es auch im NKF
passieren, dass man beispielsweise erhaltene Zahlungsmittel (noch) nicht eindeutig einem
Produkt-Sachkonto zuordnen kann. Gleichwohl muss man selbstverständlich auch eine solche Einzahlung buchen. Dies geschieht dann wie in der Kameralistik im *Verwahrbuch,* das
beispielsweise in den neuen haushaltsrechtlichen Vorschriften des *Landes Sachsen-Anhalt*
ausdrücklich erwähnt wird *(vgl. § 30 (1) Gemeindekassenverordnung Doppik des Landes
Sachsen-Anhalt).*

Es liegt auf der Hand, dass die Organisation der Buchhaltung keine leichte Aufgabe ist, das
gilt umso mehr dann, wenn es darum geht, ein neues Buchhaltungssystem zu installieren, wie
dies beim NKF der Fall ist. Der nachfolgende Abschnitt beinhaltet einige Überlegungen zu
diesem Thema.

9.7   Die Organisation der Buchhaltung im NKF

Bevor wir eine organisatorische Zuordnung vornehmen, wollen wir zunächst noch einmal die Buchhaltungsbereiche mit den dort jeweils zu führenden Büchern auflisten, und zwar buchen wir im NKF (vgl. auch *Abbildung 26*)

1. in der *Budgetüberwachung*
2. auf Sachkonten oder genauer auf Produktsachkonten im Drei-Komponenten-System im *Hauptbuch*
3. chronologisch im *Zeitbuch*, das auch *Grundbuch* oder *Journal* genannt wird, auf *Zahlungsmittelkonten* bzw. in den *Kontogegenbüchern*,
4. auf *Debitoren-* bzw. *Kreditorenkonten* oder in anderen Worten auf Personenkonten in den *Geschäftsfreundebüchern* bzw. in der *Debitoren-Kreditoren-Buchhaltung*,
5. im *Verwahrbuch*, wenn man keine Zuordnung auf einem Produktsachkonto vornehmen kann,
6. in der *Anlagenbuchhaltung*,
7. gegebenenfalls in der *Lagerbuchhaltung*,

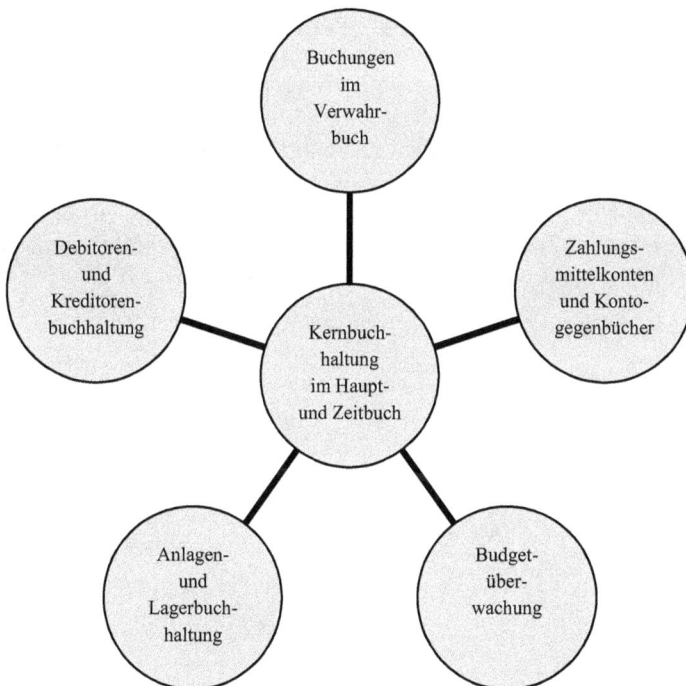

Abbildung 26: Buchhaltungsbereiche im NKF

wobei die Auflistung nicht abschließend ist. Eventuell könnte ein *zusätzliches Zeitbuch in der Gemeindekasse* erforderlich sein oder ein Buch, das die Anordnungen aufnimmt.

Abbildung 27 beinhaltet einen Vorschlag, wie die Buchhaltung im NKF organisiert werden könnte. Die nachfolgenden Ausführungen beziehen sich auf diese Darstellung.

Um der *Mehrstufigkeit des Buchungsvorgangs* Rechnung zu tragen, wird zwischen der *anordnungsbefugten Organisationseinheit* und der Organisationseinheit, die die Anordnung ausführt, unterschieden. Bei der anordnungsbefugten Organisationseinheit kann es sich um das betreffende Fachamt oder um die Kämmerei handeln. Die Gemeindekasse ist demgegenüber die Organisationseinheit, welche die Anordnung ausführt.

- Jeder Geschäftsvorfall wird zunächst in der *Haushaltsüberwachungsliste* gebucht, wobei die Buchung der Aufwendung und Erträge im Vordergrund steht, um die Einhaltung der Teilergebnispläne und damit die Einhaltung des betreffenden ergebnisorientierten Budgets zu unterstützen.
- Anschließend erfolgt die Buchung im *Hauptbuch* mit 3 Komponenten, es handelt sich dabei um die NKF-Kernbuchhaltung. Werden Verbindlichkeiten und Forderungen gebucht, werden gleichzeitig die notwendigen Anordnungen erstellt und an die Kasse weitergeleitet (vgl. *den von links nach rechts gehenden durchgezogenen Pfeil*).
- Die Gemeindekasse nimmt die Anordnung entgegen und bucht die betreffende Verbindlichkeit bzw. Forderung personenbezogen, d.h. auf Debitoren- und Kreditorenkonten (*vgl. a*).
- Die späteren Zahlungen werden in der Kasse auf Zahlungsmittelkonten gebucht (*vgl. b*).
- Gleichzeitig werden die Veränderungen in den Kreditoren- bzw. Debitorenkonten vorgenommen. Simultan dazu wird die anordnungsbefugte Organisationseinheit darüber informiert, dass die betreffenden Forderungen bzw. Verbindlichkeiten erfüllt worden sind (*der von rechts nach links gehende gestrichelte Pfeil deutet dies an*).

Anordnungsbefugte Organisationseinheit (Fachamt/Kämmerei)	Kasse
Laufende Buchhaltung 1. in der Haushaltsüberwachungsliste (primär mit Aufwendungen und Erträgen) 2. im Hauptbuch mit 3 Komponenten auf Produktsachkonten 3. im Grundbuch (Journal) 4. in den Anlagenbüchern 5. in den Lagerbüchern *Jahresabschluss mit* Finanzrechnung Bilanz Ergebnisrechnung	*Laufende Buchhaltung* a) auf den Debitoren- und Kreditorenkonten (Personenkonten) b) auf Zahlungsmittelkonten bzw. in Kontogegenbüchern (Kreditinstitute) c) im Verwahrbuch d) im Zeitbuch der Kasse Tagesabschlüsse Zwischenabschlüsse Jahresabschluss der Kasse

Abbildung 27: Vorschlag zur Organisation der Buchhaltung im NKF

- Infolgedessen müssen die Veränderungen der Forderungen und Verbindlichkeiten im Hauptbuch zusammen mit den betreffenden Einzahlungen und Auszahlungen gebucht werden, wobei die Zahlungen jetzt auf den Finanzrechnungskonten erfasst werden.
- Weiterhin ist zu beachten, dass alle Buchungen im Hauptbuch stets auch chronologisch im Grundbuch (Journal) zu buchen sind.
- Zusätzlich werden in den Fachämtern oder in der Kämmerei die Anlagenbücher, die Lagerbücher und eventuell weitere Nebenbücher geführt.
- Zahlungsmittelzugänge, die nach der Haushaltssystematik nicht zugeordnet werden können, werden im Verwahrbuch gebucht und nach Klärung des Sachverhalts und nach Vorliegen der betreffenden Anordnung umgebucht. Weiterhin müssen auch im Bereich der Gemeindekasse alle Vorgänge chronologisch erfasst werden. Die Kasse muss also ein eigenes Zeitbuch führen.
- Weiterhin sind im Bereich „Kasse" nach wie vor die erforderlichen Tagesabschlüsse, Zwischenabschlüsse und Jahresabschlüsse durchzuführen. Diese Abschlüsse sind mit

dem Jahresabschluss, der in der NKF-Kernbuchhaltung erstellt wird, *abzustimmen (der Pfeil mit den zwei Spitzen deutet dies an)*.

Sämtliche Buchungen, die soeben angesprochen wurden, haben Zahlungsvorgänge zum Gegenstand oder werden von Zahlungsvorgängen abgeleitet. Insofern sind all diese Buchungen und Bücher der pagatorischen Rechnung und damit der *Finanzbuchhaltung* zuzuordnen.

Die haushaltsrechtlichen Vorschriften in Nordrhein-Westfalen beinhalten demgegenüber eine eigenartige Fassung des Begriffs „*Finanzbuchhaltung*", der von der traditionellen betriebswirtschaftlichen Begriffsfassung abweicht. *Nach § 93 (1) der nordrheinwestfälischen Gemeindeordnung* gilt: „Die Finanzbuchhaltung hat die Buchführung und die Zahlungsabwicklung der Gemeinde zu erledigen." Hier werden einerseits Organisationseinheiten und Funktionen vermischt und zweitens die Tätigkeiten, die in Verbindung mit einer Zahlung anfallen, der Finanzbuchhaltung zugeordnet (vgl. auch *§ 30 der nordrhein-westfälischen Gemeindehaushaltsverordnung*). Dass solche in der Betriebswirtschaftslehre bisher nicht üblichen Definitionen die Organisation der Buchführung im NKF nicht gerade erleichtern, liegt auf der Hand.

10 Die NKF-Abschlussebene

10.1 Die Komponenten des neuen kommunalen Jahresabschlusses

Bei der Vermittlung des Überblicks über das Neue Kommunale Finanzmanagement haben wir die Komponenten des NKF-Jahresabschlusses bereits kurz angesprochen. Darauf können wir zurückgreifen.

Nachfolgend geht es uns darum, diese Betrachtung etwas zu verfeinern und dabei die wichtigsten Unterschiede hervorzuheben, die gegenüber dem kaufmännischen Jahresabschluss bestehen. Dies erscheint deshalb besonders wichtig, weil gegenwärtig die Gefahr einer weitgehenden Gleichsetzung des handelsrechtlichen und des neuen haushaltsrechtlichen Jahresabschlusses droht und damit die eigentlichen Informationsziele, denen der Jahresabschluss im NKF dienen soll, auf der Strecke bleiben.

In den haushaltsrechtlichen Regelungen der meisten Bundesländer werden die Bestandteile des neuen kommunalen Jahresabschlusses in einem Paraphen gebündelt aufgeführt. So beispielsweise auch im *§ 108 der neuen Gemeindeordnung des Landes Rheinland-Pfalz*, der in *Abbildung 28* auszugsweise wiedergegeben wird.

Wir habe diese Vorschrift deshalb ausgewählt, weil sie neben der kompletten Übersicht über die Bestandteile des NKF-Jahresabschlusses auch besonders klar auf die wichtigsten Informationsziele und Rahmenbedingungen hinweist, die zwar für jeden Jahresabschluss im Neuen Kommunalen Finanzmanagement bzw. Rechnungswesen gelten, aber in manchen länderspezifischen Regelwerken erst durch Kombination einzelner Vorschriften deutlich werden.

Gemeindeordnung des Landes Rheinland-Pfalz
§ 108
Jahresabschluss

(1) Die Gemeinde hat für den Schluss eines jeden Haushaltsjahres einen Jahresabschluss aufzustellen, in dem das Ergebnis der Haushaltswirtschaft des Haushaltsjahres nachzuweisen ist … Der
Jahresabschluss hat unter Beachtung der Grundsätze ordnungsmäßiger Buchführung für Gemeinden ein den tatsächlichen Verhältnissen entsprechendes Bild der Vermögens-, Finanz- und Ertragslage der Gemeinde zu vermitteln.

(2) Der Jahresabschluss besteht aus:

1. der Ergebnisrechnung,

2. der Finanzrechnung,

3. den Teilrechnungen,

4. der Bilanz,

5. dem Anhang.

(3) Dem Jahresabschluss sind als Anlagen beizufügen:

1. der Rechenschaftsbericht,

2. der Beteiligungsbericht …,

3. die Anlagenübersicht,

4. die Forderungsübersicht,

5. die Verbindlichkeitenübersicht,

6. eine Übersicht über die über das Ende des Haushaltsjahres hinaus geltenden Haushaltsermächtigungen.

(4) der Jahresabschluss ist innerhalb von sechs Monaten nach Ablauf des Haushaltsjahres aufzustellen.

Abbildung 28: Informationsziele und Komponenten des NKF-Jahresabschlusses in Rheinland-Pfalz

Wie aus *Abbildung 28* hervorgeht, unterscheidet sich der neue haushaltsrechtliche Jahresabschluss der Gemeinden vom handelsrechtlichen Jahresabschluss besonders in zwei Punkten:

- **Erstens sind im NKF-Jahresabschluss Komponenten zu berücksichtigen, die es im
  handelsrechtlichen Jahresabschluss nicht gibt**: Es handelt sich dabei um die Finanzrechnung und die zahlreichen Teilrechnungen, d.h. Teilfinanzrechnungen und Teilergebnisrechnungen.
- **Zweitens ist im NKF-Jahresabschluss das Ergebnis der Haushaltswirtschaft des
  Haushaltsjahres nachzuweisen**. Es besteht somit eine enge Verbindung zwischen dem
  doppischen Haushaltsplan und dem Jahresabschluss einer Gemeinde.

Beide Punkte werden nachfolgend behandelt, wobei zunächst auf den zuletzt genannten Unterschied zum kaufmännischen Rechnungswesen eingegangen werden soll.

10.2 Die Verbindung zwischen Haushaltsplan und Jahresabschluss im NKF

Der wohl wichtigste Unterschied zwischen dem Abschluss einer Unternehmung und dem eines öffentlichen Verwaltungsbetriebs besteht in *der Bedeutung des Soll-Ist-Vergleichs*. Das lässt sich leicht erkennen, wenn man die *kamerale Jahresrechnung*[19] mit dem *kaufmännischen Jahresabschluss* vergleicht.

Die Antwort auf die Frage, ob bzw. inwieweit der Haushaltsplan eingehalten worden ist, steht anders als im Bereich der Unternehmen traditionell im Mittelpunkt des öffentlichen Rechnungswesens.

Das Streben nach *Soll-Ist-Vergleichen* ist typisch für das kameralistische Rechnungswesen[20] und für die öffentliche Haushaltswirtschaft unverzichtbar. Auch das neue kommunale Rechnungswesen muss somit eine Antwort auf die Frage geben können, wie mit den Ermächtigungen, die die politisch zuständige Instanz, also beispielsweise der Rat, erteilt hat und die im Haushaltsplan dokumentiert sind, umgegangen worden ist. Insofern muss auch der NKF-Jahresabschluss diese Kontrollinformationen bereitstellen und die betreffenden Soll-Ist-Vergleiche beinhalten.

In den neuen haushaltsrechtlichen Vorschriften aller Bundesländer finden sich entsprechende Hinweise auf Soll-Ist-Vergleiche. Besonders klar sind die betreffenden Vorgaben beispielsweise in den Regelwerken des *Saarlandes,* des *Freistaates Sachsen* und des *Landes Sachsen-Anhalt.* In diesen Bundesländern wird die Bedeutung der Soll-Ist-Vergleiche, die auch *Plan-Ist-Vergleiche* genannt werden, dadurch betont, dass die betreffenden Begriffe in den Überschriften der einschlägigen Vorschriften *(vgl. § 39, § 40 und § 41 der Saarländischen Kommunalhaushaltsverordnung, § 50 der Sächsischen Kommunalhaushaltsverordnung Doppik und § 43, §44 und § 45 der Gemeindehaushaltsverordnung Doppik des Landes Sachsen-Anhalt)* berücksichtigt werden.

In *Nordrhein-Westfalen* ist die Verbindung zwischen Haushaltsplan und Jahresrechnung erst auf den zweiten Blick erkennbar. Hier wird die Verpflichtung zur Durchführung von Soll-Ist-Vergleichen erst durch die *verbindlichen Muster* deutlich, die bei der Aufstellung des Haushaltsplanes und des Jahresabschlusses heranzuziehen sind.

Vergleicht man die *nordrhein-westfälischen Übersichten* für die Planung und den Abschluss, so fällt zunächst der weitgehend gleiche vertikale Tabellenaufbau auf. Zusätzlich wird aber auch deutlich, dass die Kopfzeilen und damit die Spalteninhalte unterschiedlich sind: Die Übersichten für den Jahresabschluss beinhalten im Gegensatz zu den Übersichten des doppischen Haushaltsplans nicht nur die für ein Haushaltsjahr geplanten Beträge, sondern auch die

---

[19] Vgl. Brinkmeier, Hermann Josef: Kommunale Finanzwirtschaft, Band 3, 6. Auflage, Köln/Berlin/Bonn/München 1997,S. 242.

[20] Vgl. Schneider, Dieter: Allgemeine Betriebswirtschaftslehre, 3. Auflage, München/Wien 1987, hier besonders S. 124.

Daten, die in dem betreffenden Haushaltsjahr tatsächlich entstanden sind. Weiterhin ist eine *eventuelle Abweichung* zwischen der jeweils geplanten Größe, dem *Ansatz*, und der tatsächlich entstandenen Größe, dem *Ist*, in einer gesonderten Spalte auszuweisen. *Soll-Ist-Vergleiche sind damit auch in Nordrhein-Westfalen feste Bestandteile des Jahresabschlusses.*

Um zu erkennen, ob der Haushaltsplan eingehalten worden ist, ist es nicht notwendig, den Haushaltsplan für einen Vergleich mit dem Abschluss heranziehen. Die Informationen aus dem Haushaltsplan werden in die Übersichten des Jahresabschlusses direkt eingearbeitet. Dies lässt sich der *Abbildung 29* entnehmen, die einen Vergleich zwischen der *Kopfzeile für den Finanzplan und der Kopfzeile für die Finanzrechnung* beinhaltet.

Ergänzend ist noch darauf hinzuweisen, dass in die Übersichten des NKF-Jahresabschlusses die ursprünglichen Plangrößen, d.h. die Ansätze des Haushaltsjahres, nicht einfach übernommen werden, sondern Planänderungen während des Haushaltsjahres Berücksichtigung finden. Insofern werden im Jahresabschluss nicht die ursprüngliche, sondern die *fortgeschriebene Ansätze* ausgewiesen und beim Soll-Ist-Vergleich herangezogen.

Finanzplan Ein- und Auszahlungs- arten	Ergebnis des Vor- vorjahres	Ansatz des Vorjahres	Ansatz des Haushalts- jahres	Planung Haus- haltsjahr + 1	Planung Haus- haltsjahr + 2	Planung Haushalts- jahr + 3
	Euro	Euro	Euro	Euro	Euro	Euro
	1	2	3	4	5	6

Finanz- rechnung Ein- und Auszahlungs- arten	Ergebnis des Vorjahres		Fortge- schriebener Ansatz des Haushalts- jahres	Ist-Ergebnis des Haushaltsjahres	**Vergleich Ansatz / Ist** (Spalte 3 minus Spalte 2)
		Euro	Euro	Euro	Euro
		1	2	3	4

Abbildung 29: Kopfzeile des Finanzplanes und Kopfzeile der Finanzrechnung im Vergleich

10.3 Finanzrechnung, Ergebnisrechnung und Teilrechnungen

Im Hinblick auf den vertikalen Aufbaus, d.h. bezüglich der 1. Tabellenspalte (Kopfspalte), stimmen die verbindlichen Muster für

1. den Finanzplan und die Finanzrechnung,
2. den Ergebnisplan und die Ergebnisrechnung,
3. den Teilfinanzplan und die Teilfinanzrechnung sowie
4. den Teilergebnisplan und die Teilergebnisrechnung

in der Regel nahezu vollständig überein. Das ist auch im Hinblick auf die für jede Position durchzuführenden Soll-Ist-Vergleiche sinnvoll. Lediglich in einigen wenigen Bundesländern wird der einheitliche Tabellenaufbau für Planung und Rechnung bei einzelnen Mustern für die kommunale Haushaltswirtschaft nicht durchgehalten. Wir gehen nachfolgend von Grundmustern aus, die für die meisten Bundesländer mehr oder weniger typisch sind.

In diesem Fall bestehen zwischen dem *Aufbau des Finanzplans* und dem *Aufbau der Finanzrechnung* lediglich die folgenden Unterschiede:

- In der Finanzplanung wird nicht veranschlagt, über welchen Bestand an fremden Finanzmitteln man am Ende des Haushaltsjahres vermutlich verfügen wird. Diese Position ist nur schlecht oder eventuell gar nicht prognostizierbar. Insofern wird auf die Planung dieser Größe verzichtet.
- Weiterhin ist zu beachten, dass häufig für wenige Tage Kredite zur Liquiditätssicherung aufgenommen und ebenso kurzfristig getilgt werden, so dass – über das ganze Haushaltsjahr gesehen – sich die entsprechenden Einzahlungen und Auszahlungen zu hohen Beträgen summieren. Abgesehen von der großen Unsicherheit bezüglich der Schätzung dieser Beträge würden die betreffenden Zahlen den Finanzplan somit aufblähen und damit möglicherweise Verunsicherungen hervorrufen. Deshalb wird bei der Planung auch auf den Ausweis dieser Größen verzichtet.

Bei der Abrechnung, d.h. bei der Jahresrechnung, liegen genaue Informationen darüber vor, welche Einzahlungen durch die Aufnahme von Krediten zur Liquiditätssicherung und welche Auszahlungen durch die Tilgung solcher Kredite insgesamt entstanden sind. Weiterhin ist auch bekannt, welche fremden Finanzmittel vorhanden sind. Insofern sind diese Angaben in der Rechnung zu berücksichtigen, obwohl man sie wegen der oben genannten Problematik im Finanzplan nicht veranschlagt hat.

Die Finanzrechnung verfügt damit in unserem Grundmuster gegenüber dem Finanzplan um drei zusätzliche Zeilen, so dass die Finanzrechnung (*vgl. Abbildung 30)* insgesamt 41 Zeilen umfasst und demgegenüber im Finanzplan *(vgl. Abbildung 14)* lediglich 38 Zeilen ausgewiesen werden. Die zusätzlichen Zeilen, die die Finanzrechnung beinhaltet, haben wir grau unterlegt.

		Finanzrechnung Ein- und Auszahlungsarten (Beträge in Euro)	Ergeb nis des Vor- jahres	Fortge- schriebener Ansatz des Haushalts- jahres	Ist- Ergeb- nis des Haus- halts- jahres	Ver- gleich An- satz/ Ist
1		Steuern und ähnliche Abgaben				
2	+	Zuwendungen und allgemeine Umlagen				
3	+	Sonstige Transfereinzahlungen				
4	+	Öffentlich-rechtliche Leistungsentgelte				
5	+	Privatrechtliche Leistungsentgelte				
6	+	Kostenerstattungen, Kostenumlagen				
7	+	Sonstige Einzahlungen				
8	+	Zinsen und sonstige Finanzeinzahlungen				
9	=	Einzahlungen aus laufender Verwaltungstätigkeit				
10	-	Personalauszahlungen				
11	-	Versorgungsauszahlungen				
12	-	Auszahlungen für Sach- und Dienstleistungen				
13	-	Zinsen und sonstige Finanzauszahlungen				
14	-	Transferauszahlungen				
15	-	Sonstige Auszahlungen				
16	=	Auszahlungen aus laufender Verwaltungstätigkeit				
17	=	Saldo aus laufender Verwaltungstätigkeit (= Z. 9 u. 16)				
18	+	Zuwendungen für Investitionsmaßnahmen				
19	+	Einzahlungen aus der Veräußerung von Sachanlagen				
20	+	Einzahlungen aus der Veräußerung von Finanzanlagen				
21	+	Einzahlungen aus Beiträgen und ähnlichen Entgelten				
22	+	Sonstige Investitionseinzahlungen				
23	=	Einzahlungen aus Investitionstätigkeit				
24	-	Auszahlungen für den Erwerb von Grundstücken und Gebäuden				
25	-	Auszahlungen für Baumaßnahmen				
26	-	Auszahlungen für den Erwerb von beweglichem Anlagevermögen				
27	-	Auszahlungen für den Erwerb von Finanzanlagen				
28	-	Auszahlungen von aktivierbaren Zuwendungen				
29	-	Sonstige Investitionsauszahlungen				
30	=	Auszahlungen aus Investitionstätigkeit				
31	=	Saldo aus Investitionstätigkeit (= Z. 23 u. 30)				
32	=	Finanzmittelüberschuss/-fehlbetrag (= Z. 17 u. 31)				
33	+	Aufnahme und Rückflüsse von Darlehen				
34	+	Aufnahme von Krediten zur Liquiditätssicherung				
35	-	Tilgung und Gewährung von Darlehen				
36	-	Tilgung von Krediten zur Liquiditätssicherung				
37	=	Saldo aus Finanzierungstätigkeit				
38	=	Änderung des Bestandes an eigenen Finanzmitteln (= Z. 32 u. 35)				
39	+	Anfangsbestand an Finanzmitteln				
40	+	Bestand an fremden Finanzmitteln				
41	=	Liquide Mittel (= Z. 38, 39 u. 40))				

Abbildung 30: Die Finanzrechnung

Abbildung 31 beinhaltet einen Überblick über die *Ergebnisrechnung,* die sich von dem *Er- gebnisplan (Abbildung 15)* ausschließlich durch die Kopfzeile unterscheidet.

Ergebnisrechnung Aufwands- und Ertragsarten			Er-gebnis des Vor-jahres	Fortge-schriebener Ansatz des Haushalts-jahres	Ist-Ergeb-nis des Haus-halts-jahres	Ver-gleich An-satz/ Ist
			Euro	Euro	Euro	Euro
			1	2	3	4
1		Steuern und ähnliche Abgaben				
2	+	Zuwendungen und allgemeine Umlagen				
3	+	Sonstige Transfererträge				
4	+	Öffentlich-rechtliche Leistungsentgelte				
5	+	Privatrechtliche Leistungsentgelte				
6	+	Kostenerstattungen, Kostenumlagen				
7	+	Sonstige ordentliche Erträge				
8	+	Aktivierte Eigenleistungen				
9	+/-	Bestandsveränderungen				
10	=	Ordentliche Erträge				
11	-	Personalaufwendungen				
12	-	Versorgungsaufwendungen				
13	-	Aufwendungen für Sach- und Dienstleistungen				
14	-	Bilanzielle Abschreibungen				
15	-	Transferaufwendungen				
16	-	Sonstige ordentliche Aufwendungen				
17	=	Ordentliche Aufwendungen				
18		Ergebnis der laufenden Verwaltungstätigkeit (Zusammenfassung Zeile 10 und Zeile 17)				
19	+	Finanzerträge				
20	-	Zinsen und ähnliche Aufwendungen				
21	=	Finanzergebnis (Zeile 19 und Zeile 20)				
22		Ordentliches Ergebnis (Zusammenfassung Zeile 18 und Zeile 21)				
23	+	Außerordentliche Erträge				
24	-	Außerordentliche Aufwendungen				
25	=	Außerordentliches Ergebnis (Zeile 23 und Zeile 24)				
26		Jahresergebnis (Zeile 22 und Zeile 25)				

Abbildung 31: Die Ergebnisrechnung

Bei den von uns gewählten Grundmustern unterscheiden sich auch die *Teilfinanzrechnungen* (*vgl. Abbildung 32 und Abbildung 33*) von den *Teilfinanzplänen (vgl. Abbildung 18 und Abbildung 19)* lediglich durch den Tabellenkopf.

Teilfinanzrechnung A Ein- und Auszahlungsarten	Er-gebnis des Vor-jahres	Fortge-schriebener Ansatz des Haushalts-jahres	Ist-Ergebnis des Haus-haltsjah-res	Vergleich Ansatz/ Ist
	Euro	Euro	Euro	Euro
	1	2	3	4
Laufende Verwaltungstätigkeit *(Einzahlungen und Auszahlungen nach Arten können wie in der Finanzrechnung abgebildet werden)*				
Investitionstätigkeit				
Einzahlungen				
1 aus Zuwendungen für Investitionsmaßnahmen				
2 aus der Veräußerung von Sachanlagen				
3 aus der Veräußerung von Finanzanlagen				
4 aus Beiträgen und ähnlichen Entgelten				
5 aus sonstigen Investitionseinzahlungen				
6 Summe der investiven Einzahlungen				
Auszahlungen				
7 für den Erwerb von Grundstücken und Gebäuden				
8 für Baumaßnahmen				
9 für den Erwerb von beweglichem Anlagevermögen				
10 für den Erwerb von Finanzanlagen				
11 von aktivierbaren Zuwendungen				
12 Sonstige Investitionsauszahlungen				
13 Summe der investiven Auszahlungen				
14 Saldo der Investitionstätigkeit (Einzahlungen – Auszahlungen)				

Abbildung 32: Teilfinanzrechnung (A. Zahlungsnachweis)

Teilfinanzrechnung B Investitionsmaßnahmen	Ergebnis des Vorjahres	Fortgeschriebener Ansatz des Vorjahres	Ist-Ergebnis des Haushaltsjahres	Vergleich Ansatz/ Ist
	Euro	Euro	Euro	Euro
	1	2	3	4
Investitionsmaßnahmen oberhalb der festgesetzten Wertgrenzen				
Maßnahme: ...				

+ Einzahlungen aus
  Investitionszuwendungen
- Auszahlungen für den
  Erwerb von Grund-
  stücken und Gebäuden
- Auszahlungen für Baumaßnahmen				

Saldo: (Einzahlungen – Auszahlungen)				
Weitere Maßnahmen: **(Gliederung wie oben)**				
Investitionsmaßnahmen unterhalb der festgesetzten Wertgrenzen				
Summe der investiven Einzahlungen				
Summe der investiven Auszahlungen				
Saldo: (Einzahlungen –Auszahlungen)				

Abbildung 33: Teilfinanzrechnung (B. Nachweis der einzelnen Investitionsmaßnahmen)

Teilergebnisrechnung und *Teilergebnisplan (vgl. Abbildung 20)* unterscheiden sich ebenfalls lediglich bezüglich der Kopfzeile. *Abbildung 34* beinhaltet ein Muster für eine Teilergebnisrechnung.

TEILERGEBNISRECHNUNG Ertrags- und Aufwandsarten			Ergebnis des Vorjahres	Fortgeschriebener Ansatz des Haushaltsjahres	Ist-Ergebnis des Haushaltsjahres	Vergleich Ansatz/Ist
			Euro	Euro	Euro	Euro
			1	2	3	4
1		Steuern und ähnliche Abgaben				
2	+	Zuwendungen und allgemeine Umlagen				
3	+	Sonstige Transfererträge				
4	+	Öffentlich-rechtliche Leistungsentgelte				
5	+	Privatrechtliche Leistungsentgelte				
6	+	Kostenerstattungen, Kostenumlagen				
7	+	Sonstige ordentliche Erträge				
8	+	Aktivierte Eigenleistungen				
9	+/-	Bestandsveränderungen				
10	=	Ordentliche Erträge				
11	-	Personalaufwendungen				
12	-	Versorgungsaufwendungen				
13	-	Aufwendungen für Sach- und Dienstleistungen				
14	-	Bilanzielle Abschreibungen				
15	-	Transferaufwendungen				
16	-	Sonstige ordentliche Aufwendungen				
17	=	Ordentliche Aufwendungen				
18		Ergebnis der laufenden Verwaltungstätigkeit (Zeile 10 und Zeile 17)				
19	+	Finanzerträge				
20	-	Zinsen und ähnliche Aufwendungen				
21	=	Finanzergebnis (Zeile 19 und Zeile 20)				
22		Ordentliches Ergebnis (Zeile 18 und Zeile 21)				
23	+	Außerordentliche Erträge				
24	-	Außerordentliche Aufwendungen				
25	=	Außerordentliches Ergebnis (Zusammenfassung Zeile 23 und Zeile 24)				
26		Jahresergebnis (Zeile 22 und Zeile 25)				
27	+	Erträge aus internen Leistungsbeziehungen				
28	-	Aufwendungen aus internen Leistungsbeziehungen				
29	=	Ergebnis (Zeile 26, Zeile 27 und Zeile 28)				

Abbildung 34:Teilergebnisrechnung

Die für die einzelnen Rechnungen erforderlichen Ist-Zahlen werden dem NKF-Buchungskreis entnommen *(vgl. Abschnitt 9.4)*.

So wird beispielsweise für die Erstellung der Finanzrechnung das Finanzrechnungskonto ausgewertet. Für die Erstellung der Ergebnisrechnung wird das Ergebnisrechnungskonto ausgewertet. Zu beachten ist dabei, dass sowohl das Finanzrechnungskonto als auch das Ergebnisrechnungskonto als T-Konten aufgebaut sind, während, worauf wir bereits hingewiesen haben, sowohl für die Finanzrechnung als auch für die Ergebnisrechnung die *Staffelform* zwingend vorgeschrieben ist.

Die Staffelform ist dadurch gekennzeichnet, dass, anders als bei einem T-Konto, die Einzahlungen den Auszahlungen bzw. die Aufwendungen den Erträgen nicht einfach einander gegenübergestellt werden, sondern dass die betreffenden Größen untereinander und teilweise abwechselnd angeordnet werden, um nicht nur *Endresultate*, sondern auch *Zwischenresultate* ausweisen zu können.

Schwieriger als die Erstellung der Finanzrechnung und der Ergebnisrechnung ist die Erstellung der Teilrechnungen. Hier kann man nicht jeweils auf ein Konto zurückgreifen, sondern muss man sich „aus den Tiefen der Buchhaltung" die erforderlichen Daten holen.

Wir haben bereits darauf hingewiesen, dass die Teilrechnungen für einzelne Produktbereiche, Produktgruppen, Produkte und Organisationseinheiten einer Kommune erstellt werden bzw. erstellt werden können. In diesen Fällen ist in der Jahresrechnung auch nachzuweisen, dass die in der Planung vorgegebenen Sachziele erreicht worden sind. Dies geschieht mit Hilfe der ebenfalls bereits im Haushaltsplan aufgeführten Kennziffern.

Für *solche Kennziffern* sind dann jeweils drei Angaben erforderlich:

- die in der Planung für das Haushaltsjahr vorgegebene Größe,
- die im Haushaltsjahr realisierte Größe und
- die *Abweichung.*

Damit wird ein weiterer erheblicher Unterschied zum handelsrechtlichen Jahresabschluss deutlich: Die Berücksichtigung kalkulatorischer Größen in einem an sich pagatorischen Jahresabschluss.

Die neuen haushaltsrechtlichen Vorschriften der meisten Bundesländer sehen solche „kalkulatorischen Soll-Ist-Vergleiche", die man handelsrechtlich eindeutig ablehnen müsste, ausdrücklich vor. In diesem Zusammenhang kann beispielsweise auf *§ 46 (4) der Gemeindehaushaltsverordnung des Landes Rheinland-Pfalz* („Die Teilergebnisrechnungen sind jeweils um Ist-Zahlen zu den in den Teilergebnishaushalten ausgewiesenen Leistungsmengen und Kennzahlen zu ergänzen") und *§ 41 (2) der Kommunalhaushaltsverordnung des Saarlandes* verwiesen werden .

Ausgehend von dem in *Abbildung 22* wiedergegebenen Plan für den Produktbereich „Sport und Bäder" könnte dann die Zusammenstellung der betreffenden *Leistungsmengen* und *Kennzahlen* folgendermaßen aussehen (*vgl. Abbildung 35*):

Leistungsmengen und Kennzahlen	Plandaten für das Haus- haltsjahr	Ist-Daten für das Haus- haltsjahr	Abweichungen
Fläche Sportplätze (qm)			
Fläche Sporthallen(qm)			
Auslastungsgrad Sporthallen			
Anzahl Hallenbäder			
Kostendeckungsgrad Hallenbäder			
Besucherzahl Hallenbäder			
Anzahl Freibäder			
Kostendeckungsgrad Freibäder			
Besucherzahl Freibäder			

Abbildung 35: Leistungsmengen und Kennzahlen im neuen kommunalen Jahresabschluss

10.4   Die kommunale Bilanz

10.4.1   Überblick über die kommunale Bilanz

Anders als bei der Finanzrechnung, der Ergebnisrechnung und den Teilrechnungen findet sich bezüglich der *Schlussbilanz*, die oft etwas ungenau lediglich *Bilanz* genannt wird und die man in einigen Bundesländern auch als *Vermögensrechnung* bezeichnet, kein entsprechendes Element auf der Planungsebene. Ein Unterschied zwischen Ansatz und Ist lässt sich bezüglich der *kommunalen Bilanz* somit in der Regel nicht ermitteln. Insofern beinhaltet dieser Baustein der Jahresrechnung auch keinen Soll-Ist-Vergleich – es sei denn, eine Gemeinde würde *auf freiwilliger Basis* in Verbindung mit dem Haushaltsplan eine *Planbilanz* erstellen.

Wenn die elektronische Datenverarbeitung die NKF – Problematik auf der Buchungs- und Abschlussebene gelöst hat, dürfte die Erstellung der Planbilanz keine großen Schwierigkeiten hervorrufen. Man müsste in das betreffende System statt der Ist-Daten lediglich die Plan-Daten eingeben. Auf der Planungsebene würde man dann die gleiche Vorgehensweise wählen wie auf der Buchungs- bzw. Abschlussebene. Die Einbeziehung der Planbilanz führt somit zu einem lückenlosen doppischen Verbund. Zu erwarten ist, dass die dadurch hervorgerufene Geschlossenheit des Planungssystems nicht unerheblich zur Fehlerreduktion bei der Haushaltsplanung beiträgt.

Aber auch dann, wenn keine Planbilanz erstellt wird, ist die im Rahmen des Jahresabschlusses zu erstellende Bilanz für die Steuerung einer Kommune von großer Bedeutung, wobei nicht alles, was eine Bilanz auszudrücken vermag, auf den ersten Blick erkennbar ist. Teilweise lassen sich wichtige Informationen erst mit Hilfe einer auf *Kennzahlen* beruhenden *Bilanzanalyse* gewinnen.

Die besondere Stellung der Bilanz im NKF-Jahresabschluss resultiert unter anderem daraus, dass sich in der Bilanz die Resultate der beiden ebenfalls wichtigen Elemente des Jahresabschlusses, d.h. der Saldo der Finanzrechnung, der *Liquiditätssaldo*, und der Saldo der Ergebnisrechnung, der *Ergebnissaldo* oder *Erfolgssaldo*, wiederfinden.

Dies lässt sich, wie wir im *Abschnitt 9.4* bereits erläutert haben auf den NKF-Buchungskreis zurückführen: Sowohl das Finanzrechnungskonto als auch das Ergebnisrechnungskonto werden zum Schlussbilanzkonto hin abgeschlossen. Damit ist die Bilanz Dreh- und Angelpunkt des neuen kommunalen Jahresabschlusses.

Wie bei der Finanzrechnung und dem Finanzrechnungskonto bzw. der Ergebnisrechnung und dem Ergebnisrechnungskonto so sind auch *Unterschiede* zwischen der *Schlussbilanz* und dem *Schlussbilanzkonto* zu beachten. Da beide allerdings in der Form eines T-Kontos erstellt werden, fallen diese Unterschiede erst auf den zweiten Blick auf.

Dass die Schlussbilanz vom Schlussbilanzkonto eventuell abweicht, ist auf spezielle haushaltsrechtliche Vorschriften zurückzuführen. *So ist beispielsweise ein eventueller Jahresfehlbetrag auf der Passivseite, d.h. auf der rechten Seite der Schlussbilanz, mit einem negativen Vorzeichen auszuweisen.* Ein negatives Vorzeichen kommt in der Doppik nicht vor, so dass buchungstechnisch der Jahresfehlbetrag auf dem Schlussbilanzkonto links, d.h. im Soll, auszuweisen ist. Abgesehen von dieser Besonderheit sind *zahlreiche Form- und Gliederungsvorschriften* bei der Aufstellung der Schlussbilanz zu beachten, die auf das Schlussbilanzkonto nicht einwirken.

Bevor wir uns der kommunalen Bilanz zuwenden, wollen wir noch kurz den grundsätzlichen Aufbau einer Bilanz erläutern.

Wie aus *Abbildung 36* hervorgeht, erfasst die linke Seite der Bilanz die *Aktiva*.

Bilanz

Aktiva	Passiva
Anlagevermögen	Eigenkapital
Umlaufvermögen	Fremdkapital
Bilanzsumme	Bilanzsumme

Abbildung 36: Grundaufbau der Bilanz

In erster Linie handelt es sich dabei um das *Vermögen*. Allerdings können unter bestimmten Bedingungen auf der Aktivseite der Bilanz eventuell Positionen vorkommen, die man auch bei einer großzügigen Interpretation nicht als Vermögen bezeichnen kann.

In diesem Zusammenhang ist besonders an den *nicht durch Eigenkapital gedeckten Fehlbetrag* zu denken, der dann auf der Aktivseite zu berücksichtigen ist, wenn die Schulden (das Fremdkapital) das Vermögen übersteigen (vgl. beispielsweise *§ 47 (4) Nr. 5 der Gemeinde-*

haushaltsverordnung des Landes Rheinland-Pfalz). Die betreffende Bilanzposition wird nicht in allen Bundesländern gleich bezeichnet. *In § 51 (2) Nr. 4 der Sächsischen Kommunalhaushaltsverordnung-Doppik* findet sich hierfür beispielsweise die Formulierung *„nicht durch Kapitalposition gedeckter Fehlbetrag"*.

Auf der *Aktivseite* wird zunächst das *Anlagevermögen* aufgeführt. Zum Anlagevermögen gehören alle Güter, die dazu bestimmt sind, dem Betrieb auf Dauer zu dienen. Hierzu zählen beispielsweise in der Regel Grundstücke, Gebäude und Maschinen. Unterhalb des Anlagevermögens erscheint das *Umlaufvermögen*. Zum Umlaufvermögen zählen alle Güter, die dazu bestimmt sind, dem Betrieb nur vorübergehend zu dienen. Sie werden im betrieblichen Prozess beispielsweise verändert, umgewandelt, umgeschlagen oder umgesetzt. Hierzu zählen unter anderem die Vorräte, die Forderungen und die Geldbestände.

Auf der rechten Seite der Bilanz stehen die *Passiva*. Hier wird das *Kapital* erfasst.

Wie bereits erwähnt, kann der bilanzielle Begriff *„Kapital"* leicht zu Missverständnissen führen. Es wird daher nochmals darauf hingewiesen, dass anders als in der Alltagssprache hier mit Kapital nicht ein vorhandenes Gut bezeichnet wird und mit Kapital somit kein Vermögensgegenstand gemeint ist; denn dann müsste das Kapital auf der Aktivseite aufgeführt werden. Der Begriff des Kapitals kennzeichnet die *Mittelherkunft*. Er drückt aus, in welchem Umfang eine Person oder Institution dem betreffenden Betrieb Mittel zur Verfügung gestellt hat. Auf der *Passivseite* wird also – etwas vereinfachend formuliert – festgehalten, wer gegenüber dem betreffenden Betrieb welchen „Anspruch" hat.

Erfolgt die Mittelbereitstellung unbefristet durch den bzw. die Eigentümer, spricht man von *Eigenkapital*. Es wird auf der rechten Bilanzseite oben aufgeführt. Das Kapital, das nicht Eigenkapital ist, wird als *Fremdkapital* bezeichnet. Es wird unterhalb des Eigenkapitals aufgeführt. Beim Fremdkapital handelt es sich in der Regel um die *Schulden*, die der Betrieb hat. Hierzu zählen die *Rückstellungen* und die *Verbindlichkeiten*. In diesen Fällen werden dem Betrieb nur für einen bestimmten Zeitraum, d.h. befristet, Mittel zur Verfügung gestellt und werden hierfür häufig Entgelte, z. B. in Form von Zinszahlungen, vereinbart. Bei den *Verbindlichkeiten* handelt es sich um gewisse Schulden, die Höhe des Betrages und der Zahlungszeitpunkt stehen fest. Bei den *Rückstellungen* sind Betrag und/oder Zahlungszeitpunkt hingegen ungewiss. Hinzu kommt, dass man, worauf wir bereits hingewiesen haben, nicht sämtliche Rückstellungen im juristischen Sinn als Schulden bezeichnen kann, das gilt beispielsweise für die Instandhaltungsrückstellungen.

Die in *Abbildung 36* aufgeführten Hauptpositionen werden weiter untergliedert. Welche genaue Einteilung zu berücksichtigen ist, geht aus den für den betreffenden Betriebstyp relevanten Rechtsvorschriften hervor. Für die kommunale Bilanz sind die haushaltsrechtlichen Vorgaben des betreffenden Bundeslandes maßgeblich. Dies führt dazu, dass die kommunalen Bilanzen in den verschiedenen Bundesländern zwar in etwa die gleiche Grundstruktur aufweisen, aber im Detail durchaus unterschiedlich ausfallen können.

Abbildung 37 vermittelt, ausgehend von den *nordrhein-westfälischen Regelungen*, einen Überblick über den Grundaufbau einer *kommunalen Bilanz*, die man auch als *NKF-Bilanz* bezeichnen kann. Mit diesem Grundmuster einer kommunalen Bilanz werden wir uns nachfolgend befassen.

Die kommunale Bilanz	
Aktiva	**Passiva**
1. Anlagevermögen	**1. Eigenkapital**
1.1 Immaterielle Vermögensgegenstände	1.1 Allgemeine Rücklage
	1.2 Sonderrücklagen
1.2 Sachanlagen	1.3 Ausgleichsrücklagen
1.2.1 Unbebaute Grundstücke und	1.4 Jahresüberschuss/Jahresfehlbetrag
grundstücksgleiche Rechte	**2. Sonderposten**
1.2.1.1 Grünflächen	2.1 für Zuwendungen
...	2.2 für Beiträge
1.2.2 Bebaute Grundstücke und	2.3 für den Gebührenausgleich
grundstücksgleiche Rechte	2.4 Sonstige Sonderposten
1.2.2.1 Kindertageseinrichtungen	**3. Rückstellungen**
...	3.1 Pensionsrückstellungen
1.2.3 Infrastrukturvermögen	3.2 Rückstellungen für Deponien und
1.2.3.1 Grund und Boden des	Altlasten
Infrastrukturvermögens	3.3 Instandhaltungsrückstellungen
1.2.3.2 Brücken, Tunnel	3.4 Sonstige Rückstellungen nach
...	Abs. 4 und 5
1.2.4 Bauten auf fremdem Grund und Boden	**4. Verbindlichkeiten**
1.2.5 Kunstgegenstände, Kulturdenkmäler	4.1 Anleihen
1.2.6 Maschinen und technische Anlagen,	4.2 Verbindlichkeiten aus Krediten
Fahrzeuge	4.3 Verbindlichkeiten aus Krediten zur
1.2.7 Betriebs- und Geschäftsausstattung	Liquiditätssicherung
1.2.8 Geleistete Anzahlungen, Anlagen im Bau	4.4. Verbindlichkeiten aus Vorgängen, die
	Kreditaufnahmen wirtschaftlich
1.3 Finanzanlagen	gleichkommen
	4.5 Verbindlichkeiten aus Lieferungen und
2. Umlaufvermögen	Leistungen
3. Aktive Rechnungsabgrenzung	4.6 Verbindlichkeiten aus Transferleistungen
	4.5 Sonstige Verbindlichkeiten,
	5. Passive Rechnungsabgrenzung

Abbildung 37: Grundaufbau einer kommunalen Bilanz nach nordrhein-westfälischem Haushaltsrecht

10.4.2 Hauptunterschiede zwischen einer NKF- und einer HGB-Bilanz

Um die grundsätzlichen Unterschiede zu erkennen, die zwischen einer *NKF-Bilanz* und einer *HGB-Bilanz*, d.h. einer nach dem Handelsrecht zu erstellenden Bilanz, bestehen, erscheint es zweckmäßig, die für beide Bilanzen vorgegebenen *Mindestgliederungen* miteinander zu vergleichen. Dabei orientieren wir uns bezüglich der kommunalen Bilanz an den nordrhein-westfälischen Vorgaben.

Abbildung 38 vermittelt einen Überblick über die *Mindestgliederung der Aktivseite der NKF-Bilanz nach § 41 (3) der Gemeindehaushaltsverordnung des Landes Nordrhein-Westfalen,* wobei aus darstellungstechnischen Gründen eine Zerlegung in *zwei Teile* erforderlich ist.

Abbildung 39 beinhaltet einen Überblick über die Mindestgliederung der *Aktivseite der handelsrechtlichen Bilanz nach § 266 (2) HGB,* die wir, um die vergleichende Betrachtung zu erleichtern, grau unterlegt haben.

Bereits auf den ersten Blick fällt die im Vergleich zur HGB-Bilanz *tiefere Gliederung der NKF-Bilanz* auf, was zu einer deutlich größeren Zahl an Bilanzpositionen führt.

Betrachtet man speziell das *Anlagevermögen*, so ist Folgendes zu erkennen:

- Das *Sachanlagevermögen* wird viel stärker untergliedert als in der HGB-Bilanz.
- Hinzu kommt, dass sich in der kommunalen Bilanz zahlreiche Bilanzpositionen finden, die es in der handelsrechtlichen Bilanz zumindest in den betreffenden Formulierungen nicht gibt. Zu nennen sind in diesem Zusammenhang beispielsweise die Bilanzpositionen „Grünflächen", „Ackerland", „Kinder- und Jugendeinrichtungen", „Schulen" und „Infrastrukturvermögen". Der zuletzt genannten Bilanzposition kommt ganz offensichtlich eine große Bedeutung zu. Dies lässt sich an der Untergliederung dieser Bilanzposition erkennen. Demnach sind beispielsweise das gesamte Kanal- und Straßennetz einer Gemeinde als *Infrastrukturvermögen* zu erfassen – es sei denn, dass für den betreffenden Bereich eine spezielle Betriebsform gewählt worden ist.
- Dies ist häufig bei den kommunalen Wasserwerken und Abwasserentsorgungsbetrieben der Fall. Werden solche anlagenintensive Bereiche beispielsweise als Eigenbetrieb oder als Eigengesellschaft, d.h. als GmbH oder AG, geführt, erfolgt der Ausweis in der Bilanz unter der Position *„Finanzanlagen".* Diese werden in beiden Bilanzen ähnlich eingeteilt. Es ist allerdings zu beachten, dass unter gleich lautenden Positionen teilweise unterschiedliche Betriebstypen erfasst werden, so kommen *Zweckverbände* und *Anstalten öffentlichen Rechts* als Vermögenswerte nur in der NKF-Bilanz vor. Das gilt auch für die *Sondervermögen* für die man in der NKF-Bilanz allerdings eine spezielle Bilanzposition gebildet hat. Dabei handelt es sich überwiegend um *Eigenbetriebe,* d.h. um wirtschaftliche Unternehmen der Gemeinde ohne Rechtspersönlichkeit.

Aktiva der NKF -Bilanz

1. Anlagevermögen

    1.1 Immaterielle Vermögensgegenstände

    1.2 Sachanlagen

        1.2.1 Unbebaute Grundstücke und grundstücksgleiche Rechte

            1.2.1.1 Grünflächen

            1.2.1.2 Ackerland

            1.2.1.3 Wald, Forsten

            1.2.1.4 Sonstige unbebaute Grundstücke

        1.2.2 Bebaute Grundstücke und grundstücksgleiche Rechte

            1.2.2.1 Kindertageseinrichtungen

            1.2.2.2 Schulen

            1.2.2.3 Wohnbauten

            1.2.2.4 Sonstige Dienst-, Geschäfts- u. Betriebsgebäude

        1.2.3 Infrastrukturvermögen

            1.2.3.1 Grund und Boden des Infrastrukturvermögens

            1.2.3.2 Brücken, Tunnel

            1.2.3.3 Gleisanlagen mit Streckenausrüstung und Sicherheitsanlagen

            1.2.3.4 Entwässerungs- und Abwasserbeseitigungsanlagen

            1.2.3.5 Straßennetz mit Wegen, Plätzen und Verkehrslenkungsanlagen

            1.2.3.6 Sonstige Bauten des Infrastrukturvermögens

        1.2.4 Bauten auf fremdem Grund und Boden

        1.2.5 Kunstgegenstände, Kulturdenkmäler

        1.2.6 Maschinen und technische Anlagen, Fahrzeuge

        1.2.7 Betriebs- und Geschäftsausstattung

        1.2.8 Geleistete Anzahlungen, Anlagen im Bau

    1.3 Finanzanlagen

        1.3.1 Anteile an verbundenen Unternehmen

        1.3.2 Beteiligungen

        1.3.3 Sondervermögen

        1.3.4 Wertpapiere des Anlagevermögens

        1.3.5 Ausleihungen

            1.3.5.1 an verbundene Unternehmen

            1.3.5.2 an Beteiligungen

            1.3.5.3 an Sondervermögen

            1.3.5.4 Sonstige Ausleihungen

Abbildung 38 (Teil 1): Mindestgliederung der Aktivseite der NKF-Bilanz (Anlagevermögen)

Auch bezüglich des *Umlaufvermögens* sind einige nicht unbedeutende Unterschiede erkennbar:

- So spielen im kommunalen Bereich die *Vorräte* und hier insbesondere die fertigen und unfertigen Erzeugnisse nur eine untergeordnete Rolle. Dies ist darauf zurückzuführen, dass die Städte, Kreise und Gemeinden primär unstoffliche Produkte, d.h. Dienstleistungen, erstellen und diese dann auch vielfach unentgeltlich abgeben, so dass aus mehreren Gründen eine Bilanzierung dieser Güter nicht möglich bzw. nicht zulässig ist.

- Auffallend ist weiterhin die starke Untergliederung der *Forderungen* in der kommunalen Bilanz. Hinzu kommt, dass in der NKF-Bilanz zusätzlich Forderungen zu berücksichtigen sind, die nur im öffentlichen Bereich entstehen können. Gemeint sind die *öffentlich-rechtlichen Forderungen*, die beispielsweise dadurch entstehen, dass man die Steuer-, Gebühren- oder Beitragsbescheide zwar versendet hat, aber die betreffenden Beträge bei der Stadt noch nicht eingegangen sind.

- Abschließend ist noch auf die Position „*Liquide Mittel*" hinzuweisen. Die Formulierung findet sich nur in der NKF-Bilanz. In der HGB-Bilanz erfolgt der Ausweis der betreffenden Bestände an Zahlungsmitteln unter der Position „Kassenbestand, Bundesbankguthaben, Guthaben bei Kreditinstituten und Schecks".

Aktiva der NKF-Bilanz

2. Umlaufvermögen

2.1 Vorräte

2.1.1 Roh-, Hilfs- und Betriebsstoffe, Waren

2.1.2 Geleistete Anzahlungen

2.2 Forderungen und sonstige Vermögensgegenstände

2.2.1 Öffentlich-rechtliche Forderungen und Forderungen aus Transferleistungen

2.2.1.1 Gebühren

2.2.1.2 Beiträge

2.2.1.3 Steuern

2.2.1.4 Forderungen aus Transferleistungen

2.2.1.5 Sonstige öffentlich-rechtliche Forderungen

2.2.2 Privatrechtliche Forderungen

2.2.2.1 gegenüber dem privaten Bereich

2.2.2.2 gegenüber dem öffentlichen Bereich

2.2.2.3 gegen verbundene Unternehmen

2.2.2.4 gegen Beteiligungen

2.2.2.5 gegen Sondervermögen

2.2.3 Sonstige Vermögensgegenstände

2.3 Wertpapiere des Umlaufvermögens

2.4 Liquide Mittel

3. Aktive Rechnungsabgrenzung

Abbildung 38 (Teil 2): Mindestgliederung der Aktivseite der NKF-Bilanz (Umlaufvermögen etc.)

Aktiva der HGB-Bilanz

A. Anlagevermögen

I. Immaterielle Vermögensgegenstände

1. Konzessionen, gewerbliche Schutzrechte und ähnliche Rechte und Werte sowie Lizenzen an solchen Rechten und Werten

2. Geschäfts- oder Firmenwert

3. geleistete Anzahlungen

II. Sachanlagen

1. Grundstücke, grundstücksgleiche Rechte und Bauten einschließlich der Bauten auf fremden Grundstücken

2. technische Anlagen und Maschinen

3. andere Anlagen, Betriebs- und Geschäftsausstattung

4. geleistete Anzahlungen und Anlagen im Bau

III. Finanzanlagen

1. Anteile an verbundenen Unternehmen

2. Ausleihungen an verbundene Unternehmen

3. Beteiligungen

4. Ausleihungen an Unternehmen, mit denen ein Beteiligungsverhältnis besteht

5. Wertpapiere des Anlagevermögens

6. Sonstige Ausleihungen

B. Umlaufvermögen

I. Vorräte

1. Roh-, Hilfs- und Betriebsstoffe

2. unfertige Erzeugnisse; unfertige Leistungen

3. fertige Erzeugnisse und Waren

4. geleistete Anzahlungen

II. Forderungen und sonstige Vermögensgegenstände

1. Forderungen aus Lieferungen und Leistungen

2. Forderungen gegen verbundene Unternehmen

3. Forderungen gegen Unternehmen, mit denen ein Beteiligungsverhältnis besteht

4. sonstige Vermögensgegenstände

III. Wertpapiere

1. Anteile an verbundenen Unternehmen

2. eigene Anteile

3. sonstige Wertpapiere

IV. Kassenbestand, Bundesbankguthaben, Guthaben bei Kreditinstituten und Schecks

C. Rechnungsabgrenzungsposten

Abbildung 39: Mindestgliederung der Aktivseite der HGB-Bilanz

Wenden wir uns nunmehr dem Vergleich der beiden Passivseiten zu.

In *Abbildung 40* haben wir die Mindestgliederung der *Passivseite der NKF-Bilanz* wiederge-geben, wobei wir wieder von den *nordrhein-westfälischen Vorschriften ausgegangen sind (vgl. § 41(4) der Gemeindehaushaltsverordnung dieses Bundeslandes).*

Passiva der NKF-Bilanz

1. Eigenkapital

  1.1 Allgemeine Rücklage

  1.2 Sonderrücklagen

  1.3 Ausgleichsrücklagen

  1.4 Jahresüberschuss/Jahresfehlbetrag

2. Sonderposten

  2.1 für Zuwendungen

  2.2 für Beiträge

  2.3 für den Gebührenausgleich

  2.4 Sonstige Sonderposten

3. Rückstellungen

  3.1 Pensionsrückstellungen

  3.2 Rückstellungen für Deponien und Altlasten

  3.3 Instandhaltungsrückstellungen

  3.4 Sonstige Rückstellungen nach § 36 Abs. 4 und 5

4. Verbindlichkeiten

  4.1 Anleihen

  4.2 Verbindlichkeiten aus Krediten

      4.2.1 von verbundenen Unternehmen

      4.2.2 von Beteiligungen

      4.2.3 von Sondervermögen

      4.2.4 vom öffentlichen Bereich

      4.2.5 vom privaten Kreditmarkt

  4.3 Verbindlichkeiten aus Krediten zur Liquiditätssicherung

  4.4 Verbindlichkeiten aus Vorgängen, die Kreditaufnahmen wirtschaftlich gleichkommen

  4.5 Verbindlichkeiten aus Lieferungen und Leistungen

  4.6 Verbindlichkeiten aus Transferleistungen

  4.7 Sonstige Verbindlichkeiten

5. Passive Rechnungsabgrenzung

Abbildung 40: Mindestgliederung der Passivseite der NKF-Bilanz

Die entsprechende Mindestgliederung der *Passivseite der HGB-Bilanz* findet sich in *Abbildung 41 (vgl. hierzu § 266 (3)HGB)*. Auch diese haben wir, um den Vergleich zu erleichtern grau unterlegt.

Passiva der HGB-Bilanz

A. Eigenkapital

    I. Gezeichnetes Kapital

    II. Kapitalrücklage

    III. Gewinnrücklagen

        1. gesetzliche Rücklage

        2. Rücklage für eigene Anteile

        3. satzungsmäßige Rücklage

        4. andere Gewinnrücklagen

    IV. Gewinnvortrag/Verlustvortrag

    V. Jahresüberschuss/Jahresfehlbetrag

B. Rückstellungen

    1. Rückstellungen für Pensionen und ähnliche Verpflichtungen

    2. Steuerrückstellungen

    3. sonstige Rückstellungen

C. Verbindlichkeiten

    1. Anleihen, davon konvertibel

    2. Verbindlichkeiten gegenüber Kreditinstituten

    3. erhaltene Anzahlungen auf Bestellungen

    4. Verbindlichkeiten aus Lieferungen und Leistungen

    5. Verbindlichkeiten aus der Annahme gezogener Wechsel und der Ausstellung eigener Wechsel

    6. Verbindlichkeiten gegenüber verbundenen Unternehmen

    7. Verbindlichkeiten gegenüber Unternehmen, mit denen ein Beteiligungsverhältnis besteht

    8. sonstige Verbindlichkeiten,

    davon aus Steuern,

    davon im Rahmen der sozialen Sicherheit

D. Rechnungsabgrenzungsposten

Abbildung 41: Mindestgliederung der Passivseite der HGB-Bilanz

Der erste bedeutsame Unterschied, der bei einem Vergleich der beiden Bilanzen auffällt, besteht darin, dass die Passivseite der NKF-Bilanz fünf große Bilanzpositionen erfasst, während in der HGB-Bilanz nur vier große Passivpositionen unterschieden werden. Dies ist darauf zurückzuführen, dass die **Sonderposten** im Bereich der privatwirtschaftlichen Unternehmung nur eine untergeordnete Rolle spielen und daher in der Mindestgliederung der HGB-Bilanz nicht ausgewiesen werden. In einer kommunalen Bilanz haben die Sonderposten hingegen eine große Bedeutung, wobei den Sonderposten für Zuwendungen und den Sonderposten für Beiträge eine besondere Beachtung geschenkt werden muss.

Wie die Einordnung in die NKF-Bilanz zeigt, ist der Begriff „Sonderposten" absolut zutreffend. Es handelt sich hierbei im wahrsten Sinne des Wortes um eine besondere Bilanzposition, die an sich in die typische Gliederung der Passivseite nicht hineinpasst; denn es gibt im Grunde auf der Passivseite nur zwei Kapitalarten, und zwar das Eigenkapital und das Fremdkapital.

Dabei kann man das Fremdkapital, wie bereits dargelegt, vereinfachend auch als Schulden bezeichnen. Diese werden in die gewissen Schulden, die Verbindlichkeiten, und die ungewissen Schulden, die Rückstellungen, eingeteilt. Bei einigen Rückstellungsarten, beispielsweise bei den Instandhaltungsrückstellungen, liegen allerdings im juristischen Sinn noch keine Schulden vor. Sie sind gleichwohl dem Fremdkapital zuzuordnen. Das gilt auch für die passiven Rechnungsabgrenzungsposten. Auch diese kann man vereinfachend den Schulden zurechnen.

Eine solche Bilanzposition entsteht **beispielsweise** dann, wenn man für ein Jahr einen Raum vermietet und Anfang Dezember die Jahresmiete im Voraus erhält. Man „schuldet" dann quasi dem Mieter im nächsten Jahr noch 11 Monate lang die Bereitstellung des Raumes. Insofern ist bei der Bilanz am Ende des laufenden bzw. zu Beginn des nächsten Jahres diese „Schuld", die mit elf Zwölfteln des empfangenen Betrages beziffert werden kann, als Passivposition, und zwar als Passiver Rechnungsabgrenzungsposten, auszuweisen.

Bei dem Kapital, das nicht dem Fremdkapital zugeordnet werden kann, muss es sich somit um Eigenkapital handeln – es sei denn, ein Sonderposten ist zu berücksichtigen. Der Sonderposten wird zwischen den beiden traditionellen Kapitalarten, also zwischen Eigen- und Fremdkapital, eingefügt und nimmt insofern eine Sonderstellung ein, was auch die Bezeichnung „Sonderposten" rechtfertigt.

Um zu klären, ob der **Sonderposten** dem Eigenkapital oder dem Fremdkapital näher steht, wollen wir seinen Entstehungsgrund anhand eines **Beispiels** kurz erläutern, wobei wir den *Sonderposten für Zuwendungen* heranziehen.

> Wir nehmen an, dass eine Kommune ein neues Feuerwehrfahrzeug im Werte von 100.000 Euro kauft und hierzu vom Land einen 100%igen Zuschuss, also 100.000 Euro, erhält. Dieser Zuschuss wäre, wenn keine speziellen Regelungen zu beachten sind, ähnlich wie ein Steuerertrag als „Zuschussertrag" zu buchen. Er würde folglich das Ergebnis der Stadt verbessern, also dazu führen, dass eventuell ein Jahresüberschuss entsteht oder aber ein Jahresfehlbetrag geringer ausfällt, als zu erwarten war. Eventuell würde die betreffende Gemeinde durch eine solche Subvention den neuen Haushaltsausgleich erreichen.

Dies ist jedoch nicht das Ziel, das mit dem Neuen Kommunalen Finanzmanagement angestrebt wird. Mit dem neuen Haushaltsausgleich soll deutlich werde, dass eine Gemeinde keinen größeren als den geschaffenen Güterwert verbraucht. Dieses Bild würde verfälscht, wenn man den Zuschuss direkt in voller Höhe als Ertrag verbuchen könnte. Insofern kommt eine

Verbuchung als Ertrag im NKF nicht in Betracht. Auf der anderen Seite wird der Gemeinde in Form des Zuschusses Vermögen „geschenkt", denn eine Rückzahlungsverpflichtung besteht nicht, wenn der Zuschuss seinem Zweck entsprechend verwendet wird. Ist dies der Fall kann im Fremdkapital keine Gegenbuchung erfolgen. Irgendeine Gegenbuchung ist allerdings erforderlich, denn der Zuschuss erhöht das Vermögen und verlängert damit die Aktivseite. Da eine Bilanz stets ausgeglichen ist, muss eine Gegenbuchung, die sich auf die Passiva auswirkt, erfolgen. Da die Verbuchung als Ertrag und die daraus resultierenden positiven Auswirkungen auf das Eigenkapital im NKF nicht erwünscht sind sowie die Verbuchung im Fremdkapital nicht zulässig ist, muss man eine neue Passivposition, den Sonderposten, schaffen.

Dieser Sonderposten dient als „Ertragsspeicher". Im Augenblick der Zuschussgewährung wird der Ertrag durch die Bildung des Sonderpostens „aufgefangen". Die sofortige Ertragsentstehung wird verhindert. Auf Dauer kann allerdings nicht verhindert werden, dass der Betrieb durch die „geschenkten" Geldbeträge Erträge erzielt. Insofern ist der Sonderposten irgendwann ertragswirksam aufzulösen. Dies geschieht in den folgenden Jahren. Parallel zur Abschreibung des Wirtschaftsgutes erfolgt die *ertragswirksame Auflösung des Sonderpostens*. Es entstehen damit einerseits durch die Abschreibung des Wirtschaftsgutes Aufwendungen und andererseits durch die gleichzeitige Auflösung des Sonderpostens Erträge. Da man maximal einen 100%igen Zuschuss zu einer Investition erhalten kann, können die Erträge höchstens so hoch ausfallen wie die Aufwendungen und somit nicht auf das Ergebnis, d.h. auf den neuen Haushaltsausgleich, „durchschlagen". Die „Verfälschung" des Ergebnisses unterbleibt.

Bezogen auf das oben genannte Beispiel und unter Zugrundelegung einer linearen Abschreibung über 10 Jahre würde dies, wenn wir von einer monatsgenauen Abschreibung aus Gründen der Vereinfachung absehen, bedeuten, dass die Ergebnisrechnung in jedem Jahr mit bilanziellen Abschreibungen in Höhe von 10.000 Euro belastet, aber gleichzeitig durch einen Ertrag in Höhe von 10.000 Euro entlastet wird, der durch die Auflösung des Sonderpostens entsteht.

Der Vorgang würde also nicht zur Ergebnisverbesserung beitragen.

Mit der Zeit wird der Wert des mit dem Zuschuss angeschafften Vermögens immer geringer. Entsprechend nimmt auf der Passivseite der Sonderposten ab. Bei vollständiger Abschreibung des Wirtschaftsgutes ist auch der Sonderposten nicht mehr vorhanden. Weder das Wirtschaftsgut noch der Sonderposten werden in der Bilanz ausgewiesen.

Die Überlegungen, die für den Sonderposten für Zuwendungen gelten, lassen sich ohne weiteres auf den *Sonderposten für Beiträge* übertragen. Der Unterschied besteht lediglich darin, dass bei dem Sonderposten für Beiträge keine staatliche Institution als Zuschussgeber auftritt, sondern die kommunale Investition erzwungenermaßen von den Bürgerinnen und Bürgern in Form eines Beitrags „subventioniert" wird.

Insgesamt weist der Sonderposten eine deutlich größere Nähe zum Eigenkapital als zum Fremdkapital auf. Er wird daher in der *Bilanzanalyse* auch dem Eigenkapital zugerechnet.

Die Summe aus Eigenkapital und den Sonderposten aus Zuschüssen und Beiträgen bezeichnet man als *wirtschaftliches Eigenkapital*.

Der zweite bedeutsame Unterschied, der bei einem Vergleich der Passivseite der NKF-Bilanz mit der Passivseite der HGB-Bilanz deutlich wird, besteht darin, dass die Bilanzposition „*Gezeichnetes Kapital*" in der NKF-Bilanz nicht vorkommt. Ein durch Beschluss oder Satzung festgelegtes Kapital, das beispielsweise in einer GmbH oder in einem Eigenbetrieb als *Stammkapital* und in einer Aktiengesellschaft als *Grundkapital* bezeichnet wird, fehlt in der kommunalen Bilanz. Das Eigenkapital einer Gemeinde setzt sich zumindest formal aus flexiblen, d.h. grundsätzlich veränderbaren, Eigenkapitalpositionen zusammen. Wenn man vom Jahresüberschuss einmal absieht, besteht das Eigenkapital einer Gemeinde grundsätzlich aus dem *Rücklagenkapital*. Hinzu kommt, dass ein Jahresüberschuss nicht ausgeschüttet werden darf, sondern in der Regel dem Rücklagenkapital zugeführt wird. In einigen Bundesländern kann allerdings das Jahresergebnis auf zukünftige Jahre vorgetragen werden (vgl. beispielsweise *§ 49(4) 1c der hessischen Gemeindehaushaltsverordnung – GemHVO-Doppik*). In diesen Fällen besteht das Eigenkapital der Gemeinde aus dem Rücklagenkapital, einem eventuellen *Gewinnvortrag* und dem Jahresüberschuss.

Das Rücklagenkapital wird häufig auch nur kurz als **Rücklagen** bezeichnet. In diesem Zusammenhang ist darauf hinzuweisen, dass der Begriff „Rücklagen" in der Kameralistik eine völlig andere Bedeutung hat als im kaufmännischen Rechnungswesen und im Neuen Kommunalen Finanzmanagement.

In der Kameralistik versteht man unter einer Rücklage, einen „zurückgelegten" Geldbetrag. Die Rücklage in der Kameralistik bezeichnet man auch als das *Sparbuch der Gemeinde*. Diese bildliche Formulierung ist selbstverständlich nur als Orientierungshilfe zu verstehen. Üblicherweise wählen die Kämmereien andere Formen der Geldanlage.

Wichtig ist lediglich, dass es sich bei der kameralen Rücklage um geldnahes Vermögen einer Gemeinde handelt. Genau dies ist eine Rücklage in der kaufmännischen Buchführung und im NKF nicht. Bei der Rücklage in der doppelten Buchführung handelt es sich um eine Passivposition der Bilanz und somit nicht um Vermögen. Die Rücklage verdeutlicht lediglich, in welchem Umfang die „Eigentümer" der Gemeinde, d.h. die Bürger und Bürgerinnen, ihrer Gemeinde Mittel zur Verfügung gestellt haben. Die Rücklage wird, wenn man von den Abgrenzungs- und Sonderposten einmal absieht, dadurch ermittelt, dass man vom Vermögen der Gemeinde das Fremdkapital abzieht.

Das folgende einfache **Beispiel** soll den Zusammenhang verdeutlichen:

Eine Gemeinde verfügt lediglich über ein Straßennetz im Werte von 10.000.000 Euro. Ansonsten hat sie kein Vermögen, aber auch keine Schulden, also weder Verbindlichkeiten noch Rückstellungen. Auch Sonderposten sind nicht zu berücksichtigen. Damit hat die Kommune Reinvermögen bzw. Eigenkapital in Höhe von 10.000.000 Euro, und zwar in Form von Rücklagen. Trotz dieser großen Rücklagen verfügt die Kommune über keinen Geldbetrag.

Sieht man von dem Spezialfall der *Sonderrücklagen* einmal ab, die beispielsweise gebildet werden dürfen, um die vom Rat beschlossene Anschaffung eines Vermögensgegenstandes zu sichern und deren praktische Bedeutung zumindest bisher gering ist, so sind in den kommunalen Bilanz häufig zwei Rücklagenarten zu unterscheiden: die *Allgemeine Rücklage* und die *Ausgleichsrücklage*.

Diese Aufspaltung des Eigenkapitals einer Gemeinde ist darauf zurückzuführen, dass den Kommunen ein gewisser Toleranzbereich bezüglich der Zielerreichung zugestanden wird und der Gesetzgeber Abweichungen vom neuen Haushaltsausgleich in einem gewissen Umfang zulässt. Der Toleranzbereich wird durch die Höhe der Ausgleichsrücklage vorgegeben.

§ 75 (2) der nordrheinwestfälischen Gemeindeordnung macht dies deutlich:

> „Der Haushalt muss in jedem Jahr in Planung und Rechnung ausgeglichen sein. Er ist ausgeglichen, wenn der Gesamtbetrag der Erträge die Höhe des Gesamtbetrages der Aufwendungen erreicht oder übersteigt. Die Verpflichtung des Satzes 1 gilt als erfüllt, wenn der Fehlbedarf im Ergebnisplan und der Fehlbetrag in der Ergebnisrechnung durch Inanspruchnahme der Ausgleichsrücklage gedeckt werden können."

Von einer Zielerreichung kann man bei einer Inanspruchnahme der Ausgleichsrücklage nicht sprechen. Wenn die Aufwendungen die Erträge übersteigen, liegt im NKF immer eine Zielverletzung vor. Diese Zielverletzung wird allerdings geduldet, solange der Fehlbetrag durch die Inanspruchnahme der Ausgleichsrücklage ausgeglichen werden kann. Auswirkungen auf den Handlungsspielraum der Gemeinde ergeben sich erst, wenn die Ausgleichsrücklage nicht zur Verrechnung des Jahresfehlbetrages ausreicht.

Wie hoch die Ausgleichsrücklage ist, wird in Verbindung mit der Erstellung der (erstmaligen) Eröffnungsbilanz nach den Vorgaben der Gemeindeordnung ermittelt. Nicht in allen Bundesländern ist die Ausgleichsrücklage als Bilanzposition vorgesehen, es werden dann andere Instrumente eingesetzt, um den Toleranzbereich für eine noch zu akzeptierende Haushaltswirtschaft abzustecken.

10.5 Der Anhang

Nach *§ 44 (1) der Gemeindehaushaltsverordnung des Landes Nordrhein-Westfalen* sind im **Anhang** „zu den Posten der Bilanz und den Positionen der Ergebnisrechnung die verwendeten Bilanzierungs- und Bewertungsmethoden anzugeben und so zu erläutern, dass sachverständige Dritte dies beurteilen können." Eine ähnliche Formulierung findet sich in *§ 55 (1) der niedersächsischen Gemeindehaushalts- und Kassenverordnung*. Demnach werden in den Anhang des Jahresabschlusses „diejenigen Angaben aufgenommen, die zu den einzelnen Posten der Ergebnisrechnung, der Finanzrechnung sowie der Vermögensrechnung und der Bilanz zum Verständnis sachverständiger Dritter notwendig und vorgeschrieben sind."

Beim Anhang handelt es sich somit um eine notwendige verbale Ergänzung des Zahlenwerks, das den Mittelpunkt des Jahresabschlusses bildet. Es soll mit Hilfe des Anhangs unter anderem sichergestellt werden, dass die in den abschließenden Rechnungen bzw. Aufstellungen enthaltenen Zahlen auch richtig verstanden bzw. interpretiert werden. Problematisch ist der in den beiden genannten landesrechtlichen Vorschriften enthaltene Hinweis, dass sich die Erläuterungen nur an sachverständige Dritte richten. Wir sind der Auffassung, dass die Formulierung im Haushaltsrecht eine andere Interpretation erfahren muss als im Handelsrecht, der sie entstammt.

Nach *§ 238 (1) Satz 2 HGB* muss die „Buchführung ... so beschaffen sein, dass sie einem sachverständigen Dritten innerhalb angemessener Zeit einen Überblick über die Geschäftsvorfälle und über die Lage des Unternehmens vermitteln kann."

Dieses im Handelsrecht verankerte Bild von einem sachverständigen Dritten kann in einer Demokratie nicht einfach auf den öffentlichen Bereich übertragen und zur Bewertung des öffentlichen Rechnungswesens herangezogen werden.

Unserer Auffassung nach muss es jeder Person, die in den Rat gewählt wird, möglich sein, die Jahresrechnung mit einem vertretbaren zeitlichen Aufwand auszuwerten und als Kontrollinstrument zunutzen. Insofern ist der sachverständige Dritte im Haushaltsrecht anders zu charakterisieren als im Handelsrecht. Durch eine entsprechende Gestaltung des öffentlichen Rechnungswesens ist darauf Rücksicht zu nehmen.

Um sicherzustellen, dass der Anhang diese Funktion, den Zugang zum Zahlenwerk zu erleichtern, auch zu erfüllen vermag, wird durch die einzelnen landesrechtlichen Vorschriften detailliert geregelt, was der Anhang auf jeden Fall beinhalten soll. So sind beispielsweise nach den *nordrheinwestfälischen Vorgaben (vgl. § 44 Gemeindehaushaltsverordnung)* die Anwendung von Vereinfachungsregelungen und Schätzungen zu beschreiben und unter anderem die nachfolgend aufgeführten Sachverhalte gesondert anzugeben und zu erläutern:

- Besondere Umstände, die dazu führen, dass der Jahresabschluss nicht ein den tatsächlichen Verhältnissen entsprechendes Bild der Vermögens-, Schulden-, Ertrags- und Finanzlage der Gemeinde vermittelt,
- Abweichungen vom Grundsatz der Einzelbewertung und von bisher angewandten Bewertungs- und Bilanzierungsmethoden,
- Abweichungen von der standardmäßig vorgesehenen linearen Abschreibung sowie von der örtlichen Abschreibungstabelle bei der Festlegung der Nutzungsdauer von Vermögensgegenständen und
- die Verpflichtungen aus Leasingverträgen.

Dem Anhang sind nach vorgegebenen Mustern zu erstellende Übersichten über das Anlagevermögen, über die Forderungen und über die Verbindlichkeiten beizufügen, die ebenfalls zu erläutern sind. Diese Verzeichnisse werden in den einzelnen Bundesländern unterschiedlich bezeichnet, und zwar entweder als *Anlagenspiegel*, *Forderungsspiegel* und *Verbindlichkeitenspiegel* oder als *Anlagenübersicht*, *Forderungsübersicht* und *Verbindlichkeitenübersicht*.

10.6 Die Übersicht über die „Haushaltsreste" bzw. Übertragungen

In den NKF – Regelungen wird weitgehend von Formulierungen des kameralistischen Rechnungswesens Abstand genommen. Das gilt auch für den Begriff „Haushaltsrest". Das Phänomen selbst lässt sich in einem öffentlichen Rechnungswesen, das eine gewisse Flexibilität aufweisen soll, jedoch nicht vermeiden.

Bei einem **Haushaltsrest** handelt es sich um einen Haushaltsansatz, der ganz oder teilweise über das Haushaltsjahr hinaus gelten soll. Die Ermächtigung, für einen bestimmten Zweck Gelder zu vereinnahmen bzw. zu verausgaben, bleibt damit auch nach Ablauf des ursprünglichen Planjahres bestehen und wird somit auf das nächste Haushaltsjahr „übertragen". Es handelt sich dabei um einen Restbetrag. Insofern spricht man im kameralistischen Rechnungswesen auch von einem Haushaltseinnahmerest bzw. einem Haushaltsausgaberest. Eine solche **Übertragung** erhöht die durch den folgenden Haushaltsplan festgelegten Einnahmebzw. Ausgabeansätze.

In der Verwaltungskameralistik haben Übertragungen eine lange Tradition und wurden bzw. werden daher regelmäßig vorgenommen.

So macht es **beispielsweise** wenig Sinn, wenn man bei einer Baumaßnahme, für die man die gesamten Investitionsausgaben bereits veranschlagt hat, mitten im Bauvorhaben erneut über einen Teil der betreffenden Mittel entscheidet, nur weil sich die Arbeiten, anders als geplant, bis in das Folgejahr hinein erstrecken. Aus Gründen der Planungssicherheit müssen in solchen Fällen die erteilten Ausgabeermächtigungen über den ursprünglich ins Auge gefassten Zeitraum hinaus gelten.

Auch in den NKF-Regelungen der einzelnen Bundesländer sind solche Übertragungen vorgesehen. Nachfolgend werden die betreffenden Vorschriften des Landes Nordrhein-Westfalen und des Saarlandes als Beispiele aufgeführt:

- So gilt nach *§ 22 (1) der Gemeindehaushaltsverordnung des Landes Nordrhein-Westfalen* Folgendes: „Ermächtigungen für Aufwendungen und Auszahlungen sind übertragbar und bleiben bis zum Ende des folgenden Haushaltsjahres verfügbar. Werden sie übertragen, erhöhen sie die entsprechenden Positionen im Haushaltsplan des folgenden Jahres."
- In der *Kommunalhaushaltsverordnung des Saarlandes (vgl. § 19)* findet sich folgende Vorgabe: „Ermächtigungen für Auszahlungen aus Investitionstätigkeit bleiben bis zur Fälligkeit der letzten Zahlung für ihren Zweck verfügbar, bei Baumaßnahmen und Beschaffungen längstens jedoch zwei Jahre nach Schluss des Haushaltsjahres, in dem der Bau oder der Gegenstand in seinen wesentlichen Teilen benutzt werden kann … Ermächtigungen für Aufwendungen eines Budgets können ganz oder teilweise für übertragbar erklärt werden."

Liegen solche Übertragungen vor, müssen sie im Jahresabschluss erkennbar sein. Dies ist allerdings nicht in allen Bundesländern so klar geregelt wie beispielsweise in Hessen und Rheinland-Pfalz.

- Nach *§ 114s der Hessischen Gemeindeordnung* ist dem Jahresabschluss auch „eine Übersicht über die in das folgende Jahr zu übertragenden Haushaltsermächtigungen" als Anlage beizufügen.
- Eine ähnliche Formulierung findet sich in *§ 108 (3) der Gemeindeordnung des Landes Rheinland-Pfalz*. Demnach ist der Jahresabschluss um „eine Übersicht über die über das Ende des Haushaltsjahres hinaus geltenden Haushaltsermächtigungen" zu ergänzen.

Eine Aufstellung der Übertragungen spielt im kaufmännischen Jahresabschluss keine Rolle. In einem öffentlichen Rechnungsabschluss ist sie unverzichtbar. Auch hier wird wieder ein bedeutsamer Unterschied deutlich, der zwischen dem handelsrechtlichen und dem kaufmännischen Jahresabschluss bzw. zwischen der traditionellen doppelten Buchführung und der Verwaltungsdoppik besteht.

Hinzu kommt, dass man im NKF eine neue Variante kameralistischen Denkens praktiziert. Da die doppische Haushaltsplanung im Gegensatz zur kameralistischen Haushaltsplanung nicht nur den zukünftigen Zahlungsstrom gedanklich vorwegnimmt, sondern zusätzlich auch den Ressourcenverbrauch bzw. die Ressourcenentstehung, reicht es nicht aus, wenn man Ermächtigungen für Einnahmen und Ausgaben bzw. Einzahlungen und Auszahlungen überträgt, sondern es sind zusätzlich eventuell Aufwendungen und Erträge zu übertragen.

10.7   Der Lagebericht bzw. Rechenschaftsbericht

Nach *§ 48 der Gemeinderhaushaltsverordnung des Landes Nordrhein-Westfalen* ist der **Lagebericht** „so zu fassen, dass ein den tatsächlichen Verhältnissen entsprechendes Bild der Vermögens-, Schulden-, Ertrags- und Finanzlage der Gemeinde vermittelt wird. Dazu ist ein Überblick über die wichtigen Ergebnisse des Jahresabschlusses und Rechenschaft über die Haushaltswirtschaft im abgelaufenen Jahr zu geben. Über Vorgänge von besonderer Bedeutung, auch solcher, die nach Schluss des Haushaltsjahres eingetreten sind, ist zu berichten. Außerdem hat der Lagebericht eine ausgewogene und umfassende, dem Umfang der gemeindlichen Aufgabenerfüllung entsprechende Analyse der Haushaltswirtschaft und der Vermögens-, Schulden-, Ertrags- und Finanzlage der Gemeinde zu enthalten. In die Analyse sollen die produktorientierten Ziele und Kennzahlen nach § 12, soweit sie bedeutsam für das Bild der Vermögens-, Schulden-, Ertrags- und Finanzlage der Gemeinde sind, einbezogen und unter Bezugnahme auf die im Jahresabschluss enthaltenen Ergebnisse erläutert werden. Auch ist auf die Chancen und Risiken für die künftige Entwicklung der Gemeinde einzugehen; zu Grunde liegende Annahmen sind anzugeben."

Damit kommt dem Lagebericht eine andere Funktion zu als dem Anhang. Während der Anhang mehr auf die Detailfragen ausgerichtet ist, geht es bei dem Lagebericht um folgende Inhalte:

- **Erstens** soll durch den Lagebericht die Gesamtsituation der Gemeinde deutlich werden. Daher muss man auf detaillierte Betrachtungen verzichten und, wenn immer dies möglich ist, Daten bündeln. Es soll letztlich ein Überblick über die gesamte Haushaltswirtschaft einer Gemeinde im abgelaufenen Jahr vermittelt werden.

- **Zweitens** sollen in den Lagebericht auch wichtige Informationen einfließen, die man dem Zahlenwerk selbst noch gar nicht entnehmen kann, weil die betreffenden Ereignisse erst nach der Erstellung des Abschlusses eingetreten sind.
- **Drittens** soll im Lagebericht auch eine weitere Aufbereitung und Interpretation der in den Zahlenwerken des Abschlusses aufgeführten Daten erfolgen. Anstrebt wird eine kennzahlenorientierte Analyse der Vermögens-, Schulden-, Ertrags- und Finanzlage der Gemeinde. In Nordrhein-Westfalen ist durch Erlass ein Bündel von Kennzahlen vorgegeben worden, dass dieser Analyse der kommunalen Haushaltswirtschaft dient. Auf dieses NKF-Kennzahlenset wird in einem späteren Kapitel noch eingegangen.
- **Viertens** kommt dem Lagebericht auch eine strategische Funktion zu. Es soll Auskunft darüber geben, wie sich die Gemeinde langfristig entwickeln wird, welchen Gefahren sie in der Zukunft ausgesetzt ist und wie sie aufgestellt ist, um den zukünftigen Anforderungen gerecht werden zu können. Im Lagebericht ist daher auf die Chancen und Risiken für die zukünftige Entwicklung der Gemeinde einzugehen.

In einzelnen Bundesländern wird dieser Überblick über die kommunale Haushaltswirtschaft bzw. dieser Einblick in die kommunale Haushaltswirtschaft nicht Lagebericht, sondern **Rechenschaftsbericht** genannt (vgl. beispielsweise *§ 88(2) der Gemeindeordnung für den Freistaat Sachsen*).

Im Hinblick auf die obersten Ziele, denen ein öffentliches Rechnungswesen in einem demokratischen Staat zu dienen hat, kommt dem Lagebericht bzw. Rechenschaftsbericht eine besondere Funktion zu. Er muss so gefasst sein, dass er von möglichst vielen Bürgerinnen und Bürgern zur Beurteilung ihrer Gemeinde herangezogen wird.

Dies setzt voraus,

- dass er **erstens** *verständlich* abgefasst wird,
- dass er **zweitens** die wirklich *bedeutsamen Eckdaten* beinhalt und
- dass er **drittens** vom Umfang her so *begrenzt* wird, dass die Bürgerinnen und Bürger ihn auch lesen.

10.8 Die Bilanzierungsgrundsätze

Bei der Erstellung des Jahresabschlusses sind bestimmte Grundsätze, d.h. Regeln, zu beachten, deren Verletzung zur Beanstandung des Jahresabschlusses führen kann. Es handelt sich hierbei um die **Grundsätze ordnungsmäßiger Bilanzierung**, wobei zu beachten ist, dass sich die Grundsätze nicht nur auf die Bilanzerstellung auswirken, sondern für die Finanzrechnung, Ergebnisrechnung und die Teilrechnungen gleichermaßen gelten. Kaum zu trennen sind die Bilanzierungsgrundsätze von den Grundsätzen, die sich auf die Buchführung erstrecken und die als **Grundsätze ordnungsmäßiger Buchführung** (kurz: **GoB**) bekannt sind. Der Jahresabschluss ist eng mit der Buchführung verbunden. Das machen die Abschlussbuchungen besonders deutlich und insofern ist keine klare Trennung zwischen den Grundsätzen ordnungsmäßiger Buchführung und den Grundsätzen ordnungsmäßiger Bilanzierung möglich. Die Grenzen sind fließend. Es wäre deshalb am besten stets von *Grundsätzen ordnungsgemäßer Buchführung und Bilanzierung* zu sprechen.

Hinzu kommt, dass die Bilanz nicht nur aufgrund des Schlussbilanzkontos und weiterer Informationen aus der Buchhaltung erstellt wird, sondern immer auch mit Hilfe einer Inventur, also mit Hilfe einer speziellen Bestandsaufnahme des Vermögens und der Schulden. Auch hierbei sind wiederum bestimmte Regeln zu beachten, die dann als **Grundsätze ordnungsmäßiger Inventur** bezeichnet werden.

All diese Grundsätze zusammen müsste man als *Grundsätze ordnungsmäßiger Buchführung, Inventur und Bilanzierung* bezeichnen. Diese umständliche Formulierung wird jedoch nicht gewählt. Stattdessen verwendet man jeden der genannten Begriffe derart, dass man damit auch die Inhalte der anderen Begriffe zumindest teilweise abdeckt. Man spricht also beispielsweise von den Grundsätzen ordnungsmäßiger Buchführung nicht nur dann, wenn man die laufende Buchführung meint, sondern auch dann, wenn man sich auf die Bilanzierung bezieht, oder man spricht von Bilanzierungsgrundsätzen und schließt die laufende Buchführung in die Betrachtung mit ein. Insofern werden auch in dieser Schrift die Bezeichnungen „GoB" bzw. „Bilanzierungsgrundsätze" jeweils in einem weiteren Sinn verwendet.

Bei den Grundsätzen ordnungsmäßiger Buchführung handelt es sich ursprünglich um Regeln, die dem kaufmännischen Bereich entstammen. In diesen Regeln kommt ein Teil des traditionellen Verhaltens der Kaufleute zum Ausdruck. Die Grundsätze ordnungsmäßiger Buchführung sind somit eng mit dem Handelsbrauch verbunden. Sie bringen zum Ausdruck, wie ein korrekter Kaufmann bzw. eine korrekte Kauffrau seine bzw. ihre Bücher führt, wobei sich das Bild des korrekt handelnden Kaufmanns bzw. der korrekt handelnden Kauffrau allerdings im Zeitablauf verändern kann. Insofern ist mit diesen Regeln eine gewisse Beurteilungsunsicherheit verbunden.

Diese Unsicherheit wird dadurch reduziert oder eventuell sogar beseitigt, dass einzelne Grundsätze kodifiziert, d.h. in Rechtsvorschriften aufgenommen werden. Dies ist auch teilweise bei der Übertragung der an sich für den Bereich der Wirtschaft gedachten GoB auf den Bereich des kommunalen Haushaltsrechts geschehen.

Typische Beispiele hierfür sind *§ 27 und § 32 der Gemeindehaushaltsverordnung des Landes Nordrhein-Westfalen*. Nachfolgend befassen wir uns zunächst mit der zuerst genannten Vorschrift.

Demnach gilt Folgendes:

> „(1) Alle Geschäftsvorfälle sowie die Vermögens- und Schuldenlage sind nach dem System der doppelten Buchführung und unter Beachtung der Grundsätze ordnungsmäßiger Buchführung in den Büchern klar ersichtlich und nachprüfbar aufzuzeichnen. Die Bücher müssen Auswertungen nach der Haushaltsgliederung, nach der sachlichen Ordnung sowie in zeitlicher Ordnung zulassen.

(2) Die Eintragungen in die Bücher müssen vollständig, richtig, zeitgerecht und geordnet vorgenommen werden, so dass die Geschäftsvorfälle in ihrer Entstehung und Abwicklung nachvollziehbar sind. …

(3) Den Buchungen sind Belege, durch die der Nachweis der richtigen und vollständigen Ermittlung der Ansprüche und Verpflichtungen zu erbringen ist, zu Grunde zu legen (begründende Unterlagen). Die Buchungsbelege müssen Hinweise enthalten, die eine Verbindung zu den Eintragungen in den Büchern herstellen …"

Im § 27 werden damit

- der *Grundsatz des systematischen Aufbaus der Buchführung,*
- der *Grundsatz der vollständigen und verständlichen Aufzeichnungen,*
- der *Grundsatz der Richtigkeit, der auch als Grundsatz der Bilanzwahrheit bekannt ist,* sowie
- der *Beleggrundsatz*

angesprochen.

Die beiden zuletzt genannten Grundsätze haben einen besonders hohen Stellenwert. Buchungen ohne Belege und „Luftnummern" haben in einem Rechnungssystem, das nachvollziehbare Informationen liefern soll, nichts zu suchen. Noch entschiedener ist gegen Verfälschungen vorzugehen; denn Verstöße gegen die Bilanzwahrheit setzen den Steuerungsbeitrag des Jahresabschlusses außer Kraft.

Betrachten wir nunmehr *§ 32 der nordrhein-westfälischen Gemeindehaushaltsverordnung.* Hier findet sich zunächst folgende Vorgabe: „Die Vermögensgegenstände und die Schulden sind zum Abschlussstichtag einzeln zu bewerten." Es handelt sich hier um den *Grundsatz der Einzelbewertung.*

Darüber hinaus hat die betreffende Vorschrift folgende Inhalte: „Es ist vorsichtig zu bewerten, namentlich sind alle vorhersehbaren Risiken und Verluste, die bis zum Abschlussstichtag entstanden sind, zu berücksichtigen, selbst wenn diese erst zwischen dem Abschlussstichtag und dem Tag der Aufstellung des Jahresabschlusses bekannt geworden sind; Gewinne jedoch nur, wenn sie am Abschlussstichtag realisiert sind." In diesem Text lassen sich mehrere Grundsätze ordnungsmäßiger Buchführung bzw. Bilanzierung erkennen, und zwar

- **erstens** das *Vorsichtsprinzip* (Es ist vorsichtig zu bewerten.),
- **zweitens** das *Realisationsprinzip* (Gewinne dürfen nur gebucht werden, wenn sie entstanden sind.) und
- **drittens** das *Imparitätsprinzip*, das die Ungleichbehandlung von Verlusten und Gewinnen zum Ausdruck bringt. Demnach müssen Verluste gebucht werden, wenn sie drohen, und dürfen Gewinne nicht gebucht werden, wenn sie nur erwartet werden, aber noch nicht entstanden sind.

Die Bilanzierungsgrundsätze begleiten die Bilanzerstellung und die damit verbundene Klärung der *drei folgenden Fragen*:

1. Was ist zu bilanzieren?
2. Wo ist die betreffende Position, die zu bilanzieren ist, einzuordnen?
3. Wie ist das, was zu bilanzieren ist, zu bewerten?

Zu 1.: Im Hinblick auf die erste Frage spricht man auch von den *Ansatzvorschriften*. Durch diese wird festgelegt, ob etwas in der Bilanz zu berücksichtigen ist (*Bilanzierungspflicht*), ob man etwas in der Bilanz berücksichtigen darf (*Bilanzierungswahlrecht)* oder ob untersagt ist, etwas in der Bilanz zu berücksichtigen *(Bilanzierungsverbot)*. Dabei kann man zusätzlich noch danach unterscheiden, ob es sich um eine Position der Aktivseite oder eine Position der Passivseite handelt. Im ersten Fall ist dann zu klären, ob es sich um eine *Aktivierungspflicht*, ein *Aktivierungswahlrecht* oder ein *Aktivierungsverbot* handelt. Im zweiten Fall wird zwischen einer *Passivierungspflicht*, einem *Passivierungswahlrecht* und einem *Passivierungsverbot* unterschieden.

Wie schwierig die Klärung der Frage, ob etwas zu bilanzieren ist oder nicht, im Einzelfall sein kann, machen folgende **Beispiele** deutlich:

- Die Software, die ein kommunaler Verwaltungsbetrieb selbst entwickelt hat, um sie selbst einzusetzen, darf er nicht aktivieren.
- Würde er eine vergleichbare Software kaufen, müsste er sie aktivieren.
- Würde er eine Software entwickeln, um sie zu veräußern, müsste er sie ebenfalls bilanzieren, jetzt aber als Umlaufvermögen und nicht als Anlagevermögen.

Zu 2.: Bei der Klärung der zweiten Frage, d.h. bei der Klärung der Frage, wo eine Position, die man bilanzieren muss oder die man bilanzieren darf, in der Bilanz einzuordnen ist, spricht man von den *Ausweisvorschriften*. In einer kommunalen Bilanz ergeben sich beispielsweise solche Einordnungsprobleme, wenn es um ein Grundstück geht. Ein Grundstück kann an mehreren Stellen der kommunalen Bilanz eingeordnet werden. In Nordrhein-Westfalen ist beispielsweise

- ein Waldgrundstück als unbebautes Grundstück,
- ein Grundstück, auf dem ein Schulgebäude steht, als bebautes Grundstück und
- ein Grundstück, das mit einer Straße bebaut ist, unter der Position „Infrastrukturvermögen"

zu erfassen.

Zu 3.: Bei der Klärung der dritten Frage geht es um die *Bewertungsvorschriften*, wobei die Bewertung des Vermögens von besonderer Bedeutung ist. Dabei sind wie im Handelsrecht grundsätzlich die *Anschaffungskosten* bzw. die *Herstellungskosten* von Bedeutung, die gegebenenfalls um Abschreibungen zu vermindern sind.

Die in den NKF-Rechtsvorschriften der einzelnen Bundesländer gewählten Definitionen für die beiden oben genannten Begriffe stimmen weitgehend überein. In *§ 33 der Gemeinde-*

haushaltsverordnung des Landes Nordrhein-Westfalen finden sich beispielsweise folgende Begriffsfassungen:

- „Anschaffungskosten sind die Aufwendungen, die geleistet werden, um einen Vermögensgegenstand zu erwerben und ihn in einen betriebsbereiten Zustand zu versetzen, soweit sie dem Vermögensgegenstand einzeln zugeordnet werden können. Zu den Anschaffungskosten gehören auch die Nebenkosten sowie die nachträglichen Anschaffungskosten. Minderungen des Anschaffungspreises sind abzusetzen."
- „Herstellungskosten sind die Aufwendungen, die durch den Verbrauch von Gütern und die Inanspruchnahme von Diensten für die Herstellung eines Vermögensgegenstandes, seine Erweiterung oder für eine über seinen ursprünglichen Zustand hinausgehende wesentliche Verbesserung entstehen. Dazu gehören die Materialkosten, die Fertigungskosten und die Sonderkosten der Fertigung. Notwendige Materialgemeinkosten und Fertigungsgemeinkosten können einbezogen werden."

Beide Definitionen sind eng verbunden mit dem *Grundsatz der Pagatorik* (pagare = bezahlen). Auch hierbei handelt es sich um einen Grundsatz ordnungsgemäßer Buchführung. Demnach ist grundsätzlich jeder Vermögensgegenstand zu dem Betrag zu bewerten, den man für seinen Erwerb bezahlt hat, wobei durchaus mehrere Zahlungsempfänger zu berücksichtigen sind, so dass neben den eigentlichen Anschaffungskosten, d.h. neben dem gezahlten Preis, auch *Anschaffungsnebenkosten* zu beachten sind, wie beispielsweise die Bezahlung des Spediteurs, der das Gut transportiert hat.

Die Ermittlung der Anschaffungs- und Herstellungskosten sowie die Abgrenzung der Herstellungskosten von den Instandhaltungskosten, die sofort in voller Höhe als Aufwand verbucht werden und bei denen der Werteverzehr nicht „scheibchenweise" in Form von Abschreibungen erfasst wird, ist in der Kommunalverwaltung nicht neu und in der Regel für den Bereich der Kameralistik über ministerielle Erlasse geregelt, auf die auch im NKF grundsätzlich zurückgegriffen werden kann.

Nachfolgend soll anhand eines einfachen **Beispiels** die Bewertung auf der Basis von Anschaffungskosten kurz erläutert werden:

Betrachtet wird der Kauf eines Wirtschaftsgutes. Der Listenpreis beträgt 10.000 Euro. Es wird ein Rabatt in Höhe von 5% gewährt. Hinzu kommen noch 19% Mehrwertsteuer. Da man den Kaufpreis sofort entrichtet, können 2% Skonto abgezogen werden. Zusätzlich fallen noch Frachten in Höhe von 500 Euro zuzüglich 19% Mehrwertsteuer an. Ein Preisnachlass bzw. Skonto wird hierbei nicht erzielt. Das Beschaffungsobjekt muss in dem Betrieb aufgestellt und verankert werden. Mit diesen Arbeiten wird ein Montagebetrieb beauftragt. Der Rechnungsbetrag lautet auf 193,88 Euro. Der Betrag, der die Mehrwertsteuer beinhaltete, wird unter Abzug von 2% Skonto bezahlt. Der Beschaffungsvorgang wird von der Beschaffungsabteilung abgewickelt. Die ermittelten anteiligen Beschaffungskosten betragen rund 120 Euro. Um das Gut kaufen zu können, wird ein Kredit in Höhe von 8.000 Euro zu 6% Jahreszins aufgenommen. Der restliche Finanzierungsbedarf wird über Eigenkapital abgedeckt. Der Kalkulationszinssatz für Eigenkapital liegt bei 5%.

Lösung: Wir gehen von einem hoheitlichen Bereich der Verwaltung aus. In diesem Fall gilt Folgendes: Vom Listenpreis in Höhe von 10.000 Euro ist erst einmal der Rabatt in Höhe von 5% abzuziehen, da dieser Betrag nicht bezahlt wird. Der verbleibende Betrag in Höhe von 9.500 Euro ist um 19% für die Mehrwertsteuer, d.h. 1.805 Euro zu erhöhen. Wir erhalten damit einen Betrag in Höhe von 11.305 Euro. Dieser ist um 2% Skonto, d.h. um 226,10 Euro zu vermindern. Es verbleibt ein Betrag in Höhe von 11.078,90 Euro. Die Frachtaufwendungen kommen als Anschaffungsnebenkosten noch hinzu. Es handelt sich dabei um 500 Euro zuzüglich 19% Mehrwertsteuer(=95,-Euro). Somit sind zu dem Betrag in Höhe von 11.078,90 Euro noch 595, -Euro hinzuzufügen. Damit erhalten wir einen Betrag in Höhe von 11.673,90 Euro. Auch die Montagearbeiten sind Anschaffungsnebenkosten und erhöhen den Anschaffungswert. Von dem Betrag in Höhe von 193,88Euro, der die Mehrwertsteuer beinhaltet, sind noch 2% Skonto (3,88 Euro) abzuziehen, so dass noch 190,-Euro übrig bleiben, die mit dem Betrag in Höhe von 11.673,90 Euro zu addieren sind. Man erhält einen Betrag in Höhe von 11.863,90 Euro. Die anteiligen Beschaffungskosten können nicht berücksichtigt werden, weil sie dem Vermögensgegenstand nicht einzeln zugeordnet werden können, sondern durch ein Verrechnungsverfahren, d.h. unter Verwendung eines Schlüssels, entstanden sind. Finanzierungskosten sind grundsätzlich nicht den Anschaffungskosten zuzuordnen, unabhängig davon, ob es sich dabei um Zinsaufwand oder kalkulatorische Zinsen handelt. Insofern sind für den betreffenden (hoheitlichen) Verwaltungsbereich Anschaffungskosten in Höhe von 11.863,90 Euro zu berücksichtigen. Bei einem Betrieb gewerblicher Art, der auch in der Kommunalverwaltung vorkommen kann, sieht die Berechnung anders aus.

Abschließend ist noch auf Folgendes hinzuweisen:

Ein öffentliches Rechnungssystem umfasst stets Planung, Buchung und Abschluss. Insofern können sich die Grundsätze, nach denen gebucht und bilanziert wird, nicht wesentlich von den Planungsgrundsätzen, die auch als *Veranschlagungsgrundsätze* bezeichnet werden, unterscheiden. So ist beispielsweise der Bilanzierungsgrundsatz der *Bilanzwahrheit* im Kern mit dem Veranschlagungsgrundsatz der *Haushaltswahrheit* deckungsgleich. Manipulationen und Verfälschungen sind weder auf der Planungs- noch auf der Abschlussebene zu tolerieren.

10.9   Jahresabschlussanalyse mit Hilfe eines NKF – Kennzahlensets

Anhand des *NKF-Jahresabschlusses* sollen die Bürgerinnen und Bürger und insbesondere die Mandatsträgerinnen und Mandatsträger erkennen, in welcher Situation sich ihre Gemeinde befindet bzw. in welche Situation sie sich vermutlich begeben wird. Die Vermögens-, Ertrags- und Finanzlage sollen deutlich werden. Damit werden in erster Linie Informationen angesprochen, die man

1. der Bilanz (*Vermögenslage*),
2. der Ergebnisrechnung (*Ertragslage*) und
3. der Finanzrechnung (*Finanzlage)*

entnehmen kann. In diesen Rechnungen bzw. in den betreffenden Übersichten sind zahlreiche unterschiedliche Angaben enthalten, so dass es nicht einfach ist, die relevanten Zusammenhänge zu erkennen. Eine Verdichtung von Informationen kann hilfreich sein, um zu verhindern, dass man den Überblick verliert und von relativ unwichtigen Daten abgelenkt wird. Mit Hilfe bestimmter *Kennzahlen*, die sich in der betrieblichen Praxis bewährt haben, versucht man, die relevanten Daten aus dem Jahresabschluss herauszufiltern.

Bei der Verwendung von Kennzahlen ist allerdings stets Folgendes zu beachten:

*   Selbstverständlich gehen durch eine Datenbündelung auch Informationen verloren, so dass die Betrachtung der Kennzahlen möglicherweise in einem zweiten Schritt durch gezielte Nachforschung ergänzt werden muss.
*   Jede Kennzahl kann nur über einen speziellen Sachverhalt informieren. Es sind daher stets mehrere Kennzahlen im Verbund heranzuziehen.
*   Weiterhin müssen stets branchenspezifische Besonderheiten beachtet werden, so dass Kennzahlen nur im Vergleich steuerungsrelevante Informationen liefern. Das gilt auch für Kennzahlen im kommunalen Bereich. Sie machen nur Sinn, wenn möglichst viele vergleichbare Gemeinden in eine *Kennzahlenanalyse* einbezogen werden.

Es ist daher zu begrüßen, wenn, wie dies beispielsweise in Nordrhein-Westfalen der Fall ist, den Aufsichtsbehörden zur Analyse der kommunalen Jahresabschlüsse ein bestimmtes *Kennzahlenbündel* (**Kennzahlenset**) vorgegeben wird und darüber hinaus die Daten der verschiedenen Städte, Kreise und Gemeinden ausgetauscht und gesammelt werden. So können Durchschnittsgrößen ermittelt bzw. Zielgrößen entwickelt werden, die dann die Beurteilung des einzelnen kommunalen Jahresabschlusses erleichtern.

Abbildung 42 vermittelt einen Überblick über das *„NKF-Kennzahlenset Nordrhein – Westfalen" (vgl. Runderlass des nordrhein-westfälischen Innenministeriums vom 3. Januar 2007):*

Kennzahlen	Berechnungen	Ist	Soll	Ab.*
Steuerquote	Steuererträge : Ordentliche Erträge			
Zuwendungsquote	Zuwendungserträge : Ordentliche Erträge			
Personalintensität	Personalaufwendungen : Ordentliche Aufwendungen			
Sach- und Dienst-leistungsintensität	Aufwendungen für Sach- und Dienstleistungen : Ordentliche Aufwendungen			
Abschreibungslastquote	Bilanzielle Abschreibungen auf Anlagevermögen : Erträge aus der Auflösung von Sonderposten			
Transferaufwandsquote	Transferaufwendungen : Ordentliche Aufwendungen			
Zinslastquote	Finanzaufwendungen : Ordentliche Aufwendungen			
Ergebnisquote der laufenden Verwaltungstätigkeit	Ergebnis der laufenden Verwaltungstätigkeit : Jahresergebnis			
Fehlbetragsquote 1	Negatives Jahresergebnis : Ausgleichsrücklage			
Fehlbetragsquote 2	Negatives Jahresergebnis : Allgemeine Rücklage			
Eigenkapitalreichweite	Eigenkapital : Negatives Jahresergebnis			
Reinvestitionsquote	Nettoinvestitionen : Jahresabschreibungen auf Anlagevermögen			
Kurzfristige Verbindlichkeitsquote	Kurzfristige Verbindlichkeiten : Bilanzsumme			
Dynamischer Verschuldungsgrad	Effektivverschuldung : Saldo aus laufender Verwaltungstätigkeit in der Finanzrechnung			
Eigenkapitalquote 1	Eigenkapital : Bilanzsumme			
Eigenkapitalquote 2	(Eigenkapital + Sonderposten aus Zuwendungen und Beiträgen) : Bilanzsumme			
Anlagedeckungsgrad 2	(Eigenkapital + Sonderposten aus Zuwendungen und Beiträgen + langfristiges Fremdkapital) : Anlagevermögen			
Anlagenintensität	Anlagevermögen : Bilanzsumme			
Infrastrukturquote	Infrastrukturvermögen : Bilanzsumme			

* Abweichung und Bemerkung

Abbildung 42: Überblick über das „NKF – Kennzahlenset Nordrhein-Westfalen"

Nachfolgend wird anhand eines einfachen **Beispiels** ein erster Einblick in eine solche *kennzahlengestützte Jahresabschlussanalyse* gegeben, wobei wir die Betrachtung auf die Bilanz beschränken. Insofern können wir nur die Kennzahlen aus dem nordrhein-westfälischen Kennzahlenset berechnen, bei denen ausschließlich Bilanzpositionen berücksichtigt werden. Diese Kennzahlen haben wir in *Abbildung 42* grau unterlegt.

Wir betrachten die beiden folgenden fiktiven kommunalen Bilanzen, die beide die gleichen Bilanzsummen aufweisen, und ermitteln für die in Abbildung 42 grau unterlegten Kennziffern die entsprechenden Beträge.

A	Bilanz der **Gemeinde X** zum 31.12.2008 in 1.000 Euro		P
Anlagevermögen		**Eigenkapital**	
Bebaute Grundstücke	570	Allgemeine Rücklage	11.330
Infrastrukturvermögen	11.000	Ausgleichsrücklage	2.513
		Jahresfehlbetrag	-1.230
Betriebs- und		**Rückstellungen**	
Geschäftsausstattung	208	Pensionsrückstellungen	820
Umlaufvermögen		**Verbindlichkeiten**	
Roh-, Hilfs- und Betriebsstoffe	148	Verbindlichkeiten aus Krediten für	
Öffentlich-rechtliche		Investitionen	533
Forderungen	260	Verbindlichkeiten aus Lieferungen	
Liquide Mittel	2.100	und Leistungen	320
	14.286		14.286

A	Bilanz der **Gemeinde Y** zum 31.12.2008 in 1.000 Euro		P
Anlagevermögen		**Eigenkapital**	
Grünflächen	570	Allgemeine Rücklage	10.100
Infrastrukturvermögen	13.200	Ausgleichsrücklage	2.583
		Jahresüberschuss	30
Betriebs- und		**Rückstellungen**	
Geschäftsausstattung	208	Pensionsrückstellungen	720
Umlaufvermögen		**Verbindlichkeiten**	
Roh-, Hilfs- und Betriebsstoffe	148	Verbindlichkeiten aus Krediten für	
Öffentlich-rechtliche		Investitionen	33
Forderungen	60	Verbindlichkeiten aus Lieferungen	
Liquide Mittel	100	und Leistungen	820
	14.286		14.286

Für die Gemeinde X und Y ergeben sich folgende Berechnungen:

Gemeinde X	
Fehlbetragsquote 1	*Negatives Jahresergebnis : Ausgleichsrücklage = 1.230 : 2.513 = rd. 49%;*
Fehlbetragsquote 2	*Negatives Jahresergebnis : Allgemeine Rücklage = 1.230 : 11.330 = rd. 11%;*
Eigenkapitalreichweite	*Eigenkapital : Negatives Jahresergebnis = 12613 : 1.230 = rd. 10,25*
Kurzfristige Verbindlichkeitsquote	*Kurzfristige Verbindlichkeiten : Bilanzsumme = 320 : 14.286 = rd. 2%;*
Eigenkapitalquote 1	*Eigenkapital : Bilanzsumme = 12.613 : 14.286 = rd. 88%;*
Eigenkapitalquote 2	*Da keine Sonderposten vorhanden sind, sind die Eigenkapitalquoten 1 und 2 identisch.*
Anlagedeckungsgrad 2	*(Eigenkapital + Sonderposten aus Zuwendungen und Beiträgen + langfristiges Fremdkapital) : Anlagevermögen = (12.613 + 820 +533) : (570 + 11.000 + 208) = rd. 119%;*
Anlagenintensität	*Anlagevermögen : Bilanzsumme = 11.778 : 14.286 = rd. 82%;*
Infrastrukturquote	*Infrastrukturvermögen : Bilanzsumme = 11.000 : 14.286 = rd. 77 %;*

Gemeinde Y	
Fehlbetragsquote 1	*Keine Berechnung da kein negatives Jahresergebnis*
Fehlbetragsquote 2	*s. o.*
Eigenkapitalreichweite	*s. o.*
Kurzfristige Verbindlichkeitsquote	*Kurzfristige Verbindlichkeiten : Bilanzsumme = 820 : 14.286 = rd. 6 %;*
Eigenkapitalquote 1	*Eigenkapital : Bilanzsumme = 12.713 : 14.286 = rd. 89%*
Eigenkapitalquote 2	*Da keine Sonderposten vorhanden sind, sind die Eigenkapitalquoten 1 und 2 identisch.*
Anlagedeckungsgrad 2	*(Eigenkapital + Sonderposten aus Zuwendungen und Beiträgen + Langfristiges Fremdkapital) : Anlagevermögen = (12.713 + 720 +33) : (570 + 13.200 + 208) = rd. 96%;*
Anlagenintensität	*Anlagevermögen : Bilanzsumme = 13.978 : 14.286 = rd. 98%;*
Infrastrukturquote	*Infrastrukturvermögen : Bilanzsumme = 13.200 : 14.286 = rd. 92%;*

Die Gegenüberstellung der Daten ergibt folgendes Bild (gerundete Beträge):

	Gemeinde X	Gemeinde Y
Fehlbetragsquote 1	49%	Entfällt
Fehlbetragsquote 2	11%	Entfällt
Eigenkapitalreichweite	10,25	Entfällt
Kurzfristige Verbindlichkeitsquote	2%	6%
Eigenkapitalquote 1	88%	89%
Anlagedeckungsgrad 2	119%	96%
Anlagenintensität	82%	98%
Infrastrukturquote	77%	92%

Wir beginnen mit der Betrachtung der **Ertragslage**:

Bei der **Gemeinde X** fallen die ersten drei Kennziffern negativ auf. Aufgrund des hohen Jahresfehlbetrages, wird die Ausgleichsrücklage zu 49% aufgebraucht (Fehlbetragsquote 1). Wäre diese nicht vorhanden, würde die Allgemeine Rücklage um 11% abnehmen (Fehlbetragsquote 2) und, wenn auch in den Folgejahren derartige Jahresergebnisse erzielt werden, ist das Eigenkapital nach etwa 10 Jahren aufgebraucht (Eigenkapitalreichweite). Insofern ist die Ertragslage negativ zu beurteilen. Bei der **Gemeinde Y** wird der neue Haushaltsausgleich erreicht. Es wird sogar ein Jahresüberschuss erzielt. Die Ertragslage ist somit grundsätzlich positiv. Dies wird auch daran deutlich, dass die Berechungen der Fehlbetragsquoten 1 und 2 sowie der Eigenkapitalreichweite entfallen.

Was die **Vermögenslage** anbelangt, so ist **bei beiden Gemeinden** auf die hohe Anlagenintensität und insbesondere auf die hohe Infrastrukturquote hinzuweisen, wobei die Beträge bei der **Gemeinde Y** noch höher ausfallen als bei der **Gemeinde X**. Grundsätzlich sind mit der Erfüllung wichtiger öffentlicher Aufgaben, hohe Anlageintensitäten verbunden. Zu denken ist hier insbesondere an Versorgungs- und Entsorgungsdienstleistungen. Auf der anderen Seite ist stets zu beachten, dass eine hohe Anlagenintensität nicht selten mit einer Einschränkung der Handlungsmöglichkeiten verbunden ist.

Was die **Finanzlage** anbelangt, so fällt **bei beiden Gemeinden** die hohen Eigenkapital-quote positiv auf. Weiterhin ergibt die Berechnung des Anlagedeckungsgrad 2 für die **Gemeinde X** ein zufrieden stellendes Ergebnis. Die Regel, dass langfristig gebundenes Vermögen auch langfristig finanziert sein sollte, wird somit beachtet. Mit 97% ist der betreffende Betrag bei der **Gemeinde Y** zu niedrig. Insofern ist eine Bedrohung der Zahlungsfähigkeit nicht von der Hand zu weisen. Die Gefährdung der Zahlungsfähigkeit wird allerdings noch deutlicher, wenn man zwei klassische Liquiditätskennzahlen heranzieht, die nicht in das NKF-Kennzahlenset Nordrhein-Westfalens aufgenommen worden sind. Gemeint sind die Liquiditätsgrade 1 und 2. Die zuerst genannte Kennzahl wird ermittelt, indem man die liquiden Mittel (Bar- und Buchgeld) durch das kurzfristige Fremdkapital teilt. Für die **Gemeinde Y** ergibt sich ein Betrag in Höhe von rd. 12%. Die Kennzahl besagt, dass man mit den vorhandenen Zahlungsmitteln lediglich 12% der demnächst anstehenden Schulden begleichen kann. Selbst, wenn man den Liquiditätsgrad 2 in die Betrachtung einbezieht und neben den liquiden Mitteln die Forderungen berücksichtigt, wird die extreme Bedrohung der Zahlungsfähigkeit deutlich. Teilt man die Summe aus liquiden Mitteln und Forderungen durch das kurzfristige Fremdkapital erhält man den Liquiditätsgrad 2 in Höhe von rd. 20%. Das bedeutet, dass man den kurzfristig anstehenden Zahlungsverpflichtungen selbst dann nicht zu entsprechen vermag, wenn es gelingt, die Forderungen kurzfristig in Zahlungsmittel umzuwandeln.

Abschließend sei nochmals darauf hingewiesen, dass es sich bei der soeben durchgeführten Betrachtung um eine starke Vereinfachung handelt, die lediglich dazu dient, einen ersten Einblick in eine Jahresabschlussanalyse zu vermitteln. Weiterhin ist zu beachten, dass man die Jahresabschlussanalyse unter Verwendung von Kennzahlen, die ähnlich wie im privatwirtschaftlichen Bereich auf den Betrieb als Ganzes ausgerichtet sind, die sich also primär auf die Bilanz und Ergebnisrechnung stützen, für den öffentlichen Bereich, selbst wenn man die Finanzrechnung noch zusätzlich in die Betrachtung einbezieht, nicht überbewerten darf.

Die *Analyse der Teilrechnungen* – also die *Analyse der Produktbereiche bzw. Produkte* – hat mindestens den gleichen Stellenwert, da nur hier die Erfüllung der *Sachziele* deutlich wird. Auch in Bezug auf die Jahresabschlussanalyse ist somit ein erheblicher Unterschied zwischen dem NKF und dem kaufmännischen Rechnungswesen zu erkennen.

11 Spezielle NKF-Themen

11.1 Die NKF-Eröffnungsbilanz

11.1.1 Grundsätzliche Problematik

Mit der Erstellung der *ersten Eröffnungsbilanz* erfolgt der Einstieg in das neue Haushalts- und Rechnungswesen. Erstmalig muss dann eine Gemeinde ihr Vermögen und ihre Schulden vollständig erfassen. Das Verfahren, das die vollständige Erfassung der einzelnen Vermögensgegenstände und Schulden zum Ziel hat, nennt man *Inventur*. Das Ergebnis der Inventur ist das *Inventar*. Dabei handelt es sich um ein Verzeichnis, in dem nicht nur der einzelne Vermögensgegenstand bzw. die einzelnen Schulden, sondern auch der Wert jeder einzelnen Position enthalten sind. Die Aufstellung der erstmaligen Eröffnungsbilanz hat unter Beachtung der Grundsätze ordnungsmäßiger Buchführung zu erfolgen. Für die Durchführung der Inventur selbst sind speziell die *Grundsätze ordnungsmäßiger Inventur* maßgeblich. Wir haben bereits darauf hingewiesen, dass die Übergänge zwischen den Grundsätzen ordnungsmäßiger Buchführung, den Grundsätzen ordnungsmäßiger Bilanzierung und den Grundsätzen ordnungsmäßiger Inventur fließend sind und häufig einer dieser Begriffe die Inhalte der anderen Begriffe zusätzlich abdeckt.

Ergänzend sind allerdings stets die speziellen haushaltsrechtlichen Regelungen in den einzelnen Bundesländern zu beachten, die im Hinblick auf die konkrete Vorgehensweise und die Bewertung der einzelnen Vermögensgegenstände teilweise recht verschieden ausfallen. Insofern liegt die Annahme nahe, dass, die erste Eröffnungsbilanz einer Gemeinde möglicherweise sehr unterschiedlich ausfällt, je nachdem welche bundeslandspezifischen Vorschriften bei ihrer Erstellung beachtet werden.

11.1.2 Das Inventurverfahren

Nachfolgend beschäftigen wir uns zunächst mit dem *Inventurverfahren*, wobei wir beispielhaft Regelungen aus Nordrhein-Westfalen, aus dem Saarland und aus Schleswig-Holstein in die Betrachtung einbeziehen:

Regelung in Nordrhein-Westfalen
Nach *§ 53 der nordrhein-westfälischen Gemeindehaushaltsverordnung* hat man bei der Aufstellung der ersten Eröffnungsbilanz die Vorschriften zu beachten, die auch für die regelmä-

ßige Inventar- bzw. Bilanzerstellung zum Schluss eines jeden Haushaltsjahres gelten. Demnach sind Vermögensgegenstände mindestens alle drei Jahre durch eine körperliche Inventur, d.h. durch Inaugenscheinnahme, Zählen, Messen, Wiegen usw., aufzunehmen *(vgl. § 28(1) der Gemeindehaushaltsverordnung des Landes Nordrhein-Westfalen)*. Zusätzlich gelten noch einige Inventurvereinfachungsverfahren. So *findet sich in § 29 der nordrhein-westfälischen Gemeindehaushaltsverordnung* beispielsweise der folgende Hinweis: „Ein Inventar kann anhand vorhandener Verzeichnisse über Bestand, Art, Menge und Wert an Vermögensgegenständen aufgestellt werden (Buch- und Beleginventur), wenn gesichert ist, dass dadurch die tatsächlichen Verhältnisse zutreffend dargestellt werden."

Regelung im Saarland

Auch im Saarland werden für die Erstellung der erstmaligen Eröffnungsbilanz, die Vorschriften herangezogen, die für die regelmäßige Erstellung des Inventars für den Schluss eines Haushaltsjahres gelten *(vgl. § 53 (1) der Kommunalhaushaltsverordnung des Saarlandes)*. Demnach gilt nach *§ 29 (1) der saarländischen Kommunalhaushaltsverordnung* zwar zunächst einmal die Vorgabe, dass körperliche Vermögensgegenstände grundsätzlich durch eine körperliche Bestandsaufnahme zu erfassen sind. Ergänzend findet sich jedoch die Einschränkung „… soweit in dieser Verordnung nichts anders bestimmt ist." Im *§ 29 und im § 30 dieser Verordnung* sind dann zahlreiche Inventurvereinfachungsverfahren aufgeführt, durch die eine körperliche Inventur erleichtert und teilweise ersetzt werden kann.

Regelung in Schleswig-Holstein

Nach *§ 54 der Gemeindehaushaltsverordnung-Doppik des Landes Schleswig-Holstein* ist für die Aufstellung der Eröffnungsbilanz ebenfalls das maßgeblich, was für die jeweilige Schlussbilanz am Ende eines Haushaltsjahres gilt. Insofern ist eine Inventur nach *§ 37 der betreffenden Verordnung* durchzuführen, wobei allerdings zusätzlich *§ 38* Anwendung findet. Von besonderer Bedeutung ist in diesem Zusammenhang *§ 38 (2) der schleswig-holsteinischen Gemeindehaushaltsverordnung – Doppik*. Demnach gilt Folgendes: „Bei der Aufstellung des Inventars für den Schluss eines Haushaltsjahres bedarf es einer körperlichen Bestandsaufnahme der Vermögensgegenstände für diesen Zeitpunkt nicht, soweit durch Anwendung eines den Grundsätzen ordnungsmäßiger Buchführung entsprechenden anderen Verfahrens gesichert ist, dass der Bestand der Vermögensgegenstände nach Art, Menge und Wert auch ohne die körperliche Bestandsaufnahme für diesen Zeitraum festgestellt werden kann." Erwähnenswert sind auch die folgenden Inventurvereinfachungen. Nach *§ 38 (4) der Gemeindehaushaltsverordnung – Doppik für das Land Schleswig-Holstein* werden "Vermögensgegenstände des Anlagevermögens, die nach dem 31. Dezember 2007 angeschafft oder hergestellt werden, deren Anschaffungs- oder Herstellungskosten 150 Euro ohne Umsatzsteuer nicht überschreiten, die selbstständig genutzt werden können und einer Abnutzung unterliegen, … nicht erfasst." Weiterhin kann nach § 38 (6) der gleichen Verordnung auf "eine Erfassung der Vermögensgegenstände des Anlagevermögens, die vor dem 1. Januar 2008 angeschafft oder hergestellt worden sind, deren Anschaffungs- und Herstellungskosten 410 Euro ohne Umsatzsteuer nicht überschreiten, die selbstständig genutzt werden können und einer Abnutzung unterliegen, … verzichtet werden."

Bewertung der bundeslandesspezifischen Regelungen

Die genannten Regelungen lassen erkennen, dass die handelsrechtlichen Inventurrichtlinien in der Regel nicht eins zu eins ins kommunale Haushaltsrecht der einzelnen Bundesländer übernommen worden sind. Dies ist auch durchaus sinnvoll. Im Hinblick auf das Ziel der „Intergenerativen Gerechtigkeit" reicht es aus, wenn man das vorhandene Vermögen einer Gemeinde einigermaßen zutreffend erfasst. Das Streben nach einer Erfassungsgenauigkeit, wie sie das Handelsrecht vorsieht, ist im Bereich der Kommunalverwaltung als eine Übertreibung anzusehen, somit nicht gerechtfertigt und letztlich als Verstoß gegen den Wirtschaftlichkeitsgrundsatz zu werten. Die einzelnen Bundesländer haben dieser Überlegung auch durch entsprechende Regelungen Rechnung getragen, allerdings unterschiedlich stark, so dass im Einzelfall zu prüfen ist, welche Abweichung vom handelsrechtlichen Standard haushaltsrechtlich zulässig ist.

11.1.3 Der Wertansatz

Auch bezüglich der erstmaligen *Bewertung* des kommunalen Vermögens für die Eröffnungsbilanz sind Abweichungen gegenüber dem Handelsrecht und bundeslandspezifische Besonderheiten zu beachten.

Der Wertansatz in Nordrhein-Westfalen

Nach *§ 92(2) der Gemeindeordnung des Landes Nordrhein-Westfalen* gilt Folgendes: „Die Ermittlung der Wertansätze für die Eröffnungsbilanz ist auf der Grundlage von vorsichtig geschätzten Zeitwerten vorzunehmen." In der nordrhein-westfälischen Gemeindehaushaltsverordnung (vgl. § 54 und § 55) wird dieser Grundsatz aufgegriffen und durch einige besondere Bewertungsvorschriften ergänzt, die beispielsweise spezielle Gebäude, den Grund und Boden, Kunstgegenstände, Baudenkmäler, Anlagen im Bau und Finanzanlagen betreffen. Wir wollen uns nachfolgend nicht mit den speziellen Regelungen für diese Vermögenswerte, sondern lediglich mit dem grundsätzlichen Wertansatz, d.h. mit dem **vorsichtig geschätzten Zeitwert** beschäftigen.

Der **vorsichtig geschätzte Zeitwert** darf nicht mit dem *Wiederbeschaffungszeitwert*, der auch häufig nur *Zeitwert* genannt wird, verwechselt werden und der für die Gebührenkalkulation von Bedeutung ist.[21] Im Gegensatz zum Wiederbeschaffungszeitwert, der für ein vergleichbares *neuwertiges Gut* gilt, handelt es sich beim vorsichtig geschätzten Zeitwert, um den Wert, den das betreffende Gut aktuell in dem vorliegenden Zustand hat.

Betrachtet man **beispielsweise** ein Fahrzeug, so wäre der Wiederbeschaffungszeitwert der aktuelle Anschaffungswert für ein gleichwertiges Neufahrzeug. Beim vorsichtig geschätzten Zeitwert hingegen geht es um den Wert eines vergleichbaren Gebrauchtwagens. Den Wert eines solchen Gebrauchtfahrzeuges kann man nur schätzen. Bei einer solchen Schätzung ist wie bei jeder Schätzung im Rahmen des Rechnungswesens dem Vorsichtsprinzip Rechnung

---

[21] Vgl. Schuster, Falko: Kommunale Kosten- und Leistungsrechnung – Controllingorientierte Einführung, 2. Auflage, München/Wien 2002, S. 97.

zu tragen, im Zweifel also, falls beispielsweise zwei Werte zur Wahl stehen, eher der niedrigere zu berücksichtigen.

Mit der Berücksichtigung des vorsichtig geschätzten Zeitwertes in der Eröffnungsbilanz wird angestrebt, das Vermögen der Gemeinde zu seinem aktuellen Wert auszuweisen und damit zu verhindern, dass so genannte *stille Reserven* entstehen. Die Vermeidung stiller Reserven soll dazu beitragen, dass der spätere Ressourcenverbrauch auch zu seinem tatsächlichen Wert als Aufwand erfasst wird.

Beispiel:

> Einem Fahrzeug, das vor 6 Jahren für 20.000 Euro gekauft wurde, das eine planmäßige Nutzungsdauer von vier Jahren hat und für das man gegenwärtig auf dem Gebrauchwagenmarkt noch 6.000 Euro erzielen würde, ist ein vorsichtig geschätzter Zeitwert in Höhe von 6.000 Euro beizumessen, auch wenn dieser vorsichtig geschätzte Zeitwert den Restbuchwert übersteigt, den man bei Anwendung der kaufmännischen Rechnungslegung unter Berücksichtigung der planmäßigen Abschreibungen ausgewiesen hätte.

Zur Ermittlung eines vorsichtig geschätzten Zeitwertes kann man besonders auf **drei Bewertungsverfahren** zurückgreifen, die traditionell bei der Gebäudebewertung Anwendung finden.[22]

(1) Gibt es einen (regionalen) Markt für vergleichbare Objekte, was beispielsweise bei Reihenhäusern eines bestimmten Typs der Fall sein könnte, dann kann man auch den üblichen Marktpreis, d.h. den Preis, zu dem man das Objekt verkaufen könnte, heranziehen. Es handelt sich dann um das **Vergleichswertverfahren.**

(2) Geht es sich um ein Objekt, mit dem üblicherweise über einen längeren Zeitraum Erträge erzielt werden, kann man das **Ertragswertverfahren** heranziehen. Es wird in diesem Fall der Kapitalwert ermittelt, indem man die jährlichen Nettoerträge abzinst und die betreffenden Barwerte addiert. Bei gleichbleibenden jährlichen Erträgen kann man mit dem Rentenbarwertfaktor arbeiten.

Beispiel:

> Die Gemeinde verfügt über ein Mietshaus. Aufgrund sorgfältiger Schätzungen ist nach Abzug der laufenden Kosten mit einem jährlichen Nettoertrag in Höhe von 10.000 Euro zu rechnen. Es wird erwartet, dass dieser Betrag 30 Jahre lang erzielt werden kann. Bei einem Kalkulationszinssatz von i = 5% ergibt sich der Kapitalwert (KW), indem man den jährliche Nettoertrag in Höhe von 10.000 Euro mit dem Rentenbarwertfaktor für 30 Jahre bei einem Zins von 5% multipliziert. Damit gilt KW = 10.000 Euro x 15,3725 = 153.725 Euro.

---

[22] Vgl. Bolsenkötter, Heinz; Detemple, Peter und Marettek, Christian: Die Eröffnungsbilanz der Gebietskörperschaft – Erfassung und Bewertung von Vermögen und Schulden im Integrierten öffentlichen Rechnungswesen, Frankfurt am Main 2002, hier, S. 58-66.

(3) Kann man für ein Objekt weder einen Markt finden, auf dem es typischerweise gehandelt wird, und werden auch mit einem Objekt üblicherweise keine laufenden Erträge erzielt, kommt das **Sachwertverfahren** zum Einsatz.

Ein typisches **Beispiel** ist die Bewertung eines Rathauses. Hierbei handelt es sich um ein Gebäude, das in einem bestimmten Gebiet mehr oder weniger einmalig ist. Vergleichbare Objekte, die außerdem noch regelmäßig an- und verkauft werden, sind in der Regel nicht auszumachen. Insofern scheidet das Vergleichswertverfahren aus. Weiterhin sind in diesem Gebäude die Bediensteten der Gemeinde tätig. Erträge werden üblicherweise nicht erzielt. Das Ertragswertverfahren kann somit nicht herangezogen werden.

In diesen Fällen wird das Sachwertverfahren gewählt. Es handelt sich dabei um das Verfahren, das bei der Bewertung des kommunalen Vermögens überwiegend zum Einsatz kommt. Die Erfüllung der öffentlichen Aufgaben, für die eine Kommune zuständig ist, bringt es in der Regel mit sich, dass solche Vermögenswerte, für die es keine vergleichbaren Verkaufspreise gibt und die zumindest nicht zu direkt zurechenbaren Erträgen führen, den überwiegenden Teil des kommunalen Vermögens ausmachen. Man kann in diesem Zusammenhang auch von *kommunalnutzungsorientierten Vermögenswerten* sprechen. Zu denken ist beispielsweise an die Schulen, Kindergärten, Feuerwehrgebäude, Rathäuser, Straßen, Kanäle und Leitungsnetze, die sich im Eigentum der Städte, Kreise und Gemeinden befinden.

Die Vorgehensweise beim Sachwertverfahren lässt sich – stark vereinfacht – in etwa folgendermaßen skizzieren:

- In einem ersten Schritt wird die Objektart bestimmt.
- Danach wird in einem zweiten Schritt entweder der umbaute Raum (Bruttorauminhalt) in m^3 oder die Nutzfläche (Bruttogrundfläche) in m^2 berechnet.
- Der dritte Schritt umfasst die Ermittlung der zutreffenden aktuellen Normalherstellungskosten für einen m^3 umbauten Raum bzw. für einen m^2 Bruttogrundfläche, wobei man sich, ausgehend von der Wertermittlungsverordnung, auf den vom Bundesministerium für Raumordnung, Bauwesen und Städtebau herausgegebenen Bauordnungskatalog stützen kann.
- Durch Multiplikation der Normalherstellungskosten pro m^3 bzw. m^2 mit dem ermittelten Raum bzw. mit der ermittelten Fläche erhält man in einem vierten Schritt die Neubaukosten für das betreffende Objekt.
- In einem fünften Schritt wird die übliche Nutzungsdauer für ein vergleichbares neues Objekt bestimmt, wobei man sich auf entsprechende Tabellen stützen kann, die in der Regel durch Erlass des zuständigen Innenministeriums vorgegeben werden.
- In einem sechsten Schritt wird dann die Restnutzungsdauer geschätzt und simultan dazu der Teil der als Alterswertminderung vom Neubauwert abgezogen werden muss. Es verbleibt der vorsichtig geschätzte Zeitwert.

Beispiel:

Betrachtet wird ein Gebäude mit einer Bruttogrundfläche von 1.000 m^2. Die aktuellen Normalherstellungskosten für einen m^2 Bruttogrundfläche bei dieser Bauweise betragen

1.500 Euro. Neuwert des betreffenden Gebäudes liegt somit bei 1.500.000 Euro. Die planmäßige Nutzungsdauer für Gebäude des betreffenden Typs umfasst 80 Jahre. Nach sorgfältigen Schätzungen beträgt die Restnutzungsdauer 20 Jahre und ist damit eine Alterswertminderung von 75% zu berücksichtigen. Damit ist von einem vorsichtig geschätzte Zeitwert in Höhe von 375.000 Euro auszugehen.

Die soeben bewusst sehr einfach gehaltene Darstellung der grundsätzlichen Vorgehensweise darf nicht darüber hinwegtäuschen, dass es sich beim *Sachwertverfahren* um ein sehr anspruchsvolles Bewertungsverfahren handelt, das eine entsprechend hohe berufliche Qualifikation und umfassende Erfahrung im Hoch- bzw. Tiefbau voraussetzt. Unterschiedliche Bauweisen, Gebäudearten, technische Eigenschaften, Erhaltungszustände, der jeweilige Grund und Boden usw. müssen in die Wertermittlung einbezogen werden. In der Regel verfügen die Städte, Kreise und Gemeinden über Personen, die die Vorraussetzungen mitbringen, um diese Aufgaben zu lösen. Das Problem besteht eher im Umfang der zu leistenden Arbeiten.

Die Wertansätze in Schleswig-Holstein, Sachsen und Hessen

In zahlreichen Bundesländern wird bei der erstmaligen Bewertung des Vermögens für die NKF-Eröffnungsbilanz nicht vom vorsichtig geschätzten Zeitwert ausgegangen. So gilt beispielsweise für das **Land Schleswig-Holstein** folgende Regelung: „In der Eröffnungsbilanz sind die zum Stichtag der Aufstellung vorhandenen Vermögensgegenstände mit den Anschaffungs- und Herstellungskosten, vermindert um Abschreibungen nach § 43 anzusetzen. Bei beweglichen Vermögensgegenständen kann eine pauschale Abschreibung von 50% vorgenommen werden …" *(vgl. § 55(1) der Gemeindehaushaltsverordnung-Doppik des Landes Schleswig-Holstein).* Nach *§ 55(2)* dieser Verordnung kann von dieser Vorgehensweise „abgewichen werden, wenn die tatsächlichen Anschaffungs- oder Herstellungskosten nicht oder nur mit unverhältnismäßigem Aufwand ermittelt werden können. In diesem Fall können den Preisverhältnissen zum Anschaffungs- oder Herstellungszeitpunkt entsprechende Erfahrungswerte angesetzt werden, vermindert um Abschreibungen nach §43 seit diesem Zeitpunkt …"

Es handelt sich hierbei um einen völlig anderen Wertansatz als bei der Erstellung der Eröffnungsbilanz in Nordrhein-Westfalen. Man kann hier von den **um Abschreibungen verminderten historischen Anschaffungs- und Herstellungskosten** sprechen, die entweder genau zu ermitteln oder eventuell ersatzweise aufgrund von Erfahrungen nachträglich festzusetzen sind.

Für den **Freistaat Sachsen** ist *§ 61 der Sächsischen Kommunalhaushaltsverordnung-Doppik* bei der erstmaligen Bewertung des kommunalen Vermögens maßgeblich. Demnach gilt:
„(2) In der Eröffnungsbilanz sind die zum Stichtag der Aufstellung vorhandenen Vermögensgegenstände, vermindert um Abschreibungen nach § 44 zwischen dem Zeitpunkt der Anschaffung oder Herstellung und dem Eröffnungsbilanzstichtag anzusetzen.
(3) Für Vermögensgegenstände, deren Anschaffungs- und Herstellungskosten nicht ermittelt werden können, sind als Ersatzwerte aktuelle Anschaffungs- oder Herstellungskosten rück-

gerechnet auf das Jahr der Anschaffung oder Herstellung des Vermögensgegenstandes vermindert um Abschreibungen nach § 44 anzusetzen, soweit nichts anderes geregelt ist.

(4) Für die Rückrechnung nach Absatz 3 sind bei Gebäuden und sonstigen Bauten der entsprechende Baupreisindex, bei beweglichen Vermögensgegenständen ein geeigneter Preisindex des Statistischen Bundesamtes anzuwenden.

(5) …Bereits bestehende Bewertungen von Vermögensgegenständen nach Wiederbeschaffungszeitwert aus Gebührenbedarfsberechnungen … dürfen nicht unverändert in die Eröffnungsbilanz übernommen werden."

Damit wird im Freistaat Sachsen die gleiche Bewertungsrichtung deutlich wie im Land Schleswig-Holstein. Die Bewertung des Vermögens für die kommunale Eröffnungsbilanz soll auf der Basis der um Abschreibungen verminderten historischen Anschaffungs- und Herstellungskosten erfolgen. Allerdings wird die zu wählende Vorgehensweise für den Fall, dass die genaue Ermittlung dieses Wertes nicht möglich ist, in der Sächsischen Kommunalhaushaltsverordnung – Doppik genauer beschrieben. Wie in Schleswig-Holstein wird somit auch in Sachsen bei der erstmaligen Vermögensbewertung dem Vorsichtsgedanken in besonderem Maße Rechnung getragen, was allerdings auch bedeutet, dass in erheblichem Umfang stille Reserven gebildet bzw. nicht aufgedeckt werden.

Das **Land Hessen** wählt ebenfalls die relativ niedrige Bewertung des Vermögens bei der Erstellung der ersten Eröffnungsbilanz. In diesem Zusammenhang ist auf den *§ 59 der hessischen Gemeindehaushaltsverordnung – Doppik* zu verweisen, der folgenden Inhalt hat:

„(1) In der Eröffnungsbilanz sind die zum Stichtag der Aufstellung vorhandenen Vermögensgegenstände mit den Anschaffungs- und Herstellungskosten, vermindert um Abschreibungen nach § 43 anzusetzen. Auf den Ansatz von immateriellen Vermögensgegenständen und beweglichen Vermögensgegenständen des Sachanlagevermögens, deren Anschaffungs- und Herstellungskosten im Einzelnen wertmäßig den Betrag von 3.000 Euro ohne Umsatzsteuer nicht überschritten haben, kann verzichtet werden …

(2) Beim Ansatz von Vermögensgegenständen des Sachanlagevermögens, die vor dem Stichtag für die Aufstellung der Eröffnungsbilanz angeschafft oder hergestellt worden sind, darf von Abs. 1 abgewichen werden, wenn die tatsächlichen Anschaffungs- oder Herstellungskosten nicht oder nur mit unverhältnismäßigem Aufwand ermittelt werden können. In diesem Fall sind die den Preisverhältnissen zum Anschaffungs- und Herstellungszeitpunkt entsprechenden Erfahrungswerte anzusetzen, vermindert um Abschreibungen nach § 43 seit diesem Zeitpunkt."

In diesem Bundesland wird also ebenfalls eine Bewertung auf der Basis der um Abschreibungen verminderten historischen Anschaffungs- und Herstellungskosten angestrebt und damit die Bildung stiller Reserven nicht verhindert. Hinzu kommt hier noch die Möglichkeit, auf eine Bilanzierung von Vermögenswerten zu verzichten, deren historische Anschaffungs- und Herstellungskosten 3.000 Euro nicht überschreiten. Was sich noch zusätzlich in Richtung auf die Bildung stiller Reserven auswirkt.

Folgen der Bewertungsunterschiede

Welche Folgen haben die unterschiedlichen Wertansätze, die in einzelnen Bundesländern bei der Erstellung der Eröffnungsbilanz zum Tragen kommen?

Die tendenziell relativ hohe Bewertung mit vorsichtig geschätzten Zeitwerten hat zur Folge, dass bei Gütern, die einer Abnutzung unterliegen, in den Folgejahren relativ hohe Aufwendungen entstehen und insofern ein relativ hoher wertmäßiger Ressourcenverbrauch die betreffenden Jahresergebnisse belastet. Um den neuen Haushaltsausgleich zu erreichen, sind entsprechend hohe Erträge erforderlich. Letztlich resultiert daraus eine relativ hohe Belastung der Personen, die die Dienstleistungen der Stadt gegenwärtig nutzen.

Die Bilanzierung auf der Basis der um Abschreibungen verminderten historischen Anschaffungs- und Herstellungswerte hat genau die entgegengesetzten Auswirkungen. Dadurch entsteht zunächst ein relativer geringer wertmäßiger Ressourcenverbrauch. Die für den Haushaltsausgleich erforderlichen Erträge und damit die Belastungen der Personen, die die Dienstleistungen der Stadt gegenwärtig nutzen, fallen relativ gering aus. Zukünftige Generationen müssen hingegen zusätzliche Lasten tragen, wenn die betreffenden öffentlichen Aufgaben auch weiterhin erfüllt werden sollten.

Beispiel:

Gemeinde A und Gemeinde B verfügen über fast gleiche Schulgebäude. Die verbleibende Nutzungsdauer beträgt in beiden Fällen 20 Jahre. Gemeinde A liegt in einem Bundesland, das bei der Aufstellung der Eröffnungsbilanz vom vorsichtig geschätzten Zeitwert ausgeht. Unter korrekter Anwendung des Sachwertverfahrens wird ein Betrag in Höhe von 400.000 Euro ermittelt. Gemeinde B liegt in einem anderen Bundesland und muss den um Abschreibungen verminderten historischen Anschaffungswert ermitteln. Dieser hat eine Höhe von 200.000 Euro. Aus Gründen der Vereinfachung wird unterstellt, dass die Finanzierung in beiden Gemeinden ausschließlich über Steuern erfolgt, die die Gemeinden selbst erheben. In beiden Gemeinden wird der neue Haushaltsausgleich geplant. Bei linearer Abschreibung benötigt die Gemeinde A 20.000 Euro Steuererträge pro Jahr, um die Abschreibungen auszugleichen. Gemeinde B benötigt hingegen nur 10.000 Euro Steuererträge. Die Bürgerinnen und Bürger der Gemeinde A werden damit gegenwärtig relativ stark belastet. Werden die Steuereinnahmen in Höhe der Abschreibungen „gespart", können die zukünftigen Generationen auf einen relativ hohen Betrag zurückgreifen. Wenn eine neue Schule gebaut werden muss, müssen sie relativ wenig „zuschießen". Bei der Gemeinde B werden die gegenwärtig lebenden Bürger und Bürgerinnen relativ wenig belastet. Werden auch hier die Steuereinnahmen in Höhe der Abschreibungen „gespart", können die Bürgerinnen und Bürger, die in späteren Jahren in dieser Gemeinde leben, nur auf einen relativ kleinen Betrag zurückgreifen. Wenn es darum geht, eine neue Schule zu bauen, müssen sie in größerem Umfang zusätzliche Mittel bereitstellen, als diejenigen, die dann in der Stadt A leben.

Noch ein weiterer Effekt ist zu beachten.

Wir haben bereits darauf hingewiesen, dass, falls bei der Erstellung der Eröffnungsbilanz eine Bewertung zum vorsichtig geschätzten Zeitwert erfolgt, die stillen Reserven weitgehend aufgedeckt werden. Insofern dürften, wenn es – aus welchem Grund auch immer – zu Verkäufen solcher Güter kommt, in der Regel keine Erlöse entstehen, die die Restbuchwerte übersteigen.

Umgekehrt, sind, falls die Bewertung auf der Basis der um Abschreibungen verminderten historischen Anschaffungs- und Herstellungswerte erfolgt, bei eventuellen Verkäufen Erträge über Buchwert zu erwarten. Gemeinden, die ihre Eröffnungsbilanz auf der Basis der um Abschreibungen verminderten historischen Anschaffungs- und Herstellungswerte erstellt haben, können in späteren Jahren die stillen Reserven durch Verkäufe aufdecken und mit den Erträgen, die sie über Buchwert erzielen, ein Jahresergebnis „aufpolieren", also beispielsweise mit Hilfe solcher Erlöse den Haushaltsausgleich erreichen. Damit würde dann verdeckt, dass man in dem betreffenden Haushaltsjahr zulasten zukünftiger Generationen gewirtschaftet hat.

Will man das verhindern, muss man

1. beim Jahresergebnis zwischen dem ordentlichen und dem außerordentlichen Ergebnis trennen,
2. die Beurteilung der Frage, ob man intergenerativ gerecht arbeitet, allein vom ordentlichen Ergebnis ableiten und
3. Erträge, die durch die Aufdeckung stiller Reserven entstehen, als außerordentliche Erträge erfassen.

Das Land Hessen hat diesen Zusammenhang überzeugend geregelt:

Nach *§ 114 b (4) der Hessischen Gemeindeordnung* gilt der Ergebnishaushalt „… als ausgeglichen, wenn der Gesamtbetrag der ordentlichen Erträge ebenso hoch ist wie der Gesamtbetrag der ordentlichen Aufwendungen." *§58 der Gemeindehaushaltsverordnung – Doppik des Landes Hessen* gibt vor, dass „Erträge … aus Veräußerungen von Vermögensgegenständen des Anlagevermögens, die den Restbuchwert übersteigen" als außerordentliche Erträge einzuordnen sind.

Abschließend ist noch zu erwähnen, dass, in den Bundesländern, in denen vorsichtig geschätzte Zeitwerte bei der Erstellung der ersten Eröffnungsbilanz herangezogen werden, diese dann für die weitere Buchführung, d.h. für die Folgejahre, zu Anschaffungs- bzw. Herstellungswerten erklärt werden *(vgl. beispielsweise § 92(3) der Gemeindeordnung des Landes Nordrhein-Westfalen)*. Alle Vermögensgegenstände, die nach dem Stichtag der Eröffnungsbilanz erworben bzw. hergestellt werden, sind ohnehin zu Anschaffungs- bzw. Herstellungskosten zu bewerten. Dies gilt in allen Bundesländern.

11.2   Der NKF – Gesamtabschluss

Mit der Umstellung auf das neue Haushalts- und Rechnungswesen haben die Gemeinden nicht nur einen Jahresabschluss für die *Kernverwaltung*, d.h. für den *kommunalen Verwaltungsbetrieb*, zu erstellen, sondern einen gemeinsamen Abschluss, der die Kernverwaltung und ihre *verselbstständigten Aufgabenbereiche* umfasst und der als **Gesamtabschluss** bezeichnet wird (vgl. beispielsweise *§ 116 Gemeindeordnung des Landes Nordrhein-Westfalen, § 88a der Gemeindeordnung für den Freistaat Sachsen und § 95 o der Gemeindeordnung für Schleswig-Holstein)*. In der Regel kann der erste Gesamtabschluss zeitlich versetzt nach dem ersten NKF-Jahresabschluss erstellt werden (vgl. beispielsweise *§ 114 s (5) der Hessischen Gemeindeordnung* sowie *§ 2 des NKF Einführungsgesetzes des Landes Nordrhein-Westfalen*).

Der Gesamtabschluss ähnelt einem *Konzernabschluss*, der ein herrschendes Unternehmen und mehrere abhängige Unternehmen umfasst. Dabei kann man die Kernverwaltung mit dem herrschenden Unternehmen und die verselbstständigten Aufgabenbereiche mit den abhängigen Unternehmen vergleichen, die unter der Leitung des herrschenden Unternehmens stehen.

Diese verselbstständigten Aufgabenbereiche werden allerdings nicht nur in der Bilanz des Gesamtabschlusses, der *Gesamtbilanz*, erfasst, sondern bereits in der *NKF-Bilanz einer Gemeinde*, und zwar als Anlagevermögen und innerhalb des Anlagevermögens als Finanzanlagen (*vgl. Abbildung 38, Teil 1*), wobei zwischen Anteilen an verbundenen Unternehmen, Beteiligungen und Sondervermögen unterschieden wird. Solche von der Kernverwaltung abhängigen Betriebe können völlig unterschiedliche Rechtsformen aufweisen. In der Regel handelt es sich dabei um Eigenbetriebe, eigenbetriebsähnliche Einrichtungen, Anstalten öffentlichen Rechts, Zweckverbände, Aktiengesellschaften und Gesellschaften mit beschränkter Haftung.

Für die *NKF-Bilanz* einer Gemeinde wird jeder dieser Betriebe wie in der Regel jeder andere Vermögensgegenstand, also beispielsweise ein Grundstück, ein Gebäude oder ein Fahrzeug, einzeln bewertet. Mit diesem Wert, d.h. mit *einem* Betrag, wird er dann in die betreffende Bilanzposition aufgenommen.

Mit der Erstellung der *Gesamtbilanz* wird hingegen eine detaillierte Zusammenfassung des Vermögens und der Schulden aller Betrieb, die einer Gemeinde „gehören", angestrebt. Ziel ist es, die Kernverwaltung, d.h. den kommunalen Verwaltungsbetrieb, und die verselbstständigten Aufgabenbereiche, d.h. die von der Gemeinde abhängigen Betriebe, so darzustellen, als wenn es sich dabei um lediglich einen Betrieb handelt, der alle Aufgabenbereiche umfasst. Alle Betriebe werden als Einheit betrachtet. Man spricht bei dieser Betrachtungsweise auch von der *Einheitstheorie*. Zu diesem Zweck müssen sämtliche Positionen der betreffenden Bilanzen „aufgerechnet" werden. Eine solche Aufrechnung bezeichnet man als *Konsolidierung*. Es handelt sich dabei *nicht* um eine bloße Zusammenfassung, sondern zusätzlich um ein Herausfiltern der Binnenbeziehungen, damit bestimmte Werte nicht doppelt erfasst werden.

Der *Grundgedanke der Konsolidierung* wird nachfolgend anhand eines einfachen **Beispiels** erläutert (Angaben in 1.000 Euro):

Eine Gemeinde hat zum Ende eines Haushaltsjahres die nachfolgend wiedergebende Bilanz erstellt. In dieser Bilanz ist unter der Position Sondervermögen ein Eigenbetrieb erfasst, für den zeitgleich die Schlussbilanz erstellt wurde, die ebenfalls nachfolgend wiedergegeben wird.

Zwischen der Gemeinde und dem Eigenbetrieb besteht lediglich eine Beziehung: Der Eigenbetrieb ist Sondervermögen der Gemeinde, d.h. er „gehört" der Gemeinde zu 100%. Darüber hinaus sind keine Binnenbeziehungen zu berücksichtigen. Es liegen also beispielsweise keine wechselseitigen Belieferungen oder Kreditvergaben vor.

Aktiva	Bilanz der Gemeinde A		Passiva
Anlagevermögen		**Eigenkapital**	6.000
Sachanlagen			
- Dienstgebäude	*1.000*		
- Infrastrukturvermögen	*4.000*		
- Fahrzeuge	*1.000*	*Verbindlichkeiten*	
Finanzanlagen		*- aus Krediten für Investitionen*	*4.000*
- Sondervermögen	*3.000*		
Umlaufvermögen		*- aus Lieferung und Leistung*	*1.000*
Liquide Mittel	*2.000*		
	11.000		*11.000*

Aktiva	Eigenbetrieb der Gemeinde A		Passiva
Anlagevermögen		**Eigenkapital**	3.000
Sachanlagen			
- Infrastrukturvermögen	*5.000*		
- Fahrzeuge	*500*	*Verbindlichkeiten aus*	
Umlaufvermögen		*Krediten für Investitionen*	*3.000*
Gebührenforderungen	*2.000*	*Verbindlichkeiten aus*	
Liquide Mittel	*500*	*Lieferung und Leistung*	*2.000*
	8.000		*8.000*

Es wird zunächst die einfache Zusammenfassung der betreffenden Bilanzpositionen vorgenommen und man erhält die folgende gemeinsame Bilanz, die wir als *vorläufige Gemeinschaftsbilanz* bezeichnen:

Aktiva	Vorläufige Gemeinschaftsbilanz		Passiva
Anlagevermögen		**Eigenkapital**	9.000
Sachanlagen			
- Dienstgebäude	*1.000*		
- Infrastrukturvermögen	*9.000*		
- Fahrzeuge	*1.500*	*Verbindlichkeiten*	
Finanzanlagen		*- aus Krediten für Investitionen*	*7.000*
- Sondervermögen	*3.000*		
Umlaufvermögen		*- aus Lieferung und Leistung*	*3.000*
Gebührenforderungen	*2.000*		
Liquide Mittel	*2.500*		
	19.000		*19.000*

Nunmehr ist die Binnenbeziehung herauszufiltern:

Einerseits hat der als eine Einheit betrachtete Betrieb keine Finanzanlagen. Damit hat er andererseits auch entsprechend weniger Eigenkapital. Die konsolidierte Bilanz, d.h. die

Gesamtbilanz, sieht dann folgendermaßen aus:

Aktiva	Gesamtbilanz (konsolidierte Bilanz)		Passiva
Anlagevermögen		**Eigenkapital**	6.000
Sachanlagen			
- Dienstgebäude	1.000		
- Infrastrukturvermögen	9.000		
- Fahrzeuge	1.500	**Verbindlichkeiten**	
Umlaufvermögen		- aus Krediten für Investitionen	7.000
Gebührenforderungen	2.000	- aus Lieferung und Leistung	3.000
Liquide Mittel	2.500		
	16.000		16.000

Es liegt auf der Hand, dass die Konsolidierung zunehmend Probleme aufwirft, wenn

1. wechselseitige Lieferbeziehungen oder wechselseitige Kreditbeziehungen zwischen den zu berücksichtigenden Betrieben bestehen,
2. stille Reserven aufgedeckt werden müssen,
3. die Bilanzstichtage nicht übereinstimmen und
4. an den abhängigen Betrieben mehrere Kernverwaltungen beteiligt sind, also beispielsweise von zwei Gemeinden ein Zweckverband für die Durchführung einer speziellen Aufgabe gegründet worden ist.

Weiterhin ist zu beachten, dass der Gesamtabschluss nicht nur aus der *Gesamtbilanz* besteht, sondern weitere Komponenten zu berücksichtigen sind, wobei in den einzelnen Bundesländern unterschiedliche Bestandteile verlangt werden. So sind beispielsweise nach *§ 49 der Gemeindehaushaltsverordnung des Landes Nordrhein-Westfalen* zusätzlich zur Gesamtbilanz eine *Gesamtergebnisrechnung* und ein *Gesamtanhang* zu erstellen sowie dem Gesamtabschluss ein *Beteiligungsbericht* beizufügen. Nach *§ 53 der Gemeindehaushaltsverordnung Doppik des Landes Hessen* in Verbindung mit *§ 114s (8) der Hessischen Gemeindeordnung* besteht der Gesamtabschluss demgegenüber aus der *zusammengefassten Gesamtergebnisrechnung*, der *zusammengefassten Gesamtfinanzrechnung* und der *zusammengefassten Vermögensrechnung (Bilanz)* sowie einer *Kapitalflussrechnung und einem Bericht, dem Konsolidierungsbericht*.

11.3   Liquiditätssteuerung im NKF

Wir haben bereits darauf hingewiesen, dass die Gemeinde mit dem Streben nach dem neuen Haushaltsausgleich ein Erfolgsziel verfolgt, das dann als erreicht gilt, wenn die Erträge die Aufwendungen wenigstens ausgleichen. Es soll zumindest kein Verlust (Jahresfehlbetrag) entstehen. Das Reinvermögen bzw. das Eigenkapital soll erhalten bleiben oder zunehmen (*vgl. Abbildung 5*).

Zusätzlich ist stets die Zahlungsfähigkeit der Gemeinde sicherzustellen. Diese ist dann gegeben, wenn in jedem Zeitpunkt die jeweils vorhandenen Zahlungsmittel ausreichen, um den anstehenden Zahlungsverpflichtungen nachkommen zu können. Die *Wahrung des finanziellen Gleichgewichts*[23] muss jeder Betrieb beachten. Insofern gilt das *Liquiditätsziel* traditionell auch für den kommunalen Verwaltungsbetrieb, d.h. für die Gemeinde. Im NKF ist allerdings das Liquiditätsziel mit dem pagatorischen Erfolgsziel der Gemeinde, d.h. mit dem neuen Haushaltsausgleich, verbunden. Wie im kaufmännischen Bereich stehen beide Ziele nicht in Konkurrenz, sondern ist das Erfolgsziel stets unter Beachtung des Liquiditätsziels anzustreben. Der neue Haushaltsausgleich ist also unter Wahrung der ständigen Zahlungsfähigkeit zu planen und zu realisieren.

Diesem Zielverbund tragen die neuen haushaltsrechtlichen Vorschriften in der Regel Rechnung. Die nachfolgend aufgeführten Regelungen, die verschiedenen Bundesländern entstammen, belegen dies:

- „Die Zahlungsfähigkeit der Gemeinde einschließlich der Finanzierung der Investitionen und Investitionsförderungsmaßnahmen ist sicherzustellen." *(§ 90(4) Gemeindeordnung für das Land Sachsen-Anhalt).*
- „Die Liquidität der Gemeinde einschließlich der Finanzierung der Investitionen ist sicherzustellen" *(§ 82 Kommunalselbstverwaltungsgesetz des Saarlandes und § 75 (6) Gemeindeordnung des Landes Nordrhein-Westfalen).*
- „Die Gemeinde hat Ihre Zahlungsfähigkeit durch eine angemessene Liquiditätsplanung sicherzustellen" *(§ 93(5) Gemeindeordnung des Landes Rheinland-Pfalz und § 27 Gemeindehaushaltsverordnung-Doppik des Landes Schleswig-Holstein).*
- „Die Gemeinde hat ihre stetige Zahlungsfähigkeit sicherzustellen" *(§ 114m Hessische Gemeindeordnung).*

Auch der zeitliche Rahmen für die Liquiditätsplanung ist geregelt, und zwar ist zwischen der Liquiditätsplanung für

1. ein Jahr, d.h. für den Zeitraum, der das anstehende Haushaltsjahr umfasst,
2. vier Jahre, d.h. für den Zeitraum, der das anstehende Haushaltsjahr *und* die drei Folgejahre umfasst, und
3. kürzere Zeiträume als ein Jahr zu unterscheiden.

Im letzten Fall könnte man von der *unterjährigen Liquiditätsplanung* sprechen. Sie erstreckt sich auf unterschiedliche Zeiträume, die gleichzeitig zu berücksichtigen sind. So muss man beispielsweise die Liquidität für

1. den Rest des laufenden Haushaltsjahres,
2. das nächste Quartal,
3. den nächsten Monat,
4. die nächste Woche und
5. den nächsten Tag

planen.

---

[23] Vgl. Gutenberg, Erich: Einführung in die Betriebswirtschaftslehre, Wiesbaden 1958, S. 188

Für diese unterjährige Liquiditätsplanung ist traditionell die Gemeindekasse zuständig. Da sie die Zahlungsvorgänge abwickelt, verfügt sie in der Regel über die aktuellsten und umfassendsten Informationen, die die Zahlungsfähigkeit betreffen.

Die *ein- und mehrjährige Liquiditätsplanung* fällt traditionell in das Aufgabengebiet der Kämmerei, wobei man in der Kameralistik zwischen der Haushaltsplanung, die ein Jahr umfasst, und der mittelfristigen Finanzplanung, die in der Regel nur Finanzplanung genannt wird und die die nächsten vier Jahre umfasst, unterscheidet.

Im NKF ist diese Unterscheidung nicht mehr zweckmäßig, da der Haushaltsplan neben den Daten für das anstehende Haushaltsjahr stets auch die Daten für die drei auf das Haushaltsjahr folgenden Jahre umfasst *(vgl. hierzu beispielsweise § 1(3) der Gemeindehaushaltsverordnung des Landes Nordrhein-Westfalen, § 1(4) der Gemeindehaushaltsverordnung-Doppik des Landes Schleswig-Holstein, § 90 (1) Kommunalselbstverwaltungsgesetz des Saarlandes.)* Hinzu kommt, dass der Begriff „**Finanzplan**" im NKF den Teil des Haushaltsplans erfasst, in dem Einzahlungen und Auszahlungen veranschlagt werden. Welche Einzahlungs- und Auszahlungspositionen mindestens im Finanzplan zu berücksichtigen sind, wird in der Regel durch die jeweilige Gemeindehaushaltsverordnung verbindlich vorgegeben. Die betreffende Mindestgliederung findet dann ihren Niederschlag in dem jeweiligen per Erlass vorgegebenen Muster.

Unabhängig vom Planungszeitraum, muss die Finanzplanung immer den Zahlungsmittelbestand zu Beginn der Planungsperiode, die Einzahlungen und Auszahlungen während der Planungsperiode und den Zahlungsmittelbestand am Ende der Planungsperiode beinhalten. Nur so lässt sich letztlich die Zahlungsfähigkeit beurteilen, indem man prüft, ob der jeweilige Zahlungsmittelendbestand ausreicht, um den anstehenden Zahlungsverpflichtungen nachkommen zu können.

Auf keinen Fall dürfen die für einen Zeitraum geplanten Auszahlungen die Summe aus Zahlungsmittelanfangsbestand und aus den für diesen Zeitraum geplanten Einzahlungen übersteigen. Dann hätte man die Zahlungsunfähigkeit fest eingeplant. Der Finanzplan darf also unter keinen Umständen mit einer negativen Zahl enden. Weiterhin gilt: Der Zahlungsmittelendbestand in einer Planungsperiode ist identisch mit dem Zahlungsmittelanfangsbestand der Folgeperiode.

Nicht alle Bundesländer haben diese einfachen Regeln der Finanzplanung in ihren Vorschriften verankert. Möglicherweise deshalb, weil man ihre Einhaltung für selbstverständlich hält. Gleichwohl ist die Vorgehensweise in Nordrhein-Westfalen zu begrüßen, diese **Selbstverständlichkeiten einer Finanzplanung** noch einmal im Haushaltsrecht festzuschreiben.

Nach § 3 (2) der Gemeindehaushaltsverordnung des Landes Nordrhein-Westfalen gilt Folgendes: „Im Finanzplan sind für jedes Haushaltsjahr der voraussichtliche Anfangsbestand, die geplanten Änderungen des Bestandes und der voraussichtliche Endbestand der Finanzmittel ... auszuweisen." Damit dürfte in diesem Bundesland bei der Finanzplanung nun wirklich niemand mehr etwas falsch machen.

11.4   Budgetierung im NKF

Der Begriffe „Budget" und „Budgetierung" werden in Literatur und Praxis nicht einheitlich definiert und verwendet.

Relativ bekannt sind die folgenden Definitionen, die der Controlling-Literatur entstammen.[24]

- Demnach handelt es sich bei einem **Budget** um *einen formalzielorientierten, in wertmäßigen Größen formulierten Plan, der einer Entscheidungseinheit für eine bestimmte Zeitperiode mit einem bestimmten Verbindlichkeitsgrad vorgegeben wird.* Der betreffende Plan kann sich auf unterschiedliche Zeiträume beziehen, demzufolge kann man beispielsweise zwischen einem Monatsbudget, einem Quartalsbudget, einem Jahresbudget und einem Mehrjahresbudget unterscheiden. Ein weiterer Unterscheidungsgesichtspunkt ergibt sich durch die Größen, auf die man bei der Planung abstellt. In diesem Fall ist beispielsweise zwischen einem Einzahlungsbudget, einem Auszahlungsbudget, einem Ein- und Auszahlungsbudget (Finanzbudget), einem Aufwandsbudget, einem Ertragsbudget, einem Ertrags- und Aufwandsbudget (Ergebnisbudget), einem Zuschussbudget, einem Kostenbudget usw. zu unterscheiden.
- Die **Budgetierung** umfasst die *Aufstellung, Verabschiedung und Kontrolle eines Budgets und damit den gesamten Prozess, der mit der Planaufstellung beginnt und mit der Abweichungsanalyse endet.*

Insofern kann man jegliche Form der Planung und der Planbewirtschaftung als Budget bzw. Budgetierung bezeichnen.

Zunehmend setzt sich jedoch eine *engere Begriffsfassung* durch, indem man den Begriff der Budgetierung mit der *dezentralen Steuerung* in Verbindung setzt. Die Vorgabe eines Handlungsrahmens an nachgeordnete Organisationseinheiten wird dann als Budgetierung bezeichnet und der betreffende Handlungsrahmen, in dem die betreffende Organisationseinheit sich relativ frei bewegen kann, den sie aber nicht überschreiten darf, wird Budget genannt.

Diese Begriffsfassungen gelten auch für das NKF und haben in den neuen haushaltsrechtlichen Vorschriften der einzelnen Bundesländer ihren Niederschlag gefunden, wobei die Regelungstexte allerdings teilweise unterschiedlich ausfallen.

Wir beschränken uns nachfolgend auf die Betrachtungen der Budgetierungsvorschriften in Schleswig-Holstein und Nordrhein-Westfalen, um die grundsätzliche Problematik zu verdeutlichen.

In der *Gemeindehaushaltsverordnung des Landes Schleswig-Holstein* findet sich folgende Regelung (vgl. *§ 20*):

„(1) Die Erträge und Aufwendungen eines Teilplanes oder mehrere Teilpläne können zu einem Budget verbunden werden.

---

[24]   Vgl. Horváth , Peter: Controlling, 5. Auflage München 1994, S. 255.

(2) Die Einzahlungen und Auszahlungen für Investitionen und Investitionsfördermaßnahmen eines Teilplanes oder mehrerer Teilpläne können zu einem Budget verbunden werden.
(3) Die Bewirtschaftung der Budgets darf nicht zu einer Minderung des Saldos aus laufender Verwaltungstätigkeit ... führen."

In der *Gemeindehaushaltsverordnung des Landes Nordrhein-Westfalen* gilt für die Bildung von Budgets Folgendes (vgl. *§ 21*):

„(1) Zur flexiblen Haushaltsbewirtschaftung können Erträge und Aufwendungen zu Budgets verbunden werden. In den Budgets sind die Summe der Erträge und die Summe der Aufwendungen für die Haushaltsführung verbindlich. Die Sätze 1 und 2 gelten auch für die Einzahlungen und Auszahlungen für Investitionen.
(2) Es kann bestimmt werden, dass Mehrerträge bestimmte Ermächtigungen für Aufwendungen erhöhen und Mindererträge bestimmte Ermächtigungen für Aufwendungen vermindern. Das Gleiche gilt für Mehreinzahlungen und Mindereinzahlungen für Investitionen ...
(3) Die Bewirtschaftung der Budgets darf nicht zu einer Minderung des Saldos aus laufender Verwaltungstätigkeit ... führen."

Es fällt zunächst einmal auf, dass der Begriff „Teilplan" in den nordrhein-westfälischen Regelungen nicht fällt. Insofern können in Nordrhein-Westfalen Budgets auch auf Organisationseinheiten bezogen werden und damit eine andere als die haushaltsrechtliche Abgrenzung erfahren. Es ist dann durch hausinterne Vorschriften sicherzustellen, dass sie in den Haushaltsplan „passen". Allerdings dürfte es auch in diesen Fällen sinnvoll sein, die Muster, die für die Teilpläne gelten, heranzuziehen.

Weiterhin sollte grundsätzlich versucht werden, Organisationsbereiche so zu bilden, dass sie wenigstens eindeutig einem der haushaltsrechtlich vorgegebenen Produktbereiche zugeordnet werden können, um den Verrechnungsaufwand zu begrenzen und bei den Bürgerinnen und Bürgern bzw. den Mandatsträgerinnen und Mandatsträgern keine Irritationen hervorzurufen. Unabhängig davon sollte aus dem Haushaltsplan klar hervorgehen, welche Organisationseinheiten mit eigenem Budget in welchen Bereich der neuen Haushaltssystematik einzuordnen sind. In diesem Zusammenhang ist auf eine entsprechende Regelung in den neuen haushaltsrechtlichen Vorschriften des Landes Sachsen-Anhalt (vgl. *§ 4 (5) Gemeindehaushaltsverordnung Doppik*) zu weisen, die dies klar vorgibt: „Erfolgt die Gliederung produktorientiert nach der örtlichen Organisation, ist dem Haushaltsplan eine Übersicht über die Budgets und die den einzelnen Budgets zugeordneten Produkte oder Produktgruppen als Anlage beizufügen." Auch durch die folgende Vorschrift des Freistaates Sachsen wird sichergestellt, dass sich dem Haushaltsplan eindeutig entnehmen lässt, welcher Organisationseinheit welches Budget zugewiesen ist und wie es in den Produktrahmen einzuordnen ist: „Jeder Teilhaushalt muss mindestens aus einer Bewirtschaftungseinheit (Budget) bestehen. Die Budgets sind jeweils einem Verantwortungsbereich zuzuordnen. In den Teilhaushalten sind die Produktgruppen darzustellen ...". *(vgl. § 4 (2) Sächsische Kommunalhaushaltsverordnung-Doppik)*.

Die Budgets selbst können, wie sich den oben genannten Vorschriften entnehmen lässt, auf der Basis von Aufwendungen und Erträgen und /oder Einzahlungen und Auszahlungen für Investitionen gebildet werden. Ihre Bewirtschaftung darf jedoch den im Finanzplan zu veranschlagenden und in der Finanzrechnung auszuweisenden *Saldo aus laufender Verwaltungstätigkeit* nicht verändern. So könnte die Verminderung eines auszahlungsUNwirksamen Aufwandes nicht genutzt werden, um einen auszahlungswirksamen Aufwand zu erhöhen.

Wenn also **beispielsweise** durch eine Veränderung der geplanten Nutzungsdauer die bilanzielle Abschreibung geringer wird, ist es nicht zulässig, wenn dafür die Aufwendungen für Sach- und Dienstleistungen erhöht werden.

Ideal wäre es unserer Auffassung nach, wenn es gelingt,

1. die einzelnen Produktbereiche, für die immer ein Teilplan, d.h. ein Teilergebnisplan und ein Teilfinanzplan erstellt werden muss, vollständig in kleinere Produkte bzw. Produktgruppen zu zerlegen,
2. für diese Ausschnitte aus dem Produktbereich dann „Unterteilpläne" zu erstellen,
3. jeden dieser „Unterteilepläne" eindeutig einem Organisationsbereich zuzuordnen und
4. jeden dieser „Unterteilpläne" zum Budget zu erklären.

Beispiel *(Vgl. auch die nachfolgende Abbildung 43)*:

1. Wir betrachten den Produktbereich „Kultur und Wissenschaft", für den ohnehin ein Teilergebnisplan und ein Teilfinanzplan zu erstellen ist.

2. Wir entschließen uns, diesen Produktbereich in 4 Teile zu zerlegen, wobei wir allerdings schon die bestehende Organisationsstruktur in die Überlegungen einbeziehen, um unnötige Veränderungen der Organisation zu vermeiden. Im Einzelnen grenzen wir folgende Bündel von Produkten ab:

   a) Dienstleistungen, die einer Volkshochschule auf dem Gebiet der Fort- und Weiterbildung üblicherweise zugewiesen werden,
   b) Sammeln und Bewahren sowie Ausstellen von Objekten, die die Entwicklung und Geschichte der Stadt betreffen,
   c) Durchführung eigener Theateraufführungen und
   d) alle weiteren Dienstleistungen, die im Produktbereich „Kultur und Wissenschaft" anfallen.

   Bei dem letzten Produktbündel, das man als „Ergänzendes Kulturmanagement" bezeichnen könnte, handelt es sich um eine „Auffangposition", die all das aufnimmt, was nicht den anderen drei Teilbereichen zugewiesen werden soll. Für die vier Produktbündel erstellen wir jeweils „Unterteilpläne". Die Addition der betreffenden Beträge muss letztlich den Teilergebnisplan „Kultur und Wissenschaft" ergeben.

3. Für jeden „Unterteilplan" ist eine Organisationseinheit zuständig, und zwar die Volkshochschule für das unter a) genannte Produktbündel, das Heimatmuseum für das unter b) genannte Produktbündel, das Theater für das unter c) genannte Produktbündel und das Kulturamt für das unter d) genannte Produktbündel.

4. Jeder „Unterteilplan" wird zum Budget des betreffenden Organisationsbereichs erklärt, wir haben somit ein Budget der Volkshochschule, ein Budget des Heimatmuseums, ein Budget des Theaters und ein Budget des Kulturamtes zu berücksichtigen.

Teilplan des Produktbereichs „Kultur und Wissenschaft"			
Produktbündel *„Fortbildungs- und Weiterbildungsmög- lichkeiten für die Bür- gerinnen und Bürger"*	*Produktbündel* *„Sammeln und Bewah- ren sowie Ausstellen von regionalen Kultur- gütern"*	*Produktbündel* *„Theateraufführungen"*	*Produktbündel* *„Ergänzende kulturel- le und wissenschaftli- che Dienstleistungen"*
Unterteilplan I	**Unterteilplan II**	**Unterteilplan III**	**Unterteilplan IV**
Volkshochschule	Heimatmuseum	Theater	Kulturamt
Budget der Volkshochschule	*Budget des Heimatmuseums*	*Budget des Theaters*	*Budget des Kulturamtes*

Abbildung 43: Zusammenhang zwischen Teilplan, Organisationsbereich und Budget

11.5 Kosten- und Leistungsrechnung im NKF

Das Thema „**Kosten- und Leistungsrechnung**" wird in den neuen haushaltsrechtlichen Vorschriften nur kurz angesprochen und in der Regel lediglich in einem Paragraphen abgehandelt. Nachfolgend haben wir die Regelungen einiger Bundesländer zusammengestellt:

- *§ 13 Gemeindehaushaltsverordnung Doppik des* **Landes Sachsen-Anhalt**: „Zur Unterstützung der Verwaltungssteuerung und für die Beurteilung der Wirtschaftlichkeit und Leistungsfähigkeit bei der Aufgabenerfüllung ist eine Kosten- und Leistungsrechnung in Form der Vollkostenrechnung zu führen. Die Ausgestaltung bestimmt die Gemeinde nach ihren örtlichen Bedürfnissen."
- *§ 16 Gemeindehaushaltsverordnung-Doppik des* **Landes Schleswig-Holstein**: „Eine Kosten- und Leistungsrechnung zur Unterstützung der Verwaltungssteuerung kann durchgeführt werden."
- *§ 13 Kommunalhaushaltsverordnung des* **Saarlandes**: „Zur Unterstützung der Verwaltungssteuerung und für die Beurteilung der Wirtschaftlichkeit und Leistungsfähigkeit bei der Aufgabenerfüllung soll eine Kosten- und Leistungsrechnung geführt werden. Die Ausgestaltung bestimmt die Gemeinde nach ihren örtlichen Bedürfnissen."
- *§ 18 Gemeindehaushaltsverordnung des Landes* **Nordrhein-Westfalen**: „(1) Nach den örtlichen Bedürfnissen der Gemeinde soll eine Kosten- und Leistungsrechnung zur Unterstützung der Verwaltungssteuerung und für die Beurteilung der Wirtschaftlichkeit und Leistungsfähigkeit bei der Aufgabenerfüllung geführt werden. (2) Die Bürgermeisterin oder der Bürgermeister regelt die Grundsätze über Art und Umfang der Kosten- und Leistungsrechnung und legt sie dem Rat zur Kenntnis vor."

- *§ 14* **Sächsische** *Kommunalhaushaltsverordnung – Doppik*: „Als Grundlage der Verwaltungssteuerung sowie für die Beurteilung der Wirtschaftlichkeit und Leistungsfähigkeit der Verwaltung sind für alle Aufgabenbereiche nach den örtlichen Bedürfnissen Kosten- und Leistungsrechnungen zu führen. Die Kosten sind aus der Buchführung nachprüfbar herzuleiten ...".

Bei aller Unterschiedlichkeit in den Formulierungen wird in sämtlichen Vorschriften die Bedeutung der Kosten- und Leistungsrechnung für die Verwaltungssteuerung deutlich. Wir haben bereits an früherer Stelle den grundsätzlichen Unterschied zwischen der pagatorischen und der kalkulatorischen Rechnung erläutert (*vgl.* auch *Abbildung 3*) und darauf hingewiesen, dass die Kosten- und Leistungsrechnung in jedem Rechnungssystem eine spezielle Steuerungsunterstützung liefert, die die Buchführung, egal in welcher Form sie praktiziert wird, nicht zu leisten vermag.

Insofern ist die Kosten- und Leistungsrechnung auch im NKF unverzichtbar. Sie wird im modernen Haushalts- und Rechnungswesen grundsätzlich für die gleichen Zielsetzungen eingesetzt, denen sie auch bisher gedient hat, wobei im kommunalen Bereich traditionell die Preisfindung und die Wirtschaftlichkeitsbetrachtung im Vordergrund stehen.[25]

Was den Beitrag zur *Preisfindung* anbelangt, so ist die Kosten- und Leistungsrechnung auch im NKF

- **erstens** zur *Gebührenkalkulation*, insbesondere für die Kalkulation der Benutzungsgebühren, unverzichtbar und vorgeschrieben. In diesen Fällen sind – wie bisher – die Vorgaben des Kommunalabgabengesetzes maßgeblich.
- **Zweitens** begleitet die Kosten- und Leistungsrechnung – ebenfalls wie bisher – die Preisfindung für *privatrechtliche Leistungsentgelte.*
- Weiterhin ist sie **drittens** zur Kalkulation *interner Verrechnungspreise* erforderlich. Auch diese Aufgabe ist im kommunalen Bereich nicht neu. Sie gewinnt allerdings im NKF an Bedeutung, da flächendeckend für die einzelnen produktverantwortlichen Bereiche, soweit sie mit entsprechenden Teilergebnisplänen im Haushaltsplan erscheinen, interne Erträge und Aufwendungen veranschlagt bzw. erfasst werden sollen.

Im Hinblick auf eine kostendeckende Preiskalkulation, kommt es darauf an, alle Kosten auf die Produkte zu verrechnen. Insofern ist für diesen Zweck die *Vollkostenrechnung* zu wählen, auf die in *§ 13 der Gemeindehaushaltsverordnung Doppik des Landes Sachsen-Anhalt* auch ausdrücklich hingewiesen wird. Nach *§ 14 der Sächsischen Kommunalhaushaltsverordnung – Doppik* sind die Kosten aus der Buchführung nachprüfbar herzuleiten. Diesem Grundsatz, dessen Beachtung auch bei den Kostenrechnungen in den anderen Bundesländern selbstverständlich sein sollte, steht nicht entgegen, dass gegebenenfalls ergänzend weitere Kosten ermittelt werden müssen. Das gilt beispielsweise für die kalkulatorischen Abschreibungen und die kalkulatorischen Zinsen in Verbindung mit der Gebührenkalkulation.

---

[25] Vgl. Schuster, Falko: **Kommunale Kosten- und Leistungsrechnung – Controllingorientierte Einführung**, 2. Auflage, München / Wien 2002, hier S. 10.

Was die *Wirtschaftlichkeitsbetrachtung* anbelangt, so erfolgt durch die Kosten- und Leistungsrechnung ein detaillierter Einblick in die betreffende Organisationseinheit. Dies wird dadurch möglich, dass man den Aufwand eines im Haushaltsplan abgebildeten Organisationsbereichs auf kleinere Organisationseinheiten (Kostenstellen) aufteilt und von diesen dann eine Weiterleitung auf die erstellten Produkte (Kostenträger) vornimmt. Man erkennt dadurch, wo und wofür der Güterverbrauch entstanden ist. Eine solche dreistufige Kostenrechnung, die mit der Ermittlung der Kostenarten beginnt (*Kostenartenrechnung*), in der anschließend eine Verteilung der Kostenarten auf Kostenstellen stattfindet (*Kostenstellenrechnung*) und die schließlich mit der Ermittlung der Stückkosten endet (*Kostenträgerrechnung*), wird auch *Betriebsabrechnung* genannt. Die Kosten werden dabei, soweit dies möglich ist, vom Aufwand, abgeleitet. Insofern sollte schon im EDV-Verfahren, d.h. in Verbindung mit der Installation des Buchführungssystems, eine Zuordnung des Aufwands auf Kostenstellen eingerichtet werden. Zusätzlich ist noch eine Verbindung zum jeweiligen Budget herzustellen.

Abbildung 44 verdeutlicht diesen Zusammenhang. Letztlich würde sich so ein *flächendeckender Einsatz der Kosten- und Leistungsrechnung* in der gesamten Kommunalverwaltung ergeben. Dies ist auch ohne weiteres wünschenswert, allerdings sollte man sich bei der Einführung des NKF gerade in der Anfangsphase nicht zuviel vornehmen und das Thema „Kosten- und Leistungsrechnung" erst in einem zweiten Schritt angehen. Zunächst reicht es aus, den Standard an Kosten- und Leistungsrechnung, der in der jeweiligen Kommune vorhanden ist, zu erhalten.

Die enge Verbindung, die zwischen Buchhaltung sowie Kosten- und Leistungsrechnung besteht, darf aber nicht dazu führen, in der kalkulatorischen Rechnung lediglich eine Verfeinerung der pagatorischen Rechnung zu sehen.

Bei der Überprüfung der Wirtschaftlichkeit kann es erforderlich sein, dass man sich von den Bewertungsvorschriften der Buchführung löst und beispielsweise Normalkosten oder Wiederbeschaffungswerte heranziehen muss. Das gilt eventuell für Wirtschaftlichkeitsvergleiche, die ähnliche Verwaltungseinheiten zum Gegenstand haben. In diesen Fällen sind die Kostenunterschiede, die sich durch das öffentliche Entlohnungssystem ergeben, auszuschalten. Man übernimmt nicht einfach den Lohnaufwand, sondern berücksichtigt in der Kosten- und Leistungsrechnung normalisierte Personalkosten, die beispielsweise dadurch gekennzeichnet sind, dass man den Aufwand um alterbezogene oder familienbezogene Entlohnungsbestandteile kürzt. Eine solche Kosten- und Leistungsrechnung hat dann nicht nur einen höheren Detaillierungsgrad als die Buchhaltung, sondern auch eine andere Grundlage bzw. eine andere Qualität und Aussagekraft. Dies erklärt auch die Entwicklung der zahlreichen Kostenrechnungsverfahren, die nicht nur von der pagatorischen Rechnung abweichende, sondern auch untereinander verschiedene Informationen liefern. Im NKF kann es erforderlich sein, dass man im Hinblick auf verschiedene Zielsetzungen parallel mehrere Verfahren der Kosten- und Leistungsrechnung einsetzt.

Teilplan des Produktbereichs „Kultur und Wissenschaft"			
Produktbündel *„Fortbildungs- und Weiterbildungsmög-lichkeiten für die Bür-gerinnen und Bürger"*	*Produktbündel* *„Sammeln und Bewah-ren sowie Ausstellen von regionalen Kultur-gütern"*	*Produktbündel* *„Theateraufführungen"*	*Produktbündel* *„Ergänzende kulturel-le und wissenschaftli-che Dienstleistungen auf dem Gebiet"*
Unterteilplan I	**Unterteilplan II**	**Unterteilplan III**	**Unterteilplan IV**
Volkshochschule	Heimatmuseum	Theater	Kulturamt
Budget der Volkshochschule	*Budget des Heimatmuseums*	*Budget des Theaters*	*Budget des Kulturamtes*
Betriebsabrechnung (Kosten- und Leistungsrechnung) Volkshochschule	*Betriebsabrechnung (Kosten- und Leistungsrechnung) Heimatmuseum*	*Betriebsabrechnung (Kosten- und Leistungsrechnung) Theater*	*Betriebsabrechnung (Kosten- und Leistungsrechnung) Kulturamt*

Abbildung 44: Zusammenhang zwischen Teilplan, Organisationsbereich, Budget und Betriebsabrechnung

11.6   Controlling im NKF

Es fehlt nach wie vor an einer allgemein anerkannten Definition des Begriffs „**Controlling**". Teilweise ist sogar eine Begriffsverwirrung festzustellen. Weitgehende Einigkeit besteht jedoch darin, dass es sich beim Controlling um eine unterstützende Funktion handelt, mit deren Hilfe versucht wird, Planung und Kontrolle stärker miteinander zu verknüpfen und das Rechnungswesen enger mit den Führungsfunktionen zu verbinden. Controlling leistet damit vornehmlich zwei Beiträge im Hinblick auf die Steuerung eines Betriebes, und zwar erfüllt es einerseits eine Koordinationsfunktion und andererseits eine Informationsversorgungsfunktion. Es trägt also erstens zur Abstimmung der anderen betrieblichen Funktionen bei und soll zweitens sicherstellen, dass diejenigen, die den Betrieb steuern, rechtzeitig die zur Zielerreichung notwendigen Informationen erhalten.

Wer Träger dieser Funktion ist, ist damit noch nicht gesagt. Ob spezielle Controlling-Stellen eingerichtet werden, hängt unter anderem von der Größe der Gemeinde, von der Finanzkraft und der Organisationsstruktur ab. Die mit dem NKF verbundene Budgetierung und dezentrale Ressourcenverantwortung sind sicherlich Einflussgrößen, die in Richtung auf die Schaffung solcher Stellen wirken. Besonders größere Gemeinden dürften daher beim Einstieg in das NKF nicht umhin kommen, zumindest für einzelne Controllingfelder spezielle Stabsstellen zu bilden, sofern dies nicht schon in der Vergangenheit geschehen ist.

Üblich ist die Unterscheidung von strategischem und operativem Controlling.

Das *strategische Controlling* beschäftigt sich mit dem Betrieb insgesamt und insbesondere mit der betrieblichen Umwelt. Es ist langfristig orientiert. Man versucht, über die nahe Zukunft hinaus die Chancen, die sich einem Betrieb bieten, und Risiken, die ihm drohen, zu erkennen. Typisch für das strategische Controlling ist also die langfristige umweltbezogene Betrachtung des gesamten Betriebs mit dem Ziel, seine Existenz zu sichern. Insofern gehört zum strategischen Controlling die Überprüfung der mehr oder weniger dauerhaften Zielsetzung bzw. des Leitbildes und der strategischen Planung.

Das strategische Controlling wird üblicherweise auch im NKF angesprochen, und zwar im Lagebericht bzw. Rechenschaftsbericht. Wir haben bereits darauf hingewiesen, dass nach § 48 der nordrhein-westfälischen Gemeindeordnung im Lagebericht „auf die Chancen und Risiken für die künftige Entwicklung der Gemeinde einzugehen" ist und die der Analyse zu Grunde liegenden Annahmen anzugeben sind. Ähnliche und teilweise sogar wortgleiche Formulierungen finden sich in den Vorschriften der anderen Bundesländer, so beispielsweise in der *Gemeindehaushaltsverordnung-Doppik des Landes Schleswig-Holstein (vgl. § 52) und in der Gemeindehaushaltsverordnung des Landes Rheinland-Pfalz (vgl. §49 Rechenschaftsbericht)*.

Das *operative Controlling* ist kurzfristig ausgerichtet und deckt somit überschaubare Zeiträume ab. Es befasst sich also beispielsweise mit den nächsten vier Wochen, den nächsten drei Monaten oder dem zukünftigen Jahr. Da die Betrachtungszeiträume nicht weit von der Gegenwart entfernt sind, kann sich das operative Controlling auf relativ verlässliche Informationen stützen. In der Regel kann mit Größen des Rechnungswesens gearbeitet werden. Typisch für das operative Controlling ist die Überprüfung der kurzfristigen Planungen, also beispielsweise eines Jahresbudgets, die Durchführung von Soll-Ist-Vergleichen bzw. Budgetkontrollen, die Analyse eventueller Plan- bzw. Budgetabweichungen, die Entwicklung von Handlungsvorschlägen sowie die rechtzeitige und regelmäßige Erstellung entsprechender Berichte für die zuständigen Entscheidungsträger. Orientierungspunkte für das operative Controlling sind kurz – und mittelfristig gültige und damit relativ konkrete Ziele.

Ausgehend von diesem allgemeinen Hintergrund für das operative Controlling, lässt sich speziell für das *operative Controlling im NKF* Folgendes feststellen:

Zum operativen Controlling im Neuen Kommunalen Finanzmanagement gehört die Berichterstattung während eines Haushaltsjahres, um Fehlentwicklung und drohende Zielverletzung zu erkennen und Korrekturmaßnahmen rechtzeitig einleiten zu können. Adressaten sind die Mandatsträgerinnen und Mandatsträger sowie die Verwaltungsführung.

Wir betrachten zunächst die Berichtpflicht gegenüber der politischen Ebene. Hier ist zu unterscheiden zwischen der regelmäßigen Berichterstattung und der Berichterstattung in speziellen Situationen.

Eine Berichtspflicht gegenüber dem Rat bzw. der entsprechenden Vertretung besteht immer, falls eine gravierende Verletzung der haushaltsrechtlichen Zielsetzung droht. Diese Berichtspflicht in speziellen Situationen ergibt sich beispielsweise aus *§ 23(3) der Kommunalhaushaltsverordnung des Saarlandes*, *§ 28 (2) der Gemeindehaushaltsverordnung – Doppik des Landes Hessen und § 24(2) Gemeindehaushaltsverordnung des Landes Nordrhein-Westfalen*.

Die regelmäßige „unterjährige" Berichtspflicht gegenüber dem Rat bzw. der vergleichbaren Vertretung wird in den neuen haushaltsrechtlichen Vorschriften der einzelnen Bundesländer unterschiedlich geregelt. Dies machen die nachfolgend aufgeführten Regelungen deutlich:

- Nach *§ 21 der Gemeindehaushaltsverordnung des Landes Rheinland-Pfalz* ist nach „den örtlichen Bedürfnissen der Gemeinde, in der Regel jedoch halbjährlich, … der Gemeinderat während des Haushaltsjahres über den Stand des Haushaltsvollzugs hinsichtlich der Erreichung der Finanz- und Leistungsziele zu unterrichten."
- Nach *§ 28 der Gemeindehaushaltsverordnung – Doppik des Landes Hessen* ist die „Gemeindevertretung … mehrmals jährlich über den Stand des Haushaltsvollzugs zu unterrichten."
- Nach *§ 23 der Kommunalhaushaltsverordnung des Saarlandes* ist nach „den örtlichen Bedürfnissen der Gemeinde … der Gemeinderat während des Haushaltsjahres über den Stand des Haushaltsvollzugs (Erreichung der Finanz- und Leistungsziele) zu unterrichten."
- Nach *§ 26 der Gemeindehaushaltsverordnung Doppik des Landes Sachsen-Anhalt* ist der „Gemeinderat … mehrmals jährlich über den Stand des Haushaltsvollzugs (Erreichung der Finanz- und Leistungsziele) zu unterrichten."

Was die regelmäßige Berichterstattung gegenüber dem Rat anbelangt, so sollte diese unserer Auffassung nach in Form von *Quartalsberichte* erfolgen, um dem Rat eine zeitnahe Reaktion zu ermöglichen. Wenn die vierteljährliche Berichterstattung durch das Haushaltsrecht nicht vorgeschrieben ist, sollte sie durch einen Beschluss des Rates bzw. der zuständigen Vertretung herbeigeführt werden.

Inhalt und Aufbau der Berichte können sich an den Mustern für den Jahresabschluss orientieren. Der vertikale Aufbau der Ergebnisrechnung, der Teilergebnisrechnungen, der Finanzrechnung und der Teilfinanzrechnungen sowie die Tabellen für die Leistungskennziffern können somit beibehalten werden. Es ist lediglich eine Veränderung der Kopfzeile vorzunehmen.

Dabei stehen mehrere Möglichkeiten zur Wahl. *Abbildung 45* enthält einen Vorschlag, wie beispielsweise die Teilergebnisrechnung für Controllingzwecke umgestaltet werden könnte. Dabei wird in Spalte 1 der für das 1. Quartal geplante Betrag angegeben und in Spalte 2 der im 1. Quartal realisierte Betrag festgehalten. In Spalte 3 wird der Unterschied zwischen den Beträgen aus Spalte 1 und 2 ausgewiesen. Spalte 4 beinhaltet den fortgeschriebenen Ansatz für das gesamte Haushaltsjahr. Der Anteil der im 1. Quartal realisierten Beträge am fortgeschriebenen Ansatz für das gesamte Haushaltsjahr wird in Spalte 5 in Prozent angegeben und als *Ausschöpfungsgrad* bezeichnet.

TEILERGEBNISRECHNUNG Ertrags- und Aufwandsarten			Fortge-schrie-bener Ansatz für das 1. Quartal des Haus-haltsjah-res	Ist-Ergeb-nis im 1. Quartal des Haus-halts-jahres	Ver-gleich An-satz/ Ist im 1. Quartal	Fortge-schrie-bener Ansatz für das Haus-halts-jahr	Aus-schöp-fungs-grad
			Euro	Euro	Euro	Euro	%
			1	2	3	4	5
1		Steuern und ähnliche Abgaben					
2	+	Zuwendungen und allgemeine Umlagen					
3	+	Sonstige Transfererträge					
4	+	Öffentlich-rechtliche Leistungsentgelte					
5	+	Privatrechtliche Leistungsentgelte					
6	+	Kostenerstattungen, Kostenumlagen					
7	+	Sonstige ordentliche Erträge					
8	+	Aktivierte Eigenleistungen					
9	+/-	Bestandsveränderungen					
10	=	Ordentliche Erträge					
11	-	Personalaufwendungen					
12	-	Versorgungsaufwendungen					
13	-	Aufwendungen für Sach- u. Dienstleistungen					
14	-	Bilanzielle Abschreibungen					
15	-	Transferaufwendungen					
16	-	Sonstige ordentliche Aufwendungen					
17	=	Ordentliche Aufwendungen					
18		Ergebnis der laufenden Verwaltungstätigkeit (Zeile 10 und Zeile 17)					
19	+	Finanzerträge					
20	-	Zinsen und ähnliche Aufwendungen					
21	=	Finanzergebnis (Zeile 19 und Zeile 20)					
22		Ordentliches Ergebnis (Zeile 18 und Zeile 21)					
23	+	Außerordentliche Erträge					
24	-	Außerordentliche Aufwendungen					
25	=	Außerordentliches Ergebnis (Zusammenfas-sung Zeile 23 und Zeile 24)					
26		Jahresergebnis (Zeile 22 und Zeile 25)					
27	+	Erträge aus internen Leistungsbeziehungen					
28	-	Aufwendungen aus internen Leistungsbezie-hungen					
29	=	Ergebnis (Zeile 26, Zeile 27 und Zeile 28)					

Abbildung 45: Quartalsbericht über das Teilergebnis

Die späteren Controllingberichte werden entsprechend aufgebaut. So beinhaltet beispielsweise der 2. Controllingbericht in Spalte 1 den für das 1. Halbjahr geplanten und in Spalte 2 den im 1. Halbjahr realisierten Betrag. In Spalte 3 wird die Abweichung im ersten Halbjahr ausgewiesen usw.

Zusätzlich zu den genannten Informationen ist zu prüfen, ob nicht die bei der Jahresabschlussanalyse zu berücksichtigenden Kennziffern zumindest teilweise bereits quartalsbezogen ermittelt und in die Controllingberichte einbezogen werden sollten.

Für die *Verwaltungsführung* sind erst einmal die gleichen Informationen von Bedeutung wie für die politische Ebene. Besonders für diejenigen, die für einen Produktbereich bzw. ein Produkt zuständig sind, reichen allerdings die Controllingberichte, die sich an den Teilplänen orientieren, nicht aus. Für diese Entscheidungsträger muss das Controlling zusätzlich detaillierter Informationen bereitstellen, die in der Regel der Kosten- und Leistungsrechnung entstammen. Dabei bietet sich zunächst eine Auswertung der traditionellen kommunalen Vollkostenrechnung, d.h. der Betriebsabrechnung, mittels kostenartenbezogener und kostenstellenbezogener Zeitvergleiche, Betriebsvergleiche und Soll-Ist-Vergleiche an. In einem späteren zweiten Schritt ist zu klären, ob durch den Einsatz anderer Verfahren der Kosten- und Leistungsrechnung mit vertretbarem Aufwand zusätzliche controllingrelevante Informationen gewonnen und an die Entscheidungsträger geliefert werden können.

11.7 Rechnungsprüfung und Aufsicht im NKF

11.7.1 Rechnungsprüfung im NKF

Für die Rechnungsprüfung und die Aufsicht ergeben sich durch die Umgestaltung des kommunalen Haushalts- und Rechnungswesen gravierende Änderungen.

Um die Auswirkungen auf die kommunale Rechnungsprüfung zu verdeutlichen, greifen wir zunächst noch einmal den in *Abbildung 2* dargestellten Grundzusammenhang auf: Demnach bestimmen die betrieblichen Ziele die Steuerung des Betriebes und diese wiederum ist ausschlaggebend dafür, welches Rechnungswesen zum Einsatz kommt. Bei einer weiten Definition des Begriffs „Rechnungswesen", wie er für den Bereich der öffentlichen Verwaltung zweckmäßig erscheint, geht es dabei nicht nur um die Buchungs- und Abschlussebene, sondern auch um die Planungsebene. Wenn man den Begriff „Rechnungswesen" eng definiert, dann ist es – worauf wir bereits hingewiesen haben – sinnvoll, vom Haushalts- *und* Rechnungswesen zu sprechen, da es sich im Bereich der öffentlichen Verwaltung hierbei um *ein* Informationssystem handelt, also beide Begriffe eine Einheit bilden.

Eine *klassische Aufgabe der Rechnungsprüfung* besteht darin, festzustellen, ob die Regelungen, die das Haushalts- und Rechnungswesen und weitere Bereiche der Verwaltung betreffen eingehalten worden sind. Es handelt sich dabei um eine *Recht- und Ordnungsmäßigkeitsprüfung*. Man kann darüber streiten, ob die Überprüfung der Einhaltung der in allen Gemeindeordnungen verankerten Haushaltsgrundsätze allein als Recht- und Ordnungsmäßigkeitsprüfung einzuordnen ist oder ob man hier nicht zusätzlich von einer *Überprüfung der Wirtschaftlichkeit* sprechen sollte.

Für uns zählt die Klärung der Frage, ob der Wirtschaftlichkeitsgrundsatz eingehalten wird, zur Recht- und Ordnungsmäßigkeitsprüfung, da die Einhaltung dieses Grundsatzes verbindlich vorgegeben ist (vgl. beispielsweise die gleich lautenden Formulierungen im *§ 72 (2) der Gemeindeordnung des Freistaates Sachsen* sowie im *§ 82 (2) Kommunalselbstverwaltungsgesetz des Saarlandes* „Die Haushaltswirtschaft ist sparsam und wirtschaftlich zu führen" und die ähnliche Formulierung im *§ 75 (1) der Gemeindeordnung des Landes Nordrhein-Westfalen* „Die Haushaltswirtschaft ist wirtschaftlich, effizient und sparsam zu führen").

Neben den eher nachschauorientierten Aufgaben, die sicherlich über Lerneffekte auch zu zukünftigen Verbesserungen führen, werden einer modernen Rechnungsprüfung zunehmend Tätigkeiten zugewiesen, die unmittelbar auf die Zukunft gerichtet sind und direkte Handlungsempfehlungen beinhalten, wobei man als Ausgangspunkt überbetriebliche, d. h. interkommunale, Vergleiche wählt. Ziel ist es wie beim *Benchmarking* vom „Klassenbesten" zu lernen. Man spricht in diesem Zusammenhang auch von *vergleichenden Prüfungen*.

Ohne den Wert dieser neuen Variante der Prüfung herabsetzen zu wollen, sehen wir die Kernaufgabe der kommunalen Rechnungsprüfung nach wie vor darin, festzustellen, ob die Vorschriften eingehalten worden sind.

Es wäre fatal, wenn die vergleichenden Prüfungen die klassische Recht- und Ordnungsmäßigkeitsprüfung nicht ergänzen, sondern verdrängen würden. Man würde eine „Hauptsicherung" des demokratischen Systems außer Kraft setzen. Gegenwärtig ist nicht von der Hand zu weisen, dass eine solche Gefahr besteht.

Nach diesen Überlegungen können wir den in *Abbildung 2* dargestellten Grundzusammenhang um einen weiteren Punkt ergänzen: Die betriebliche Zielsetzung bestimmt die Art und Weise der Steuerung, die ihrerseits für die notwendige Gestaltung des Haushalts- und Rechnungswesen ausschlaggebend ist und die Vorschriften, die das Haushalts- und Rechnungswesen regeln, sind ihrerseits die Basis der Rechnungsprüfung. Das Haushalts- und Rechnungswesen bestimmt damit die Anforderungen an die Rechnungsprüfung.

Neues kommunales Zielsystem

↓

Neue Steuerung

↓

Neues Kommunales Finanzmanagement bzw.

Rechnungswesen

↓

Neue Kommunale Rechnungsprüfung

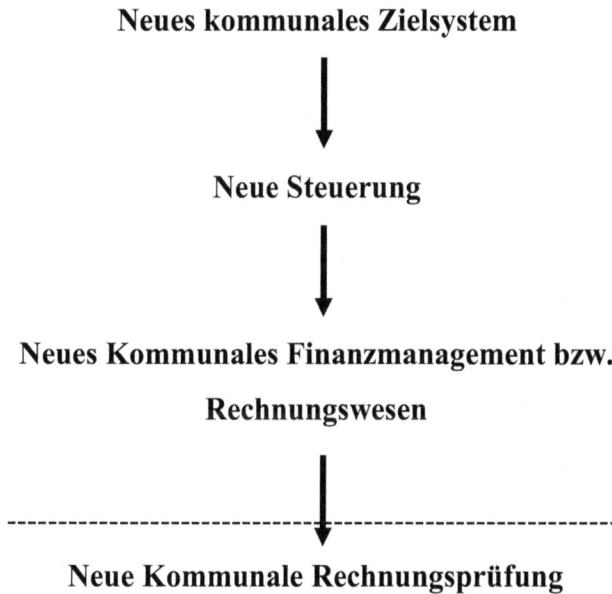

Abbildung 46: Entstehung der Neuen Kommunalen Rechnungsprüfung

Für die **Rechnungsprüfung im NKF** ergeben sich damit folgende Auswirkungen *(vgl. Abbildung 46)*: Da sich durch das Streben nach intergenerativer Gerechtigkeit das Zielsystem des kommunalen Verwaltungsbetriebs erheblich verändert hat, muss die Kommunalverwaltung anders als bisher gesteuert werden (Neue Steuerung). Daraus entsteht die Notwendigkeit zur gravierenden Umgestaltung des kommunalen Haushalts- und Rechnungswesens (Neues Kommunales Finanzmanagement). Mit Entwicklung und Einführung des NKF ändert sich gleichzeitig die Basis der Rechnungsprüfung und damit verbunden der Prüfungsstoff.

Dieser *neue Prüfungsstoff* weist folgende Besonderheiten auf:

- **Erstens** beinhaltet er *Elemente des kaufmännischen Rechnungswesens*, so beispielsweise die Grundsätze ordnungsmäßiger Buchführung, die Technik der doppelten Buchführung, die Bilanz und die Ergebnisrechnung.
- **Zweitens** besteht er zu einem nicht unerheblichen Teil aus *Elementen des kameralistischen Rechnungswesens*. Hierzu zählen die Haushaltssatzung, die Verbindlichkeit der Haushaltssystematik, die Haushaltsüberwachung, die speziellen Regelungen im Bereich Kasse bzw. Zahlungsabwicklung und das Anordnungswesen.
- **Drittens** umfasst er *völlig neue Elemente*, also Bestandteile, die bisher in keinem Rechnungswesen vorzufinden sind. Zu denken ist in diesem Zusammenhang an die Teilpläne und Teilrechnungen, an die internen Erträge und Aufwendungen, an die neue Haushaltssystematik, an die Berücksichtigung von Leistungskennziffern im satzungsmäßig festgelegten Haushaltsplan und im Jahresabschluss.

Für die Rechnungsprüfung bedeutet dies, dass sie mit der Einführung des NKF Erfahrungen und Kenntnisse aus der kameralen Rechnungsprüfung mit dem Know-how der Wirtschaftprüfung verbinden und zusätzlich noch „Neuland" betreten muss. Es entsteht eine völlig neue Qualität der kommunalen Rechnungsprüfung. Daher ist es unserer Ansicht nach berechtigt, in Anlehnung an die Begriffe „Neue Steuerung" und „Neues Kommunales Finanzmanagement" bzw. „Neues Kommunales Rechnungswesen" auch von einer Neuen Kommunalen Rechnungsprüfung zu sprechen. [26]

Die *Prüfungsfelder der Neuen Kommunalen Rechnungsprüfung* sind über das gesamte System des Neuen Kommunalen Finanzmanagements verteilt und betreffen gleichermaßen die Planungs-, Buchungs- und Abschlussebene (*vgl. Abbildung 47*), wobei weiterhin zwischen der örtlichen und der überörtlichen Rechnungsprüfung zu unterscheiden ist.

Auch im NKF ist der Rat bzw. das entsprechende Vertretungsorgan Träger der örtlichen Rechnungsprüfung. Diesem Organ wird beispielsweise der Jahresabschluss der Gemeinde zur Feststellung vorgelegt (vgl. beispielsweise *§ 101 (1) und (2) des Kommunalselbstverwaltungsgesetzes des Saarlandes, § 114t der Hessischen Gemeindeordnung und § 108a der Gemeindeordnung für das Land Sachsen-Anhalt*). In zahlreichen Bundesländern ist zur Vorbereitung der Ratsentscheidung ein spezieller Ausschuss des Rates, der Rechnungsprüfungsausschuss *(vgl. beispielsweise § 57(2) der Gemeindeordnung des Landes Nordrhein-Westfalen)*, zu bilden. In diesen Fällen übernimmt der Rechnungsprüfungsausschuss beispielsweise die Prüfung des Jahresabschlusses der Gemeinde und legt er den geprüften Jahresabschluss zusammen mit seinem Prüfungsbericht dem Rat zur abschließenden Beschlussfassung vor (vgl. beispielsweise *§ 96 (1) und § 101 (1) der Gemeindehaushaltsverordnung des Landes Nordrhein-Westfalen)*.

Die Zuständigkeit der gewählten Vertretung, d.h. beispielsweise des Rates, für die Prüfung des Haushalts- und Rechnungswesens der betreffenden Gebietskörperschaft ist wesentlicher Bestandteil eines demokratischen Systems. Selbstverständlich darf darunter nicht die Prüfungsqualität leiden.

---

[26] Vgl. Schuster, Falko: Neue Kommunale Rechnungsprüfung – Überlegungen zur Rechnungsprüfung im NKF bzw. NKR, in: der gemeindehaushalt, November 2006, s. 241-251.

Ebenen bzw. Bereiche des NKF bzw. NKR	NKF- bzw. NKR- Prüfungsfelder
1. Planungsebene	Finanzplan (Finanzhaushalt) Ergebnisplan (Ergebnishaushalt) Teilfinanzpläne (Teilfinanzhaushalte) Teilergebnispläne (Teilergebnishaushalte) Stellenplan Anlagen zum Haushaltsplan
2. Buchungsebene	Haushalts- bzw. Budgetüberwachung Finanzbuchhaltung im engeren Sinn Buchführung im Bereich „Kasse bzw. „Zahlungsabwicklung"
3. Abschlussebene	Finanzrechnung Ergebnisrechnung Teilfinanzrechnungen Teilergebnisrechnungen Bilanz Anhang mit Anlage-, Forderungs- und Verbindlichkeitenspiegel Lagebericht (Rechenschaftsbericht) Gesamtabschluss
4. Spezielle Bereiche	Inventur und das Inventar NKF – Eröffnungsbilanz Vergaben

Abbildung 47: Prüfungsfelder der Neuen Kommunalen Rechnungsprüfung
(vgl. Schuster, Falko: Neue Kommunale Rechnungsprüfung, a. a. O. , hier S. 247.

Um eine kompetente kommunale Rechnungsprüfung zu garantieren, sind daher in fast allen Bundesländern *spezielle Prüfungsbehörden*, die üblicherweise als Rechnungsprüfungsämter bezeichnet werden, an der örtlichen Rechnungsprüfung zu beteiligen. Ein Rechnungsprüfungsamt hat gegenüber dem Rechnungsprüfungsausschuss bzw. dem Rat eine dienende Funktion. Die letzte Entscheidung in Prüfungsfragen, wie beispielsweise bei der Prüfung des Jahresabschlusses, obliegt immer dem Rat bzw. dem entsprechenden Vertretungsorgan.

Nicht in allen Bundesländern ist der Einsatz der professionellen Prüferinnen und Prüfer so vorbildlich abgesichert wie beispielsweise in Sachsen-Anhalt und in Niedersachsen.

So beinhaltet *§ 127 der Gemeindeordnung für das Land Sachsen-Anhalt* folgende Vorgabe:

„(1) Kreisfreie Städte und Gemeinden mit mehr als 25.000 Einwohnern müssen ein Rechnungsprüfungsamt als besonderes Amt einrichten, sofern sie sich nicht eines anderen kommunalen Rechnungsprüfungsamtes bedienen ...

(2) In Gemeinden, in denen ein Rechnungsprüfungsamt nicht eingerichtet ist und die sich nicht eines anderen Rechnungsprüfungsamtes bedienen, obliegt die Rechnungsprüfung ... dem Rechnungsprüfungsamt des Landkreises auf Kosten der Gemeinde."

Vergleichbar ist die Regelung in *Niedersachsen*:

„In kreisfreien Städten, großen selbständigen Städten und selbständigen Gemeinden muss ein Rechnungsprüfungsamt eingerichtet werden. Andere Gemeinden können ein Rechnungsprüfungsamt einrichten, wenn ein Bedürfnis hierfür besteht und die Kosten in angemessenem Verhältnis zum Umfang der Verwaltung stehen"(§ 117 Niedersächsische Gemeindeordnung).

„In Gemeinden, in denen ein Rechnungsprüfungsamt nicht besteht, obliegt die Rechnungsprüfung ... dem Rechnungsprüfungsamt des Landkreises auf Kosten der Gemeinde" (§ 120 Niedersächsische Gemeindeordnung).

Demgegenüber ist beispielsweise in Nordrhein-Westfalen eine professionelle örtliche Rechnungsprüfung zwar überwiegend, aber nicht flächendeckend garantiert.

In diesem Bundesland hat man auf den Begriff „Rechnungsprüfungsamt" im neuen Haushaltsrecht verzichtet und für diese Prüfungsbehörde die Bezeichnung „Örtliche Rechnungsprüfung" gewählt, wobei der gleiche Begriff auch für die Tätigkeit der Behörde verwendet wird. Nach *§ 102 der Gemeindeordnung des Landes Nordrhein-Westfalen* gilt Folgendes:

„(1) Kreisfreie Städte, Große und Mittlere kreisangehörige Städte haben eine örtliche Rechnungsprüfung einzurichten. Die übrigen Gemeinden sollen sie einrichten, wenn ein Bedürfnis hierfür besteht und die Kosten in angemessenem Verhältnis zum Nutzen stehen.

(2) Kreisangehörige Gemeinden können mit dem Kreis eine öffentlich-rechtliche Vereinbarung mit dem Inhalt abschließen, dass die örtliche Rechnungsprüfung des Kreises die Aufgaben der örtlichen Rechnungsprüfung in einer Gemeinde gegen Kostenerstattung wahrnimmt."

Damit können sich bestimmte kreisangehörige Gemeinden, darunter selbst kleinere Städte, einer professionellen örtlichen Prüfung entziehen. Vereinzelt wird dieses Schlupfloch auch genutzt.

Helmut Fiebig, dessen Kompetenz auf dem Gebiet der kommunalen Rechnungsprüfung unbestritten ist, stellt hierzu mit Recht Folgendes fest: *„Allein wenn man sich den zeitlichen Bedarf verdeutlicht, den ein Rechnungsprüfungsamt hat, um die Jahresrechnung oder zukünftig den Jahresabschluss nach doppischem Recht ordnungsmäßig zu prüfen, wird deutlich, dass im Rahmen der ehrenamtlichen Tätigkeit durch die Ratsmitglieder die Prüfungs-*

aufgabe kaum wahrzunehmen ist."[27] Das Problem soll aber nicht überzeichnet werden. Letztlich handelt es sich nur um einen relativ begrenzten Ausnahmebereich. Auch in Nordrhein-Westfalen sind wie in allen Bundesländern selbstverständlich professionelle Prüfungen die Regel.

Zu beachten ist in diesem Zusammenhang, dass die Aufgaben der örtlichen Rechnungsprüfung auch im NKF eindeutig einer Prüfungsbehörde, d.h. in der Regel einem Rechnungsprüfungsamt, zugewiesen werden und nicht, was durchaus denkbar wäre, der Wirtschaftsprüfung. *(vgl. beispielsweise § 120 Niedersächsische Gemeindeordnung, § 103 (1) Gemeindeordnung des Landes Nordrhein-Westfalen und § 116 Gemeindeordnung für Schleswig-Holstein).*

Diese klare Zuweisung der örtlichen Rechnungsprüfung auf ein Rechnungsprüfungsamt ist von der Sache her begründet. Es geht auch im NKF primär um klassische öffentliche Prüfungsaufgaben, also beispielsweise um die Klärung der Frage, ob „der Haushaltsplan eingehalten ist" *(vgl. beispielsweise §120 (1) Niedersächsische Gemeindeordnung und §128 (1)Hessische Gemeindeordnung).*

Die überörtliche Rechnungsprüfung zielt in die gleiche Richtung wie die örtliche Rechnungsprüfung. Sie ist Teil der allgemeinen Aufsicht des Landes über die Gemeinden. Wer Träger der überörtlichen Rechnungsprüfung ist, wird in den einzelnen Bundesländern unterschiedlich geregelt. So hat man diese Aufgabe beispielsweise in Nordrhein-Westfalen einer speziellen Organisationseinheit, der Gemeindeprüfungsanstalt *(vgl. § 105 Gemeindeordnung des Landes Nordrhein-Westfalen)* und in Rheinland-Pfalz dem Rechnungshof Rheinland-Pfalz (vgl. *§ 110 (5) Gemeindeordnung des Landes Rheinland-Pfalz)* zugewiesen, der diese Aufgabe auf die Gemeindeprüfungsämter der Kreisverwaltungen übertragen kann.

Die überörtliche Prüfung erstreckt sich ähnlich wie die örtliche Prüfung darauf, ob bei der Haushaltswirtschaft der Gemeinde die Gesetze eingehalten worden sind, Buchführung und Zahlungsabwicklung ordnungsgemäß durchgeführt worden sind und ob die Gemeinde sachgerecht und wirtschaftlich verwaltet wird, wobei letzteres auch auf vergleichender Grundlage geschehen kann (vgl. *§ 105 Gemeindeordnung Nordrhein-Westfalen).*

Es liegt auf der Hand, dass der überörtlichen Prüfung eine besondere Bedeutung zukommt, wenn eine Gemeinde das Schlupfloch nutzt und ihre örtliche Prüfung lediglich „ehrenamtlich" wahrnimmt. Ansonsten ist es, um Doppelarbeit zu vermeiden, durchaus sinnvoll, vorhandene Ergebnisse der örtlichen Prüfung zu berücksichtigen.

Wie bereits erwähnt, ist die überörtliche Prüfung lediglich ein Teil der allgemeinen Aufsicht des Landes über die Gemeinden, die sich insgesamt darauf „erstreckt ..., dass die Gemeinden im Einklang mit den Gesetzen verwaltet werden" *(§ 119 Gemeindeordnung des Landes Nordrhein-Westfalen)* oder, anders formuliert, die sich insgesamt darauf „beschränkt ..., die Gesetzmäßigkeit der Verwaltung sicherzustellen" *(§ 111 (1) Gemeindeordnung für den Freistaat Sachsen).* Diese allgemeine Aufsicht beinhaltet auch den Auftrag, die Haushaltssatzung

---

[27] Fiebig, Helmut: Kommunale Rechnungsprüfung, Grundlagen – Aufgaben – Organisation, 4. Auflage, Berlin 2007, S. 70.

bzw. den Haushaltsplan zu prüfen. Üblicherweise wird dieser Prüfauftrag in der Verwaltungspraxis nicht dem Bereich der Rechnungsprüfung, sondern einer anderen Organisationseinheit zugeordnet.

11.7.2   Aufsicht im NKF

Gerade in der Umstellungsphase auf das neue Haushaltsrecht, kommt der *Prüfung der Haushaltspläne* und damit der **Aufsicht im NKF** eine große Bedeutung zu. Der Haushaltsplan bildet den entscheidenden Einstieg in das NKF. Durch ihn wird deutlich, welcher Ressourcenverbrauch mit welchem Produkt bzw. mit welcher Güterentstehung verbunden ist. Die Mandatsträgerinnen und Mandatsträger sollen erkennen, was das, was die Gemeinde in Zukunft an Gütern bereitstellen soll, kostet und wer letztlich die Zeche zu zahlen hat. Unter Wahrung der intergenerativen Gerechtigkeit muss der Rat dann auf dieser Informationsbasis seine Entscheidungen treffen. Dies kann er aber nur, wenn der Haushaltsplan auch die notwendigen Informationen beinhaltet und klar ausweist. Diese wichtige Informationsfunktion soll durch eine Beachtung der *Veranschlagungsgrundsätze und eine verbindliche Haushaltssystematik* gewährleisten werden.

Genau hier muss die Aufsicht im NKF ansetzen und den von der Gemeinde eingereichten Haushaltsplan strengstens darauf hin überprüfen, ob er erstens alle relevanten Informationen beinhaltet und ob zweitens diese nach der Haushaltssystematik korrekt veranschlagt worden sind.

Würden **beispielsweise** in einem Teilergebnisplan „Allgemeine Finanzwirtschaft"

- Auszahlungen und Aufwendungen für ein Produkt „Beteiligungsverwaltung",
- Personalauszahlungen und Personalaufwendungen,
- Aufwendungen für die Verlustabdeckung gegenüber einer Bäder – GmbH oder einer Wirtschaftsförderungsgesellschaft,
- Abschreibungen auf die Beteiligungen an solchen Gesellschaften,
- Erträge durch „Eigenkapitalverzinsung" eines städtischen Entsorgungsbetriebs usw.

veranschlagt, dann wäre es nicht lustig, sondern verantwortungslos, wenn die Aufsicht einen solchen schlampig erstellten Haushaltsplan auch noch amüsiert durchwinken würde. Zum Glück ist ein solcher Fall undenkbar.

Zu beachten ist weiterhin, dass wegen des engen Verbundes von Planung und Abschluss im NKF ein Verstoß gegen den Veranschlagungsgrundsatz der Haushaltswahrheit in der Regel einen Verstoß gegen den Grundsatz der Bilanzwahrheit zur Folge hat. In diesen Fällen müsste dann die Rechnungsprüfung bei fehlendem Eingreifen der Aufsicht die entsprechenden Beanstandungen zu einem späteren Zeitpunkt aussprechen, da ihr Prüfauftrag nicht darin besteht, zu bestätigen, dass ein fehlerhafter Haushaltsplan auch noch konsequent ausgeführt wurde.

Nicht in allen Bundesländern wird dem Thema „Aufsicht im NKF" die gleiche Bedeutung beigemessen.

Vorbildlich ist ohne Zweifel der Einsatz des rheinland-pfälzischen Ministeriums des Inneren und für Sport, das den kommunalen Aufsichtsbehörden einen sorgfältigen erstellten Leitfaden für die aufsichtsichtsbehördliche Prüfung der neuen kommunalen Haushaltspläne zur Verfügung gestellt hat.28

Nur mit einer solchen ernsthaften Einstellung zur doppischen Haushaltsplanung lässt sich verhindern, dass sich die mit riesigen Ausgaben verbundene Investition in das neue kommunale Haushalts- und Rechnungswesen nicht zum Jahrhundertflop entwickelt und als geradezu unglaublicher Verstoß gegen den Wirtschaftlichkeitsgrundsatz entpuppt.

---

28   Ministerium des Inneren und für Sport des Landes Rheinland-Pfalz (Hrsg.): Leitfaden „Aufsichtsbehördliche Prüfung doppischer Kommunalhaushalte" Mainz 05. November 2007.

12   Abschließende Thesen zum NKF

Nachfolgend wird versucht, die wichtigsten Überlegungen zum Neuen Kommunalen Finanzmanagement (NKF) bzw. zum Neuen Kommunalen Rechnungswesen (NKR) noch einmal in Form von Thesen zusammenzustellen:

⟹ **Den Ausgangspunkt für die Entstehung des Neuen Kommunalen Finanzmanagement und Rechnungswesens bildet das Streben nach intergenerativer Gerechtigkeit und damit eine außerökonomische Zielsetzung.** Mit Hilfe des Rechnungswesens soll sichtbar werden, ob die von einer Gemeinde hervorgerufene bewertete Güterentstehung wenigstens so groß ausfällt wie der durch diese Produktion hervorgerufene bewertete Güterverbrauch. Kurz: Es soll deutlich werden, ob eine Gemeinde zulasten der zukünftigen Generationen wirtschaftet, damit man dieser Entwicklung rechtzeitig begegnen kann.

⟹ **Diese außerökonomische Zielsetzung verdrängt nicht die außerökonomischen Zielsetzungen, die traditionell auf das Rechnungswesen der Kommunalverwaltung einwirken, sondern ergänzt diese.** Nach wie vor muss das kommunale Rechnungswesen seinen Beitrag zur Sicherung des demokratischen Entscheidungsprozesses und zur Existenzsicherung des Staates leisten. Insofern muss das Rechnungswesen der Gemeinde einerseits weiterhin mehrstufig sein, um die notwendige Kontrollfunktion leisten zu können, und andererseits die Zahlungsströme einer Gemeinde abbilden, um die Liquidität des kommunalen Verwaltungsbetriebs zu gewährleisten.

⟹ **Das Streben nach intergenerativer Gerechtigkeit und damit die Veränderung des auf die Kommunalverwaltung einwirkenden außerökonomischen Zielsystems haben zur Folge, dass sich Änderungen im ökonomischen Zielsystem der Gemeinde ergeben.** Es reicht nicht mehr aus, die Zahlungsfähigkeit der Gemeinde zu garantieren, also dafür zu sorgen, dass in einem Haushaltsjahr die Ausgaben die Einnahmen nicht übersteigen, wie dies im Streben nach dem „alten" Haushaltsausgleich zum Ausdruck kommt, sondern es ist zusätzlich der

Erhalt des Reinvermögens anzustreben, was dann der Fall ist, wenn die Erträge die Aufwendungen wenigstens erreichen bzw. „decken", wie dies im „neuen" Haushaltsausgleich seinen Niederschlag findet.

⟹ **Da eine erfolgsorientierte Zielsetzung eine liquiditätsorientierte Zielsetzung nicht verdrängen kann, sondern diese begleiten muss, beinhaltet das NKF-Zielsystem, die Aufforderung, dass neben dem „neuen" Haushaltsausgleich auch die Zahlungsfähigkeit der Kommunalverwaltung sicherzustellen ist.** Daneben bleibt die Zielsetzung bestehen, dass das Rechnungswesen einer Gemeinde so beschaffen sein muss, dass der demokratische Entscheidungsprozess dadurch eine Absicherung erfährt.

⟹ **Damit wird deutlich, dass das Rechnungswesen im Bereich der Kommunalverwaltung einerseits einer deutlich weiteren Zielsetzung dienen muss als bisher, aber andererseits im Bereich der öffentlichen Verwaltung nach wie vor eine völlig andere Zielsetzung maßgeblich ist als in der Privatwirtschaft.**

⟹ **Völlig falsch ist somit die These, die Kommunalverwaltung würde mit der Modernisierung des Haushaltsrechts nunmehr das kaufmännische Rechnungswesen übernehmen.**

⟹ **Richtig ist, dass es sich bei dem NKF bzw. NKR um ein völlig neues Rechnungssystem handelt, das auf die neue Zielsetzung der Kommunalverwaltung zugeschnitten ist.** Es beinhaltet erstens Elemente der Verwaltungskameralistik, zweitens Elemente des kaufmännischen Rechnungswesens und drittens Elemente, die in keinem der beiden anderen Systeme vorkommen.

⟹ **Absurd ist die Behauptung, dass es sich bei der Modernisierung der Kommunalverwaltung um einen Wechsel vom Geldverbrauchskonzept zum Ressourcenverbrauchskonzept handelt.** Allein das Wort „Verbrauchskonzept" ist schon irritierend. Auch in einer Gemeinde, die die Verwaltungskameralistik praktiziert, wird kein Geld verbraucht, sondern es wird Geld ausgegeben. Die Betriebswirtschaftslehre kennt daher den Begriff „Geldverbrauchskonzept" auch nicht. Hinzu kommt, dass nicht jede Geldausgabe mit einem Güterverbrauch verbunden ist. Man denke beispielsweise an eine Tilgungszahlung.

⟹ **Richtig ist, dass mit dem NKF ein Wechsel stattfindet, indem man eine ausschließliche Betrachtung der Geldströme zugunsten einer simultanen Betrachtung von Geldfluss sowie Güterentstehung und Güterverbrauch aufgibt.** Kurz: Es handelt sich um einen Wechsel von einer ausschließlichen Finanzplanung bzw. Finanzrechnung hin zu einer kombinierten Finanz- und Ergebnisplanung bzw. Finanz- und Ergebnisrechnung. Die Formulierung „Wechsel vom Geld- zum Ressourcenverbrauchskonzept" wird dieser Entwicklung in mehrerlei Hinsicht nicht gerecht.

⟹ **Durch die neue Zielsetzung der Kommunalverwaltung ergeben sich Veränderungen auf allen Ebenen des kommunalen Rechnungswesens, d.h. auf der Planungs-, auf der Buchungs- und auf der Abschlussebene.** Falls man den Begriff „Rechnungswesen" eng definiert und nur auf die Buchungs- und Abschlussebene bezieht, kann man die Bezeichnung „Haushalts- und Rechnungswesen" wählen, um den Veränderungsprozess vollständig zu erfassen.

⟹ **Auf allen drei Ebenen muss simultan mit drei Begriffspaaren des betrieblichen Rechnungswesens gearbeitet werden, und zwar mit den Begriffspaaren „Einzahlungen und Auszahlungen", „Vermögen und Schulden" und „Aufwendungen und Erträgen". Insofern handelt es sich um ein „Drei-Komponenten-System".** Auf der Planungsebene wird dies allerdings nicht deutlich, da in allen Bundesländern auf eine Planbilanz verzichtet wird und die „doppische Haushaltsplanung" sich somit auf den Finanzplan, in dem Einzahlungen und Auszahlungen veranschlagt werden, und auf den Ergebnisplan, in dem die geplanten Aufwendungen und Erträge berücksichtigt werden, beschränkt.

⟹ **Von der Verwaltungskameralistik weicht das NKF in zahlreichen Punkten ab.** Unterschiede entstehen besonders durch

- die Berücksichtigung von drei Komponenten,
- die neue Definition des Haushaltsausgleich,
- den doppischen Haushaltsplan,
- die neue Haushaltssystematik,
- die doppelte Buchführung,
- den Jahresabschluss, der unter anderem eine Bilanz und eine Ergebnisrechnung umfasst, und
- die Berücksichtigung von Zielsetzungen und Leistungskennziffern, d.h. von kalkulatorischen Größen, im Haushaltsplan und im Jahresabschluss.

⇒ **Auch von dem kaufmännischen Rechnungswesen unterscheidet sich das NKF in zahlreichen Punkten**. Abweichungen ergeben sich besonders durch

- die Verbindlichkeit der Planung,
- die Bedeutung der Ermächtigung,
- die zahlreichen haushaltsrechtlichen Formvorschriften,
- die Verbindlichkeit der Haushaltssystematik auf allen drei Ebenen des Rechnungswesens,
- die Buchung mit drei Komponenten,
- die Berücksichtigung der Haushaltsüberwachungsliste,
- die Notwendigkeit des Anordnungswesens,
- die Einbeziehung der Gemeindekasse und
- den Jahresabschluss, der Soll-Ist-Vergleiche, Teilrechnungen und kalkulatorische Größen beinhaltet.

⇒ **Um zu beurteilen, inwieweit die einzelnen Teile einer Kommunalverwaltung dem Ziel der intergenerativen Gerechtigkeit dienen, werden sowohl auf der Planungsebene als auch im Jahresabschluss, die Einzahlungen und Auszahlungen sowie die Aufwendungen und Erträge den Bereichen der Gemeinde zugeordnet, die für die Erstellung bzw. Bereitstellung bestimmter Güter zuständig sind**. Man spricht hier von Produktbereichen, die man in kleinere Bereiche unterteilen kann und die in der Sprache der Kommunalverwaltung „Produkte" genannt werden. Für diese „Produkte" werden bei der Haushaltsplanung Teilergebnispläne und Teilfinanzpläne und im Rahmen des Jahresabschlusses Teilergebnisrechnungen und Teilfinanzrechnungen erstellt.

⇒ **Von besonderer Bedeutung sind die Teilergebnispläne und die Teilergebnisrechnungen. Hier wird das Jahresergebnis, d.h. der Jahresüberschuss bzw. der Jahresfehlbetrag, des einzelnen Produktbereichs bzw. „Produkts" ermittelt**. Es soll deutlich werden, was dieser Bereich zum Jahresergebnis der Gemeinde insgesamt, d.h. zum neuen Haushaltsausgleich, beitragen soll bzw. beitrug und inwieweit somit von diesem Bereich das Ziel, intergenerativ zu handeln, beachtet wurde.

⇒ **Damit der Güterverbrauch bzw. die Güterentstehung im „richtigen" Produktbereich sichtbar wird, erfolgt durch interne Erträge und interne Aufwendungen eine Weiterverteilung der in den einzelnen Produktbereichen ursprünglich entstandenen Aufwendungen und Erträge**. Produktbereiche, die für andere Produktbereiche tätig werden, erzielen interne Erträge. Dem Bereich, für den die Dienstleistung erbracht wird, werden in gleicher Höhe interne Aufwendungen angelastet.

⇒ **Aber auch dann, wenn es gelingen sollte, durch ein sinnvolles System der internen Verrechnung, die in einer Gemeinde insgesamt entstandenen Aufwendungen und Erträge „gerecht" zu verteilen, ist das Jahresergebnis eines Produktbereichs bzw. eines „Produkts" in der Regel im Hinblick auf die intergenerative Gerechtigkeit nicht aussagekräftig.** In der Regel ist eine Gemeinde dort tätig, wo Märkte versagen. Liegt Marktversagen vor, können entweder keine oder nur geringe Preise erzielt werden, so dass die Teilergebnisplanung bzw. die Teilergebnisrechnung aufgrund der zwangsläufig geringen Erträge mit einem Fehlbetrag abschließt. In diesen Fällen kann, wenn überhaupt, eine Beurteilung nur in Verbindung mit der vorgegebenen Zielsetzung und anhand von Kennziffern erfolgen, die die Güterentstehung in quantitativer und qualitativer Hinsicht abbilden.

⇒ **Das Neue Kommunale Finanzmanagement und Rechnungswesen soll letztlich allen, die an der Steuerung einer Gemeinde beteiligt sind und damit vorrangig den Mandatsträgerinnen und Mandatsträgern wichtige Informationen liefern, über die sie bisher nicht verfügen konnten.** Insbesondere soll transparent werden, welche Güterentstehung zu welchem Jahresergebnis führt. Weiterhin soll man erkennen können, ob bzw. inwieweit ein negatives Jahresergebnis in einem Produktbereich durch die betreffende Güterentstehung gerechtfertigt ist, obwohl diese nicht zu Erträgen führte und eventuell auch gar nicht zu Erträgen führen konnte.

⇒ **Durch die Transparenz, die man mit dem NKF bzw. NKR schaffen kann, wird sicherlich „kein zusätzlicher Euro in die Gemeindekassen gespült", aber gleichwohl eine bedeutende Wirkung erzielt, die den Gemeinden und letztlich den zukünftigen Generationen zugutekommt.** Die politischen Entscheidungsträger erhalten die Chance, die Verwendung der Mittel im Hinblick auf die Zielsetzung der Kommunalverwaltung besser zu steuern und damit dem Wirtschaftlichkeitsprinzip stärker Rechnung zu tragen als bisher sowie einer in vielen Fällen bisher möglicherweise nicht erkennbaren Mittelverschwendung vorzubeugen.

⇒ **Ob dies gelingt, hängt von mehreren Faktoren ab: Erstens müssen die politischen Entscheidungsträger dies überhaupt wollen. Zweitens müssen sie sich mit dem neuen System, insbesondere mit den erforderlichen Grundbegriffen vertraut machen. Drittens müssen sie selbst das System gestalten.** Dabei sollten sie den Schwerpunkt ihrer Aktivität auf die Planungsebene und Abschlussebene richten. Die Beschäftigung mit der Buchführungsebene, d.h. mit der doppelten Buchführung selbst, ist demgegenüber zweitrangig.

⇒ **Besonders wichtig ist die Gestaltung des Haushaltsplans. Hier kommt es darauf an, Transparenz zu schaffen**, also die Anzahl und die Abgrenzung der Teilhaushalte bzw. „Produkte" so zu beeinflussen, dass man einen Überblick erhält und nicht die gegenteilige Wirkung entsteht. Für jeden dieser Bereiche, d.h. dieser „Produkte", sind klare Ziele vorzugeben und die Kennziffern zu nennen, mit denen man die Zielerreichung messen will.

⇒ **Der Jahresabschluss im NKF wird – hoffentlich – eine größere Bedeutung haben als die kamerale Jahresrechnung. Besonders wichtig ist die Antwort auf die Frage, ob bzw. inwieweit die Planung eingehalten wurde.** Soll-Ist-Vergleiche sind feste Bestandteile des NKF-Jahresabschlusses, und zwar für alle „Produkte" und für alle Größen, die in den Teilhaushalten erfasst werden, also auch für die kalkulatorischen Größen bzw. Leistungskennziffern. Damit ist die Analyse und Bewertung des NKF-Jahresabschlusses etwas völlig anderes als die Analyse und Bewertung des Jahresabschlusses einer Unternehmung.

⇒ **Die Prüfung einer Gemeinde ist traditionell der kommunalen Rechnungsprüfung zugewiesen. Auch die Prüfung im NKF, insbesondere die Prüfung des neuen kommunalen Jahresabschlusses, ist somit eindeutig eine Aufgabe der kommunalen Rechnungsprüfung und damit in der Regel der Rechnungsprüfungsämter und nicht der Wirtschaftsprüfer.** Dies geht aus den neuen haushaltsrechtlichen Regelungen der Bundesländer auch eindeutig hervor. **Es gilt kommunales Haushaltsrecht und nicht Handelsrecht!** Wie bisher handelt es sich dabei um eine dienende Funktion gegenüber dem Rat bzw. der vergleichbaren Vertretung.

⇒ **Die Rechnungsprüfungsämter der Gemeinden haben durch ihre Prüftätigkeit dazu beizutragen, dass die neuen haushaltsrechtlichen Vorschriften eingehalten und nicht unterlaufen werden.** Es handelt sich dabei nicht nur um eine sehr bedeutsame, sondern auch um eine schwierige Aufgabe, da Kenntnisse aus dem Bereich der Verwaltungskameralistik mit dem Know-how der Wirtschaftsprüfung verbunden werden müssen und darüber hinaus völlig neue Prüfungsaufgaben zu bewältigen sind.

⇒ **Wird die kommunale Rechnungsprüfung dieser gleichermaßen wichtigen wie schwierigen Aufgabe nicht gerecht und werden die neuen haushaltsrechtlichen Regelungen mangels Prüfkompetenz unterlaufen, besteht die gegenwärtig nicht von der Hand zu weisende Gefahr, dass die Jahrhundertinvestition in das neue kommunale Rechnungswesen zum Jahrhundert-**

flop wird. Dem muss man durch eine hinreichende Ausstattung der Rechnungsprüfungsämter, durch eine umfassende Weiterbildung der Prüferinnen und Prüfer und durch eine angemessene Bewertung der Prüftätigkeit schnellstmöglich begegnen.

⟹ **Eine besondere Verantwortung hat die Aufsicht im NKF. Sie prüft die doppischen Haushaltspläne und damit den Einstieg in das neue kommunale Haushalts- und Rechnungswesen. Würden sie schlampig erstellte Haushaltspläne amüsiert durchwinken, wären Hopfen und Malz verloren.**

Abbildungsverzeichnis

Abkürzungsverzeichnis

AB	Anfangsbestand
AOE	Außerordentliches Ergebnis
FE	Finanzergebnis
GoB	Grundsätze ordnungsmäßiger Buchführung
H	Haben
JE	Jahresergebnis
JÜ	Jahresüberschuss
LM	Liquide Mittel
Mio.	Millionen
NKF	Neues Kommunales Finanzmanagement
NKR	Neues Kommunales Rechnungswesen
NKRS	Neues Kommunales Rechnungs- und Steuerungssystem
OE	Ordentliches Ergebnis
S	Soll
SF	Saldo aus Finanzierungstätigkeit
SI	Saldo aus Investitionstätigkeit
SV	Saldo aus laufender Verwaltungstätigkeit
VE	Ergebnis aus laufender Verwaltungstätigkeit

Literaturverzeichnis

Brinkmeier, Hermann Josef

Kommunale Finanzwirtschaft, Band 3, Haushalts-, Kassen-, Rechnungs- und Prüfungsrecht, 6. Auflage, Köln 1997.

Bolsenkötter, Heinz;
Detemple, Peter
und **Marettek,** Christian

Die Eröffnungsbilanz der Gebietskörperschaft – Erfassung und Bewertung von Vermögen und Schulden im Integrierten öffentlichen Rechnungswesen, Frankfurt am Main 2002.

Chmielewicz, Klaus

Betriebliches Rechnungswesen 1, Finanzrechnung und Bilanz, Reinbek bei Hamburg 1973.

Chmielewicz, Klaus

Betriebliches Rechnungswesen 2, Erfolgsrechnung, 2. Auflage, Opladen 1981.

Coenenberg, Adolf G.

Jahresabschluss und Jahresabschlussanalyse – Betriebswirtschaftliche, handelsrechtliche, steuerrechtliche und internationale Grundsätze – HGB,IAS/ IFRS, US-GAAP, DRS, 19. Auflage, Stuttgart 2003.

Döring, Ulrich
und **Buchholz,** Rainer

Buchhaltung und Jahresabschluss, 6. Auflage, 1998.

Engelhardt, Werner Hans
und **Raffée,** Hans

Grundzüge der doppelten Buchhaltung, 2. Auflage, Wiesbaden 1971.

Falterbaum, Hermann,
Bolk, Wolfgang,
Reiß, Wolfram
und **Eberhardt,** Roland

Buchführung und Bilanz,
19. Auflage, Achim bei Bremen 2003

Fudalla, Mark,
zur Mühlen, Manfred
und **Wöste,** Christian   **Doppelte Buchführung in der Kommunalverwaltung,**
2. Auflage, Berlin 2005.

Fudalla, Mark,
Tölle, Martin,
Wöste, Christian
und **zur Mühlen,** Manfred   **Bilanzierung und Jahresabschluss in der Kommu-
nalverwaltung** – Grundsätze für das „Neue Kommunale
Finanzmanagement" (NKF), Berlin 2007.

Gutenberg, Erich   **Einführung in die Betriebswirtschaftslehre,** Wiesbaden 1958.

Häfner, Phillip   **Doppelte Buchführung für Kommunen nach dem
NKF,** Freiburg i. Br. 2002.

Homann, Klaus   **Kommunales Rechnungswesen,** 5. Auflage, Wiesbaden 2003.

Horváth , Peter   **Controlling,** 5. Auflage München 1994.

Lüder, Klaus   **Konzeptionelle Grundlagen des Neuen Kommunalen
Rechnungswesens (Speyerer Verfahren),** Stuttgart
1996

**Modellprojekt "Doppischer
Kommunalhaushalt in NRW"**
(Hrsg.)   **Neues Kommunales Finanzmanagement,** 2. Auflage,
Freiburg/Berlin /München/Zürich 2003.

Rau, Thomas   **Betriebswirtschaftslehre für Städte und Gemeinden,**
2. Auflage München 2007.

Rau, Thomas   **Planung, Statistik und Entscheidung,** Betriebswirtschaftliche Instrumente für die Kommunalverwaltung,
München/Wien 2004.

Schuster, Falko   **Die kommunale Kasse im Wandel und ihre zukünftige Stellung im NKF,** in: KKZ Kommunal-Kassen-
Zeitschrift, 56. Jahrgang, September 2005, S. 177-181
und Oktober 2005, S. 197 -200.

Schuster, Falko   **Die Organisation der Finanzbuchhaltung im NKF unter Einbeziehung der Gemeindekasse Teil 1 und Teil 2**, in: KKZ Kommunal-Kassen-Zeitschrift, 59. Jahrgang, Januar 2008, S. 1-6 und Februar 2008, S. 25 - 28.

Schuster, Falko   **Doppelte Buchführung für Städte, Kreise und Gemeinden** – Grundlagen der Verwaltungsdoppik im Neuen Kommunalen Rechnungswesen und Finanzmanagement, 2. Auflage, München/Wien 2007.

Schuster, Falko   **Einführung in die Betriebswirtschaftslehre der Kommunalverwaltung,** 2. Auflage, Hamburg 2006.

Schuster, Falko   **Kommunale Kosten- und Leistungsrechnung – Controllingorientierte Einführung**, 2. Auflage, München / Wien 2002.

Schuster, Falko   **Neues Kommunales Finanzmanagement (NKF)** – eine Zwischenbilanz, in: der gemeindehaushalt, 104. Jahrgang, Juli 2003, S. 148-151.

Schuster, Falko   **Neue Kommunale Rechnungsprüfung** – Überlegungen zur Rechnungsprüfung im NKF bzw. NKR, in: der gemeindehaushalt, 107. Jahrgang, November 2006, S. 241-251.

Schuster, Falko
und **Brinkmeier,** Hermann Josef   **Das Neue Kommunale Finanzmanagement (NKF) des Landes Nordrhein-Westfalen,** in: der gemeindehaushalt, 102. Jahrgang, Oktober 2001, S. 221-230.

Schuster, Falko
und **Siemens,** Joachim   **Die Organisation des kommunalen Verwaltungsbetriebs,** Berlin/ Heidelberg / New York / London / Paris/ Tokyo 1986.

Schuster, Falko
und **Steffen,** Dieter   **Das Rechnungswesen des kommunalen Verwaltungsbetriebs,** Berlin/ Heidelberg / New York / London / Paris/ Tokyo 1987.

Schmalenbach, Eugen   **Dynamische Bilanz,** Unveränderter reprografischer Nachdruck der 13. Auflage von 1962, Darmstadt 1988.

Schneider, Dieter   **Betriebswirtschaftslehre**, Band 2: Rechnungswesen, 2. Auflage, München 1997.

Vogel, Roland   **Ein sachzielbezogener Wirtschaftsplan für die Kommunalverwaltung**, Baden-Baden 2003.

Wambach, Martin   **Leitfaden zur Bilanzierung und Prüfung nach**
und **Redenius**, Hilko   **NKFG:** Eröffnungsbilanz und Jahresabschluss, Nürnberg 2005

Wöhe, Günter
und **Döring**, Ulrich   **Einführung in die Allgemeine Betriebswirtschaftslehre**, 22. Auflage, München 2005.

Vorschriftenverzeichnis

Bundesrepublik Deutschland

Grundgesetze für die Bundesrepublik Deutschland (GG) vom 23.Mai 1949 (BGBl. S. 1), zuletzt geändert durch Gesetz vom 28.08.2006 (BGBl. I S. 2034).

Handelsgesetzbuch (HGB) vom 10.05.1897 (RGBl. S. 219) zuletzt geändert durch Gesetz vom 16.07.2007 (BGBl. I S. 1330).

Hessen

Gesetz zur Änderung der Hessischen Gemeindeordnung und anderer Gesetze vom 31.Januar 2005 (GVBl. I S. 54).

Verordnung über die Aufstellung und Ausführung des Haushaltsplans der Gemeinde mit doppelter Buchführung (Gemeindehaushaltsverordnung – GemHVO – Doppik) vom 2. April 2006.

Niedersachsen

Niedersächsische Gemeindeordnung (NGO) vom 22.08.1996 (Nds. GVBl. S. 382), zuletzt geändert am 15.11.2005(Nds. GVBl.352).

Verordnung über die Aufstellung und Ausführung des Haushaltsplans sowie die Abwicklung der Kassengeschäfte der Gemeinden auf der Grundlage der kommunalen Doppik (Gemeindehaushalts- und -kassenverordnung – GemHKVO) vom 22. Dezember 2005.

Nordrhein-Westfalen

Dresbach, Heinz (Hrsg.): Kommunale Finanzwirtschaft Nordrhein-Westfalen, Vorschriftensammlung zur Kommunalen Finanzwirtschaft NRW, 34. Auflage, Bergisch Gladbach 2007.

Gemeindeordnung für das Land Nordrhein-Westfalen (GO NRW) in der Fassung der Bekanntmachung v. 14.07.1994 (GV. NRW. S. 666) zuletzt geändert durch GO-Reformgesetz vom 20.09.2007.

Gesetz zur Einführung des Neuen Kommunalen Finanzmanagements für Gemeinden im Land Nordrhein-Westfalen (NKF Einführungsgesetz NRW – NKFEG NRW), vom 16.11.2004 (GV. NRW. S.644), geändert durch GO-Reformgesetz vom 20.09.2007.

Muster für das doppische Rechnungswesen und zu Bestimmungen der Gemeindeordnung (GO) und der Gemeindehaushaltsverordnung (GemHVO)(VV Muster zur GO und GemHVO)

RdErl. des Innenministeriums vom 24.02.2005 (MBL. NRW S. 354) ber. 04.04.2005 (MBl. NRW. S. 464), zuletzt geändert durch RdErl. vom 30.10.2006 (MBl. NRW. S. 541).

Verordnung über das Haushaltswesen der Gemeinden im Land Nordrhein-Westfalen (Gemeindehaushaltsverordnung NRW – GemHVO NRW) vom 16.11.2004 (GV. NRW. S. 644), geändert durch Gesetz vom 06.01.2005 (GV. NRW. S. 15).

NKF – Kennzahlenset Nordrhein-Westfalen (NKF-Kennzahlen),RdErl. des Innenministeriums vom 03. Januar 2007 – 34 – 48.04.05/01 – 2323/06 -.

Rheinland-Pfalz

Gemeindeordnung (GemO) in der Fassung vom 31. Januar 1994 (GVBl. 1994, S. 153), zuletzt geändert durch Gesetz vom 21.12.2007 (GVBl. 2008 S. 1).

Gemeindehaushaltsverordnung (GemHVO) vom 18. Mai 2006(GVBl. vom 30.Mai 2006, Nr.11, S. 203)

Ministerium des Inneren und für Sport des Landes Rheinland-Pfalz (Hrsg.): Leitfaden „Aufsichtsbehördliche Prüfung doppischer Kommunalhaushalte" Mainz 05. November 2007.

Saarland

Kommunalselbstverwaltungsgesetz (KSGV) in der Fassung der Bekanntmachung vom 27.Juni 1997 (Amtsblatt S. 682), zuletzt geändert durch Gesetz Nr. 1598 über das Neue Kommunale Rechnungswesen im Saarland vom 12. Juli 2006 (Amtsblatt des Saarlandes vom 14. September 2006 S. 1614).

Kommunalhaushaltsverordnung (KommHVO)vom 10.Oktober 2006 (Amtsblatt des Saarlandes vom 2. November 2006 S. 1841).

Sachsen

Verordnung des Sächsischen Staatsministeriums des Innern über die kommunale Haushaltswirtschaft nach den Regeln der Doppik (Sächsische Kommunalhaushaltsverordnung – Doppik – SächsKomHVO-Doppik) vom 8. Februar 2008 (SächsGVBl.).

Sachsen-Anhalt

Verordnung über die Aufstellung und Ausführung des Haushaltsplanes der Gemeinden im Land Sachsen-Anhalt nach den Grundsätzen der Doppik (Gemeindehaushaltsverordnung Doppik – GemHVO Doppik vom 30. März 2006 (GVBL. LSA Nr. 13/2006 vom 5.4.2006 S. 204).

Verordnung über die Kassenführung der Gemeinden im Land Sachsen-Anhalt nach den Grundsätzen der Doppik (Gemeindekassenverordnung Doppik – GemKVO Doppik vom 30. März 2006 (GVBL. LSA Nr. 13/2006 vom 5.4.2006 S. 218).

Schleswig-Holstein

Landesverordnung über die Aufstellung und Ausführung eines doppischen Haushaltsplanes der Gemeinden (Gemeindehaushaltsverordnung-Doppik – GemHVO-Doppik) vom 15.August 2007 (GVOBL. Schl.-H.).

Der Autor

Professor Dr. Falko Schuster

Geboren 1949. 1968 Abitur. 1968 -1969 Wehrdienst. 1969-1974 Studium der Wirtschafts-
wissenschaft an der Ruhr-Universität Bochum und an der Universität Paris I (Sorbonne) –
Abschluss: Diplom-Ökonom. 1974 -1979 Wissenschaftlicher Mitarbeiter an einem Lehrstuhl
für Angewandte Betriebswirtschaftslehre der Ruhr-Universität Bochum. 1978 Promotion
zum Dr. rer. oec. 1979-1983 Referent im Referat Preisprüfung des Bundesamtes für gewerbliche Wirtschaft (heute Bundesamt für Wirtschaft). 1981Ernennung zum Regierungsrat z. A..
Seit 1983 Lehr- und Forschungstätigkeit mit dem Schwerpunkt „Betriebswirtschaftslehre der
Kommunalverwaltung" an der Fachhochschule für öffentliche Verwaltung des Landes Nordrhein-Westfalen. 1984 Ernennung zum Professor. 1991 Berufung zum Professor für Öffentliche Betriebswirtschaftslehre.

Bücher: *Kommunale Kosten- und Leistungsrechnung,* 2. Auflage, München / Wien 2002;
Doppelte Buchführung für Städte, Kreise und Gemeinden; 2. Auflage, München/Wien 2007.
Einführung in die Betriebswirtschaftslehre der Kommunalverwaltung, 2. Auflage, Hamburg
2006; *Die Organisation des kommunalen Verwaltungsbetriebs* (zusammen mit Joachim Siemens) Berlin/Heidelberg/New York/London/Paris/Tokyo 1986, *Das Rechnungswesen des
kommunalen Verwaltungsbetriebs* (zusammen mit Dieter Steffen) Berlin/Heidelberg/New
York/London/ Paris/Tokyo 1987, *Countertrade professionell,* Wiesbaden 1988, *Gegen- und
Kompensationsgeschäfte als Marketing-Instrumente im Investitionsgüterbereich,* Berlin
1979.

Zeitschriftenbeiträge (Auswahl): *Die Organisation der Finanzbuchhaltung im NKF unter
Einbeziehung der Gemeindekasse Teil 1 und Teil 2,* in: KKZ Kommunal-Kassen-Zeitschrift,
59. Jahrgang, Januar 2008, S. 1-6 und Februar 2008, S. 25 -28. *Neue Kommunale Rechnungsprüfung – Überlegungen zur Rechnungsprüfung im NKF bzw. NKR,* in: der gemeindehaushalt, 107. Jahrgang, November 2006, S. 241-251. *Die kommunale Kasse im Wandel und
ihre zukünftige Stellung im NKF,* in: KKZ Kommunal-Kassen-Zeitschrift, 56. Jahrgang, September 2005, S. 177-181 und Oktober 2005, S. 197 -200. *Neues Kommunales Finanzmanagement (NKF) – eine Zwischenbilanz,* in: der gemeindehaushalt, 104. Jahrgang, Juli 2003, S.
148-151. *Das Neue Kommunale Finanzmanagement (NKF) des Landes Nordrhein-Westfalen*
(zusammen mit Hermann Josef Brinkmeier), in: der gemeindehaushalt, 102. Jahrgang, Oktober 2001, S. 221-230. *Countertrade – Ein Überblick über den Stand der betriebswirtschaftlichen Forschung sowie Ansatzpunkte zur Weiterentwicklung,* in: zfbf (Zeitschrift für betriebswirtschaftliche Forschung), 42. Jahrgang, Januar 1990, S. 3-21. *Untersuchungsverfah-
ren bei Dumping- und Niedrigpreiseinfuhren* (zusammen mit Hannelore Riley), in: Wirt-

schaft und Wettbewerb, 33. Jahrgang, Oktober 1983, S. 765-775. *Kompensationsgeschäfte – Erscheinungsformen und Marketing-Probleme* (zusammen mit Werner Hans Engelhardt), in: zfbf (Zeitschrift für betriebswirtschaftliche Forschung), 32. Jahrgang, Februar 1980, S. 102-120. *Barter Arrangements With Money: The Modern Form of Compensation Trading*, in: The Columbia Journal of World Business, Volume XV, Number 3, Fall 1980, S. 61-66. *Bartering Processes in Industrial Buying and Selling,* in: Industrial Marketing Management 7, 1978, S. 119-127.

Stichwortverzeichnis